Professional Engineers Examination

2024年度

技術士試験

建設部門

Civil Engineers

傾 向 と 対 策

CEネットワーク編

鹿島出版会

まえがき

令和3（2021）年9月8日の文部科学省省令改正に基づき、技術士CPD活動実績の管理及び活用制度が開始された。その後、日本技術士会は、令和5（2023）年5月10日付けで「技術士CPDガイドライン」「技術士CPDガイドブック」「技術士CPD管理運営マニュアル」等を公表し、技術士CPD活動実績管理・活用制度がスタートした。当該制度の内容は、①技術士CPD活動実績時間の技術士登録名簿への掲載、②技術士CPD活動実績名簿の公表、③技術士（CPD認定）の認定、④技術士CPD活動実績証明書の発行、となっている。

このように、技術士を取り巻く社会・経済的動向は大きく変化してきている。令和2（2020）年度は新型コロナ感染の大流行により、全国の主要都道府県に緊急事態宣言が発出された状況の下で、技術士第二次試験は7月の実施時期が9月にずれ込むなど、2か月以上繰り下げられて実施された。また、令和3（2021）年度以降の受験に際しては、受験票に体温検温の結果を記入することが義務付けられ、さらに、当日の体温が37.5度以上の者は受験することができなくなった。試験室内で咳が止まらなくなった場合は、試験室から退室を求められるなど、新型コロナの感染防止の徹底した対策が取られて実施されるようになった。

技術士は、技術士法に規定されている三大義務と二大責務を負っているプロの技術者集団である。三大義務とは、信用失墜行為の禁止、秘密保持義務、名称表示義務であり、二大責務は、公益確保の責務、資質向上の責務である。技術士は、関与する業務が社会や環境に及ぼす影響を予測評価する努力を怠らず、公衆の安全、健康、福祉を損なう、又は環境を破壊する可能性がある場合には、自己の良心と信念に従って行動すべきとされている。さらに、技術士は技術立国を称する我が国の将来を担っているという自覚を持つとともに、中立公正の立場で技術者倫理に則り、社会の持続可能性に配慮しつつ、技術士を目指す若手技術者の模範となるよう努めることが求められている。

我が国の公共事業において、技術士の資格は国の機関において以下のような特典が与えられており、業務を進める際の特典及び専任資格が付与されている。

国土交通省：特定建設業の営業所専任技術者又は監理技術者
　建設部門、上下水道部門、衛生工学部門、機械部門、電気電子部門、農業部門、森林部門、水産部門、総合技術監理部門の第二次試験合格者

国土交通省：一般建設業の営業所専任技術者又は主任技術者
　建設部門、上下水道部門、衛生工学部門、機械部門、電気電子部門、農業部

門、森林部門、水産部門、総合技術監理部門の第二次試験合格者

国土交通省：公共下水道又は流域下水道の設計又は工事の監督管理を行う者

上下水道部門第二次試験合格者

国土交通省・環境省：公共下水道又は流域下水道の維持管理を行う者

上下水道部門、衛生工学部門の第二次試験合格者

国土交通省：建設コンサルタントとして国土交通省に部門登録をする専任技術管理者

建設部門、上下水道部門、衛生工学部門、農業部門、森林部門、水産部門、応用理学部門、機械部門、電気電子部門、総合技術監理部門の技術士

国土交通省他：建設コンサルタント委託業務等の管理技術者と照査技術者

建設コンサルタントとして国土交通省に部門登録をする場合の専任技術管理者と共通で、法による登録を受けている技術士

国土交通省：地質調査業者として国土交通省に登録する場合の技術管理者

建設部門、応用理学部門、総合技術監理部門の技術士

国土交通省：都市計画における開発許可制度にもとづく開発許可申請の設計者の資格

建設部門、上下水道部門、衛生工学部門の技術士で宅地開発に関する技術に関して二年以上の実務経験のある者

国土交通省：宅地造成工事の技術的規準（擁壁、排水施設)の設計者

建設部門第二次試験の合格者

近年、国土交通省では委託業務の発注方式で、技術提案（プロポーザル）方式が増加してきており、委託業務全体に占める割合が多くを占めるようになった。このプロポーザル方式では、管理技術者・照査技術者・担当技術者が保有すべき資格として技術士資格が挙げられており、それ以外の資格に比べて2倍程度の得点が与えられ有利に評価されている。今後とも、このようなプロポーザル方式に対応していくためには、企業が多数の技術士を保有していることが必須の要件であり、その保有者数が多いほど業務特定に有利になることは言うまでもない。

本書の執筆と編集は、技術士のインフォーマルな集まりである「CEネットワーク」により行われた。本書は、当該ネットワークに所属する多くの技術士が、精魂を込めて執筆し技術士資格を取得するための参考図書としてまとめている。執筆にあたっては、地方公共団体、コンサルタント、建設会社、メーカー、技術士事務所等に所属し、現役として活躍中の経験豊富な技術士が担当した。読者が本書を効率的、効果的に活用し技術士試験に合格され、更なる活躍をされんことを切に期待している。

また、本書の企画・出版は、鹿島出版会のご協力で実施に至り、特に、同社の久保田昭子氏、寺崎友香梨氏には大変お世話になった。ここに、深く感謝の意を表する次第である。

2024年2月　　　　　　　　　　　　　　　　ＣＥネットワーク　執筆者一同

本書の構成と利用方法

本書は、技術士第二次試験の建設部門を受験する方のための参考書であり、過去に出題された問題を詳細に分析し、令和6（2024）年度以降に建設部門を受験する際に、効率的な勉強ができるように様々な工夫を施している。

本書の構成は、最初に「技術士第二次試験の概要」として、技術士制度の変遷、第二次試験の改正の経緯、現在行われている試験方法、令和3（2021）年度以降に導入された技術士CPD等について記載している。さらに、第二次試験の試験方法として、受験申込書と実務経験証明書の作成方法について解説しており、主に令和3（2021）年度から導入されたWeb方式による各書類の作成方法とその留意点についても記述している。令和5（2023）年度の試験では、検温による体温の記入、咳が止まらない場合の受験中止の命令など、新型コロナ感染への厳しい対応が取られて試験が実施されたことに鑑み、本番の試験に向けての体調管理の重要性について記述した。

次の「建設部門の出題傾向と対策」では、令和6（2024）年度以降の受験に際しての注意点、第二次試験の試験方法、必須科目の出題傾向と対策、必須科目解答論文の作成方法など令和6（2024）年度以降の受験に対して、過去問題を整理・分析し、的確な出題予想ができるように工夫して記述されている。

次の「キーワード体系表」では、必須科目で過去によく出題されている6つの分野ごとに、キーワード体系表を作成し、必須科目の解答論文作成時に、適用すべきキーワードを体系的に整理し記述した。さらに、このキーワード体系表の作成に当たっては、最新版の国土交通白書や国土交通省の最新の施策に準拠して作成するようにした。このキーワード体系表を活用して、次の項目の必須科目予想問題を作成した。したがって、読者の方はこのキーワード体系表を参考にして、ご自分で参考文献や参考図書を調べるなど、解答論文作成をしていただきたいと考えている。

次の「必須科目記述式試験の対策」では、令和3（2021）年度から令和5（2023）年度までの最近3年間の過去問題に対する解答論文及び思考プロセスを収録している。必須科目は、例年2問が出題されるので、ここでは3年分、6問を対象とし、各問題に対してCEネットワークの技術士が2人ずつの合計12個の解答論文と思考プロセスを作成した。特に、過去問題に対する解答論文の思考プロセスは、解答者の頭の中で考えるべき事項を言葉で表現したものであり、本書の大きな特徴となっているとともに、読者の方々の絶好の参考資料になるものと考えている。

「必須科目の予想問題」は、前項のキーワード体系表の6分野について、各分野2問ずつ、合計12問の予想問題を作成し、それに対する解答論文例と思考プロセスを作成した。この思考プロセスは、問題文の要求事項に対してどのようにしてそれに対処するべきかという観点から執筆し、執筆者の頭の中の考え方を文章化して書き出したもので、この思考プロセスは本書の特徴であると考えている。さらに、この思考プロセスは、本書に親しみを持って読んでいただくことができるとともに、解答論文を作成する際の頭の中の整理方法が身に付くように配慮して作成したものである。

次の「選択科目の対策」は、第二次試験の選択科目の3つの論文、Ⅰ専門知識論文、Ⅱ応用能力論文、Ⅲ問題解決能力及び課題遂行能力を問う論文について、選択科目の要求事項、選択科目の分析、選択科目の対応策について、過去問題を踏まえて合理的に考えて作成した。特に、本書の特性と言えるのは、3つの選択科目論文について、各論文に要求される事項を的確にとらえ、それに対する適正な整理方法・分析方法を提案している点にある。

例えば、Ⅱ-1の専門知識論文については、専門知識を正しく理解するために、その用語を概説したキーワード集を作成することを提案している。また、Ⅱの応用能力論文の勉強方法については、過去問題を踏まえた予想問題を作成した上で、調査・検討すべき事項、業務を進める手順、関係者との調整方策など、実際の試験問題を想定し、予想問題ごとの整理シートの作成を提案している。

Ⅲ問題解決能力及び課題遂行能力論文についても同様で、過去問題を踏まえた予想問題を作成のうえ、問題ごとに多面的な観点からの課題抽出・分析、最も重要と考える課題と複数の解決策、解決策に共通するリスクとそれへの対策、当該論文作成に当たり参考となる文献、基準書、参考Webなどについて、整理シートの作成を提案し、その作成例も述べている。必須科目Ⅰと選択科目Ⅲについて関連性があることを提起していることも、本書の特徴である。

最後の「選択科目記述式問題の対策」は、最近5年間、令和元（2018）年度から令和5（2023）年度に出題された記述式問題を、選択科目ごとに整理し、出題分野ごとに分類して出題傾向一覧表を作成しており、出題頻度の高い分野から効率的に勉強を進めることができるように配慮した。さらに、本書では選択科目のとらえ方を、鋼構造及びコンクリートのみ、「鋼構造」、「コンクリート」に分けて各々個別の選択科目とし、合計12分野としている。この12の選択科目について、出題傾向一覧表を作成し、令和5（2023）年度までの最近5年間の出題傾向を分析し、令和6（2024）年度に向けての予想問題について記載した。

最後に、12の選択科目ごとに令和5（2023）年度に出題された問題に対して、3種類の出題問題に対する解答論文を作成した。さらに、各選択科目の論文作成に役立つ参考図書、参考文献、参考Webなどをまとめ、読者の勉強の参考になるよう配慮した。

令和6（2024）年度以降に技術士第二次試験を受験される方は、本書及びこれらの類書を手元に置いて、効率的、効果的に勉強していただき、合格の栄冠を是非とも獲得していただきたいと、我々CEネットワーク執筆者全員、希求している。

目　次

技術士第二次試験の概要

1. 技術士制度

1.1 技術士とは

技術士とは、「技術士法第32条第1項の登録を受け、技術士の名称を用いて、科学技術に関する高等の専門的応用能力を必要とする事項についての計画、研究、設計、分析、試験、評価又はこれらに関する指導の業務を行う者」となっている。すなわち、技術士は次の要件を具備した者である。

・技術士第二次試験に合格し、法定の登録を受けていること
・業務を行う際に技術士の名称を用いること
・業務の内容は、自然科学に関する高度の技術上のものであること
・業務を行うこと、すなわち継続反復して業務に従事すること

これを簡単に言うと、技術士とは「豊富な実務経験、科学技術に関する高度な応用能力と高い技術者倫理を備えている最も権威のある国家資格を有する技術者」ということである。（*技術士制度について　令和4年4月　日本技術士会）

建設会社、建設コンサルタントまたは国・地方自治体の役所等土木関係の業務に従事している読者の職場には技術士の資格を持った多くの技術者がおり、高度の技術力を発揮しつつ業務を遂行している。そして、その姿を見て自分も技術士を取得したい、または先輩等から土木技術者として最高の資格と言われている技術士（建設部門）を取得することを求められている場合が多いと考えられる。

技術士第二次試験に合格することは簡単なことではない。合格することは非常に難しく、そのためには多くの時間をさいて勉強しなければならない。しかし、技術士という資格を取得することで技術者としての自信が付き、併せて周りの人の見る目も変わってくる。その期待に応えるために、さらに自分の能力を上げようと技術士取得後も自己研鑽を積んでいくことが必要である。

この本を手に取られた読者は、そのスタートラインに立ったところだと思う。ぜひともこの本を参考として、技術士第二次試験の合格への道を歩んでいただければと思う。日々、自分の仕事に責任と誇りを持ち全力で取り組んでいる読者なら、諦めず勉強を続ければ、必ず合格の栄冠をつかむことができると確信している。

1.2　技術士制度の変遷

技術士制度は、昭和32（1957）年に技術士法が制定され、科学技術庁を所管とする技術士制度が発足した。昭和33（1958）年第1回の技術士試験が実施され、同年11月には社団法人日本技術士会が設立された。その後、昭和58（1983）年に技術士補制度が発足し、技術士となるために必要な技能を修習するため、技術士補として技術士の業務を補助する仕組みが構築された。それまでは技術士第一次試験に合格していなくても、直接技術士第二次試験を受験することができたが、平成12（2000）年に技術士法が改正され、2年間の猶予期間の後、技術士第一次試験の合格者のみが第二次試験を受験できるように変更された。

技術士第二次試験は、平成19（2007）年に択一式問題と技術的体験及び応用能力を問う記述式論文（技術的体験論文）が廃止され、筆記試験の合格者に対して図表等を含めて3,000字以内、A4用紙2枚以内の体験論文を作成し、受験申込時に（口頭試験受験の必要資料として）提出することとされた。

その後、平成25（2013）年に試験制度が変更され、筆記試験の必須科目として「技術部門」全般にわたる専門知識問題の択一式問題が再び導入された。出題形式は、20問出題した中から15問を選択して解答する形式で、これは平成18（2006）年まで実施されていた択一式問題の出題形式と同様とされた。

また、選択科目として、①「選択科目」に関する専門知識及び応用能力を問う問題、②「選択科目」に関する課題解決能力を問う問題（新設）の2種類が実施されることとなった。このほか変更された点は、技術的体験論文を受験申込書の中に記載することとされた点である。それまで3,000字以内、A4用紙2枚以内で作成するよう要求されていたものが、720字以内で作成するように変更された。併せて、必須科目で復活導入された択一式問題で足切り制度が導入されることとなった。この制度は、平成27（2015）年から本格的に導入され、択一式問題で得点が60％未満の者は、記述式論文の採点がされなくなった。このように技術士第二次試験の形式は大きな変遷をたどったが、令和元（2019）年にさらに変更されて現在の形式となった。

2. 技術士第二次試験の改正

2.1　技術士制度改正の基本的な考え方

科学技術・学術審議会技術士分科会が公表した「今後の技術士制度の在り方について」では、技術士の基本的な考え方を、次のように規定している。

社会・経済の構造が日々大きく変化する「大変革時代」が到来し、国内外の課題が増大、複雑化する中で科学技術イノベーション推進の必要性が日々増大している。平成28（2016）年1月に閣議決定された「第6期科学技術・イノベーション基本計画」

においては、このような時代に対応するため、先を見通し戦略的に手を打っていく力（先見性と戦略性）と、どのような変化にも的確に対応していく力（多様性と柔軟性）を重視することを基本方針としている。

多くの技術者がキャリア形成過程において、実務経験を積み重ねて専門的学識を深め豊かな創造性を持って、複合的な問題を解決できる技術者になるために技術士資格の取得を通じて、これらの資質向上を図ることが重要であるとし、国際的な環境の変化に対応し、国内のみならず海外で活躍する技術者（グローバルエンジニア）が増加していることから、我が国の技術者が国際的にその資質能力を適切評価されることが重要であることが明示された。

2.2　技術士に求められる資質能力（コンピテンシー）

技術士分科会が公表した「今後の技術士制度の在り方について」では、技術士に求められる資質能力（コンピテンシー）を規定している。

技術士制度の活用促進を図るためには、全ての技術士に求められる資質能力に加え、技術部門ごとの技術士に求められる資質能力（技術部門別コンピテンシー）を定めることが必要である。その際技術士資格が国際的通用性を確保するという観点から、IEA の「専門職として身に付けるべき知識・能力」（PC）を踏まえることが重要である。

技術士分科会では、このような認識に基づき「専門的学識」「問題解決」「マネジメント」「評価」「コミュニケーション」「リーダーシップ」「技術者倫理」「継続研鑽」の 8 項目を定め、各々の項目において、技術士であれば最低限備えるべき資質能力を定めている。

3.　技術士第二次試験の改正内容

3.1　改正の背景とねらい

令和元（2019）年度からの技術士第二次試験の方法について、技術士分科会が公表した「今後の技術士制度の在り方について」では、「技術士に求められる資質能力が高度化、多様化している中で、これらの者が業務を履行するためには、技術士資格の取得が必要である」としている。また、その取得を通じて、実務経験に基づく専門的学識及び高等の専門的応用能力を有し、かつ、豊かな創造性を持って複合的な問題を明確にして解決できる技術士として活躍することが期待されている。今後の第二次試験は、このような資質能力の確認を目的とすることが適当であり、これらを踏まえ、令和元（2019）年度、第二次試験の試験方法等が改正された。

3.2　受験申込み時

受験申込者は、受験の申込みに際し「受験申込書」及び「実務経験証明書」の提出が求められることとなり、令和５（2023）年度の第二次試験の申込みに際しても同様であった。実務経験証明書には、勤務先、地位・職名、業務内容、従事期間などを記載することが求められた。なお、実務経験証明書は、それまでの業務経歴票に代わるものであり、口頭試験における試問の際の参考とすることとされた。

3.3　筆記試験（総合技術監理部門を除く技術部門）

必須科目については、試験の目的を尊重して択一式の出題を廃止し、記述式の出題のみとし、技術部門全般にわたる専門知識、応用能力及び問題解決能力・課題遂行能力を問うものに改正された。

選択科目については、従来通り記述式の出題とし、選択科目に係る専門知識、応用能力及び問題解決能力・課題遂行能力を問うものとされた。ただし、必須科目の見直しに伴い、受験生の負担が過度とならないよう、選択科目の試験方法を一部変更し、次のように改正された。

※専門知識：専門の技術分野の業務に必要で、幅広く適用される原理等に関わる汎用的な専門知識

※応用能力：これまでに習得した知識や経験に基づき、与えられた条件に合わせて、問題や課題を正しく認識し、必要な分析を行い、業務遂行手順や業務上留意すべき点、工夫を要する点等について説明できる能力

※問題解決能力・課題遂行能力：社会的なニーズや技術の進歩に伴い、社会や技術における様々な状況から、複合的な問題や課題を把握し、社会的利益や技術的優位性などの多様な視点からの調査・分析を経て、問題解決のための課題とその遂行について論理的かつ合理的に説明できる能力

3.4　口頭試験

口頭試験は、以下を確認する内容とすることに変更された。

・技術士として倫理的に行動できること
・多様な関係者との間で明確かつ効果的に意思疎通し、多様な利害を調整できること
・問題解決能力・課題遂行能力：筆記試験において問うものに加えて、実務の中で複合的な問題についての調査・分析及び解決のための課題を遂行した経験等
・これまでの技術士となるための初期の能力開発（IPD）に対する取組姿勢や今後の継続研鑽（CPD）に対する基本的理解

令和５（2023）年の技術士第二次試験は、上記の内容、方法を踏まえて実施された。

なお、本書は令和元（2019）年に改正された新しい試験方法に対応し、当該試験に合格するための方法、秘訣、ノウハウを伝えることを意図して作成したものである。必須科目、選択科目の試験内容、出題傾向及び対策、各論文の作成方法などについて

は後述する。令和5（2023）年の技術士第二次試験は、令和元（2019）年以前と同様のスケジュール及び内容で実施された。

ただし、令和5（2023）年度の試験は、「自然災害等による不可抗力により試験を中止する場合について」の注記が添付され、一部試験地又は全試験地において、自然災害等による不可抗力により試験を中止する場合があることが公表された。さらに、試験を中止した場合、試験実施に関する情報提供、試験中止の判断基準などが公表された。

これらの条件の下で、総合技術監理部門の筆記試験が令和5年7月16日（日）に、総合技術監理部門を除く技術部門の筆記試験が同7月17日（月・祝）に実施された。

4. 技術士第二次試験の試験方法

4.1 筆記試験

[必須科目]

筆記試験の必須科目は、「技術士第二次試験実施大綱」によると、技術部門全般にわたる専門知識、応用能力、問題解決能力及び課題遂行能力に関する記述式問題として出題されている。

具体的な試験方法は「技術部門全般にわたる専門知識、応用能力、問題解決能力及び課題遂行能力に関するもの」で、600字詰め用紙3枚（1,800字）以内、試験時間は、2時間である。また、配点が40点であり、選択科目の60点と合計すると100点になる。必須科目の概念、出題内容、評価項目は、下表のとおりである。

概　念	**専門知識** 専門の技術分野の業務に必要で幅広く適用される原理等に関わる汎用的な専門知識
	応用能力 これまでに習得した知識や経験に基づき、与えられた条件に合わせて、問題や課題を正しく認識し、必要な分析を行い、業務遂行手順や業務上留意すべき点、工夫を要する点等について説明できる能力
	問題解決能力及び課題遂行能力 社会的なニーズや技術の進歩に伴い、社会や技術における様々な状況から、複合的な問題や課題を把握し、社会的利益や技術的優位性などの多様な視点からの調査・分析を経て、問題解決のための課題とその遂行について論理的かつ合理的に説明できる能力
出題内容	現代社会が抱えている様々な問題について、「技術部門」全般に関わる基礎的なエンジニアリング問題としての観点から、多面的に課題を抽出して、その解決方法を提示し遂行していくための提案を問う
評価項目	技術士に求められる資質能力（コンピテンシー）のうち、専門的学識、問題解決、評価、技術者倫理、コミュニケーションの各項目

<table>
<tr><th>試験科目</th><th>問題の種類</th><th>試験方法</th><th>試験時間</th><th>配点</th></tr>
<tr><td>必須科目Ⅰ</td><td>「技術部門」全般にわたる専門知識、応用能力、問題解決能力及び課題遂行能力に関するもの</td><td>記述式（Ⅰ）
出題数は2問出題、1問選択解答600字詰用紙3枚以内</td><td>2時間</td><td>40点</td></tr>
<tr><td rowspan="3">選択科目
Ⅱ、Ⅲ</td><td>「選択科目」についての専門知識に関するもの</td><td>記述式（Ⅱ-1）
出題数は4問出題、1問選択解答600字詰用紙1枚以内</td><td rowspan="3">3時間30分</td><td rowspan="2">30点</td></tr>
<tr><td>「選択科目」についての応用能力に関するもの</td><td>記述式（Ⅱ-2）
出題数は2問出題、1問選択解答600字詰用紙2枚以内</td></tr>
<tr><td>「選択科目」についての問題解決能力及び課題遂行能力に関するもの</td><td>記述式（Ⅲ）
出題数は2問出題、1問選択解答600字詰用紙3枚以内</td><td>30点</td></tr>
</table>

令和5年度　技術士第二次試験受験申込み案内及び受験票　公益社団法人日本技術士会

[選択科目]

令和5（2023）年度に実施された試験内容であるが、これまでの試験方法と同様2種類の記述式問題が出題された。具体的な問題の種類は、(1)「選択科目」についての専門知識及び応用能力に関する問題（Ⅱ-1、Ⅱ-2)、(2)「選択科目」についての問題解決能力及び課題遂行能力に関する問題（Ⅲ）の2種類である。

Ⅱ-1．「選択科目」についての専門知識に関するもの

概　　念	「選択科目」における専門の技術分野の業務に必要で幅広く適用される原理等に関わる汎用的な専門知識
出題内容	「選択科目」における重要なキーワードや新技術等に対する専門的知識を問う
評価項目	技術士に求められる資質能力（コンピテンシー）のうち、専門的学識、コミュニケーションの各項目

Ⅱ-2．「選択科目」についての応用能力に関するもの

概　　念	これまでに習得した知識や経験に基づき、与えられた条件に合わせて、問題や課題を正しく認識し、必要な分析を行い、業務遂行手順や業務上留意すべき点、工夫を要する点等について説明できる能力
出題内容	「選択科目」に関係する業務に関し、与えられた条件に合わせて、専門知識や実務経験に基づいて業務遂行手順が説明でき、業務上で留意すべき点や工夫を要する点等についての認識があるかどうかを問う
評価項目	技術士に求められる資質能力（コンピテンシー）のうち、専門的学識、マネジメント、コミュニケーション、リーダーシップの各項目

具体的な試験方法については、「専門知識及び応用能力を問う問題」が600字詰め用紙1枚と2枚の合計3枚（1,800字）以内、「問題解決能力及び課題遂行能力」が同じく、600字詰め用紙3枚（1,800字）以内である。また、「専門知識及び応用能力を

問う問題」は、専門知識に関する問題と応用能力に関する問題とに分けて出題される。選択科目の内容及び試験方法に関しては、これまでの試験方法と同様であり、選択科目に関する専門知識及び応用能力の問題の概念、出題内容、評価項目は下表に示す通りである。

Ⅲ.「選択科目」についての問題解決能力及び課題遂行能力に関するもの

概　念	社会的なニーズや技術の進歩に伴い、社会や技術における様々な状況から、複合的な問題や課題を把握し、社会的利益や技術的優位性などの多様な視点からの調査・分析を経て、問題解決のための課題とその遂行について論理的かつ合理的に説明できる能力
出題内容	社会的なニーズや技術の進歩に伴う様々な状況において生じているエンジニアリング問題を対象として、「選択科目」に関わる観点から課題の抽出を行い、多様な視点からの分析によって問題解決のための手法を提示して、その遂行方策について提示できるかを問う
評価項目	技術士に求められる資質能力（コンピテンシー）のうち、専門的学識、問題解決、評価、コミュニケーションの各項目

令和5（2023）年度に実施された「選択科目」の問題解決能力及び課題遂行能力の試験方法は、600字詰め用紙3枚（1,800字）以内で、これまでと同様であった。

なお、試験問題の数に関しては、専門知識及び応用能力に関するものについては回答数の2倍程度、問題解決能力及び課題遂行能力に関するものについては2問程度とされた。これに従い令和5（2023）年度の出題数は、Ⅱ-1の専門知識を問う問題が4問、Ⅱ-2の応用能力を問う問題が2問、Ⅲの問題解決能力及び課題遂行能力を問う問題が2問出題され、受験者はこのうちから各々1問を選択して回答する形式であった。

また、試験時間は「選択科目」に関する専門知識及び応用能力及び「選択科目」に関する問題解決能力及び課題遂行能力の合計で3時間30分とされた。選択科目の配点は、この2科目合計で60点（各科目30点）であった。

[合否決定基準]

筆記試験の合否決定基準は、文部科学省が令和4（2022）年1月に公表した「技術士試験合否決定基準」によれば、必須科目、選択科目とも60%以上の得点とされた。なお、選択科目については、「選択科目」についての専門知識及び応用能力に関するものと問題解決能力及び課題遂行能力に関するものの合計で60%以上の得点と規定された。

[筆記試験の合否決定基準]

技術部門	試験科目	問題の種類等	合否決定基準
総合技術監理部門を除く技術部門	必須科目	「技術部門」全般にわたる専門知識、応用能力、問題解決能力及び課題遂行能力に関するもの	60%以上の得点
	選択科目	「選択科目」についての専門知識及び応用能力に関するもの	60%以上の得点
		「選択科目」についての問題解決能力及び課題遂行能力に関するもの	

令和5年度技術士試験合否決定基準（令和5年1月17日　文部科学省）

4.2　口頭試験

口頭試験については、これまでは「受験者の技術的体験を中心とする経歴の内容及び応用能力」及び「技術士としての適格性及び一般知識」の２項目で実施されてきたが、令和元（2019）年の改正により「技術士としての実務能力」、「技術士としての適格性」の観点から試問されることとなった。具体的な試問事項は、前者が「コミュニケーション・リーダーシップ」、後者が「技術者倫理」、「継続研さん」である。

日本技術士会が公表した「令和４年度技術士第二次試験実施大綱」では、Ⅰ　技術士としての実務能力のうち「コミュニケーション・リーダーシップ」が30点、「評価、マネジメント」が30点、Ⅱ　技術士としての適格性のうち「技術者倫理」が20点、「継続研さん」が20点の合計100点とされた。

口頭試験の試験時間については、これまでの20分から変更がなく20分とされ、10分程度の延長が可能とされた。

[口頭試験の試験時間]（総合技術監理部門を除く配点）

試問事項	試問時間
Ⅰ　技術士としての実務能力	20分 （10分程度延長可）
Ⅱ　技術士としての適格性	

令和5年度技術士第二次試験実施大綱（令和4年12月10日）

[口頭試験の配点]（総合技術監理部門を除く配点）

試問事項		配点
Ⅰ　技術士としての実務能力	１．コミュニケーション、リーダーシップ	30点満点
	２．評価、マネジメント	30点満点
Ⅱ　技術士としての適格性	３．技術者倫理	20点満点
	４．継続研さん	20点満点

令和5年度技術士第二次試験実施大綱　（令和4年12月10日）

なお、令和元（2019）年度の試問事項変更の趣旨であるが、技術部門全般にわたる専門知識、応用能力、問題解決能力及び課題遂行能力、さらに選択科目に関しても同様の能力を問う筆記試験内容の変更に合わせ、口頭試験においてもこれらの各能力の保有状態を確認するとされた。令和５（2023）年度の口頭試験の試問事項についても、これに基づき実施された。

「今後の技術士制度の在り方について」で規定された口頭試験の確認内容

・技術士として倫理的に行動できること
・多様な関係者との間で明確かつ効果的に意思疎通し、多様な利害を調整できること
・問題解決能力及び課題遂行能力：筆記試験において問うものに加えて、実務の中で複合的な問題についての調査・分析及び解決のための課題を遂行した経験等
・これまでの技術士となるための初期の能力開発（IPD）に対する取組姿勢や今後の継続研鑽（CPD）に対する基本的理解

[合否決定基準]

頭試験の合否決定基準は、文部科学省が令和５（2023）年１月に公表した「技術士試験合否決定基準」によれば、技術士としての実務能力、技術士としての適格性とも60％以上の得点とされている。なお、技術士としての実務能力は、「コミュニケーション・リーダーシップ」、「評価、マネジメント」が、技術士としての適格性は、「技術者倫理」、「継続研さん」の試問事項が、各々60％以上の得点と規定されている。

「口頭試験の合否決定基準」

技術部門	試問事項		合否決定基準
総合技術監理部門を除く技術部門	技術士としての実務能力	コミュニケーション、リーダーシップ	60％以上の得点
		評価、マネジメント	60％以上の得点
	技術士としての適格性	技術者倫理	60％以上の得点
		継続研さん	60％以上の得点

令和5年度技術士試験合否決定基準（令和5年1月17日　文部科学省）

5. 受験申込書及び実務経験証明書の作成

5.1　受験申込書

技術士第二次試験の内容は、平成25（2013）年度に大きく改定され、これに併せて受験申込書及び実務経験証明書などの受験申込書の書式が変更され、受験申込み時に提出する業務経歴票において技術的体験を簡潔に記載する方式となった。それまで

3,000字で記載していた技術的体験論文を、わずか720字で記述しなければならなくなった。

受験申込書及び実務経験証明書は、技術士第二次試験を受験するために必要な書類であり、これは筆記試験の受験資格の確認に用いられるとともに、口頭試験の際に属性資料、試問材料として用いられる重要な書類である。この受験申込書をみることで、受験者の住所、氏名、生年月日、本籍地、最終学歴、専攻学部・学科、勤務先、第一次試験の合格年度等がわかる。もちろん、受験する技術部門、選択科目、専門とする事項、受験地等を記述することになっているので、これらについても明確になる。

さらに、実務経験証明書には、勤務先、所在地、地位・職名、職務内容、在職期間(業務を担当した期間)、業務に従事した通算期間などを5件記載することとされており、受験者の業務経歴（業務内容、担当年月、経験年数等）が一目瞭然で理解できる内容となっている。

この実務経験証明書を的確に作成するためには、受験者は試験制度の変更の趣旨及び内容を十分理解し、受験申込書の提出までに万全の準備を行い、口頭試験で自信の持てる受験申込書を作成し提出することが大切であり、それが合格の必須要件でもある。

この受験申込書や実務経験証明書の作成方法が令和3（2021）年度から、大きく変更され日本技術士会のホームページからダウンロードし、パソコンで作成できるようになった。また、業務経歴証明欄の押印の代わりに証明者の電話番号及びメールアドレスを記載するように変更された。令和5（2023）年度もこの方法で実施された。この方法は、令和6（2024）年度以降も引き続き実施されるものと想定される。

5.2　実務経験証明書

実務経験証明書は、令和元（2019）年度の試験制度の改正に併せて、それまでの業務経歴票に替わる書類として導入された。この実務経験証明書を正確で充実した内容のものとするためには、記載する内容、情報が正確で、その数が要求されている業務数の5件を満足していることが必要である。実務経験証明書を作成するための準備としては、まず、自分が過去に担当した業務を整理し、その業務についての報告書、設計図等を集め、業務成果を分析・確認することが必要である。

次に、その業務を年度別に整理し、技術士に相応しい業務（計画、研究、設計、分析、試験、評価、指導等の7種類）を抽出する。経験年数が多く担当した業務が多い場合は、特に苦労した業務、有益な提案を行った業務、事業規模が大きく時間的に新しい業務、当時では最新の技術を用いた他の模範となるような業務、発注者や社内で表彰を受けた業務の中から選定し、実務経験証明書に記述する5件の業務を選定する。

大学院卒の受験者には、大学院における研究経歴を記載する欄が1行ある。ここに大学院の課程及び専攻、研究内容、在学期間等を記載する。この場合、大学院の専攻や研究内容が、受験する選択科目、専門とする事項と直接関連性がないような場合には、口頭試験で必ず質問されるため、それに備えた回答を準備しておく必要がある。

次に、業務経歴の欄であるが、ここで記述する項目として、勤務先、所在地、地位・職名、業務内容、従事期間を記載する。業務内容は、記述するスペースが5行分しかないため、業務経験年数が30～40年と長い受験者は、1行に同種の業務を複数まとめて記述する等の工夫が必要である。このため経験年数が長い受験者の場合には、具体的な業務名でなく、業務種別で記載するなどの工夫も有効である。なお、業務内容を厳選して5件記述することに併せて、欄の左側に設けられている「詳細」欄にも注意が必要である。この欄は、「業務内容の詳細」欄に記述する業務を明示する欄であり、この欄に「○印」を記入することを決して忘れないようにする。

業務内容の詳細の記入欄については、実務経験証明書には「当該業務での立場、役割、成果等」との記載があるが、これだけでは不十分である。一般的には、具体的な項目として①業務の概要、②自分の立場と役割、③業務を進める上での課題及び問題点、④技術的提案、⑤技術的成果、⑥現時点の技術的評価及び今後の展望等を踏まえて記述する必要がある。

業務内容の詳細の記述に当たって特に注意すべき点として、技術的成果や現時点での技術的評価についても、自分が行った技術的提案について「成果が得られた」、「現時点において業務内容の詳細を大いに評価ができる」という前向きなスタンスで明確に記述することが望ましい。

720字でこうした内容を漏れなく記載することは、慣れないうちはなかなか困難である。そのため、いきなり業務経歴票に記載するのではなく、例えば720字（48字×15行など）の文章を別紙に作成しておき、それを何度も推敲し確認したうえで、業務経歴票に転記するといった工夫が必要になる。

[実務経験証明書作成のポイント]

- 大学院を卒業された方は、記入欄に必ず記述する。
- 業務経歴を記入する欄は、5行あるので必ずこの5行を埋める。
- 業務経験年数が長い方は5行では書き切れないので、1行の中に複数の業務を書く。
- 4つのコンピテンシー（コミュニケーション、リーダーシップ、マネジメント、評価）の観点を意識し、苦労した業務、成果が得られた業務を選定し記述する。
- 取り上げる業務は、なるべく新しい業務、著名な業務、苦労した業務、技術が応用可能な業務を選定する。

・業務内容に記述できる文字数が限られているので、上限いっぱいの文字数で記述する。
・業務名に技術士法で規定している技術士の定義に合致する用語（計画、研究、設計、分析、試験、評価及びこれらに関する指導）を用いて記述する

［業務内容の詳細作成のポイント］
・業務内容の詳細なので、業務の概要、立場と役割、技術的課題、技術的解決策、得られた成果、現時点での評価などの目次項目を設定した上で、簡潔に記述する。
・業務の概要、技術的課題、技術的解決策などは、ここですべてを記述しようとせずに、口頭試験で回答することを考えながら記述する。
・口頭試験で試験委員に質問をしていただき、会話を楽しむことをイメージしながら記述する。
・技術的解決策では、自分が解決策を創意工夫しながら提案したと記述する。主語はあくまでも自分として、自分が○○を提案したというように。
・得られた成果は、自分が創意工夫したことをアピールしながら記述する。
・現時点での評価は、自分の提案で成果が得られた点を述べ、その結果現時点でも評価できる、というスタンスで、必ずプラスの方向で評価する。
・文章の最後に「以上」という用語を記述する。

5.3　令和3（2021）年度受験申込書のWeb作成

令和3（2021）年度の受験申込書の作成方法が大きく変更され、日本技術士会のホームページの「技術士第二次試験受験申込み案内」にアクセスし、そこからダウンロードして得られるExcelシートに入力する方法となった。なお、具体的な入力方法は、日本技術士会の「令和4年度技術士第二次試験受験申込案内」による「受験申込書等記入要領」を参考にしていただきたい。

Excel入力シートによる入力方法は、性別、本籍地、受験部門などがプルダウン方式となり入力が楽になった。また、技術士登録者で業務経歴証明印を必要としない者は、登録証の提出を選択すると証明者・証明印の記入は自動的に省略され、グレーアウトし次に進むことができるシステムとなった。受験申込書・実務経験証明書の入力が済むと、これらの書類が自動的に作成され、併せて「申込書提出チェックシート」が自動的に印刷されるので、これにチェック印を入れて、作成された書類、各種証明書などと一緒に日本技術士会に郵送・提出するようになった。

なお、Webで作成した受験申込書、実務経験証明書、チェックシートなどは、入

氏　名	

※整理番号	

実務経験証明書

大学院における研究経歴／勤務先における業務経歴

	大学院名	課程（専攻まで）		研究内容	②在学機関 年・月～年・月	年月数	
	○○大学大学院	理工学研究科修士課程 ○○学専攻		△△構造物の地震時応答及び耐震性能の性能照査に関する研究	1980年4月～ 1982年3月	2	0
詳細	勤務先 （部課まで）	所在地 （市区町村まで）	地位・職名	業務内容	②従事期間 年・月～年・月	年月数	
	株式会社○○コンサルタント △△設計本部設計第一課	東京都□□区	主任技術者	一般国道○○号道路構造物調査・設計業務（一般国道△△号、L＝3,000mの大規模擁壁工、トンネル工を含む）　等	1982年4月～ 1992年3月	10	0
○	株式会社○○コンサルタント △△設計本部	東京都□□区	管理技術者	国土交通省○○地方整備局□□国道事務所管内橋梁点検・診断業務（一般国道○○号等5路線、100橋の点検・診断）　等	1992年4月～ 2002年3月	10	0
	株式会社○○コンサルタント △△設計本部	東京都□□区	管理技術者	国土交通省○○地方整備局□□国道事務所管内道路点検・評価業務（一般国道△△号、L＝2,000mの道路のり面、擁壁、防護柵等の点検・評価・対策工の検討を含む）　等	2002年4月～ 2010年3月	8	0
					2010年4月～ 2016年3月	6	0
					2016年4月～ 2022年3月	6	0
※業務経歴の中から下記「業務内容の詳細」に記入するもの1つを選び、「詳細」欄に○を付して下さい。					合計（①＋②）	42	0

- ・従事期間が多い場合は、複数年、まとめて記述すること。「等」を使用する。
- ・研究内容・業務内容は、最大60文字まで記載可能となり、令和2年度までと比べて文字数が制約された。1マスを3～4行に区切って、整然と記述することが必要。
- ・業務内容は、具体的な工事事務所名、地域名、路線名等を記載しても良い。
- ・道路であれば路線名、延長、設計対象構造物名などを記載する。

上記のとおり相違ないことを証明する。　　年　　月　　日
事務所名
証明者役職
証明者氏名　　㊞

業務内容の詳細

当該業務での立場、役割、成果等

- ・業務経歴の「詳細」欄に○を付したものについて、業務内容の詳細（当該業務の背景、課題、解決策、現時点での評価、得られた成果）等を、720文字以内（図表は不可、半角文字も1文字とする。）で、簡潔に分りやすく整理して枠内に入力する。
- ・業務経歴の「詳細」欄に○を付した業務経歴の期間中に、業務内容が複数にわたる場合は、その中から1つの業務を選んで入力する。
- ・業務内容は、具体的な工事事務所名、地域名、路線名等を記載し、読む人に興味を持っていただく。
- ・業務の課題と解決策は、必ず対応させて記述する。また、現時点での評価、得られた成果は、必ずプラスの方向で、前向きにとらえて評価する。
- ・「私は」という主語を用い、提案した者が自分であることをアピールする。また、提案した内容が、解決策に結びついたことを記述し、論のストーリー性を表現する。

日本技術士会

力が終了した時点でプリントしておき、口頭試験に備え、受験関係書類の控えを取っておくことが必要である。また、提出する際には、これら書類のほか写真、受験料払い込み控え、技術士登録証（コピー）などを添えて郵送･提出することが必要である。

［Web 作成上のポイント］

・受験申込書、実務経験証明書の入力に当たり、第一次試験の合格証番号、業務報告書など入力に必要となる資料を収集し、入力の下書きを作成する。
・入力の下書きでは、特に、業務の内容の詳細を何度も推敲し完成度を高め、入力する際はこれをそのままコピーできるような準備をする。
・日本技術士会の入力ページにアクセスし、下書きを見ながら間違えないように入力する。
・入力した内容を確認しながら、着実に受験申込書、実務経験証明書を完成させる。
・書類を作成した後に、チェックシートがあるので、これにチェックマークを入れ、受験申込書などと一緒に出力し、提出の準備をする。
・受験申込書、実務経験証明書、チェックシート及びそのほかの必要書類を揃え、日本技術士会に送付する。

6. 技術士論文の作成方法

6.1　令和 5（2023）年度の試験当日の対応

令和 5（2023）年度の試験は、新型コロナの流行がなくなり、このための試験当日の対応策が取られることがなくなった。しかし、これに変わって自然災害等の不可抗力により試験を中止する場合があることが公表された。

さらに、試験実施に関する情報提供として、試験実施に関する情報提供は、試験実施日の 7 日前から公益社団法人日本技術士会のホームページに掲載されることが公表された。特に、自然災害等の不可抗力による試験中止の判断については、原則として、試験実施日の 2 日前までに日本技術士会のホームページに掲載されることが公表された。また、試験開始時間の繰下げ措置の場合の情報提供や試験中止の場合の判断基準も、併せて受験申込み案内書の中に明記された。

令和 5（2023）年度の試験は、新型コロナの感染流行が一段落したとはいえ、感染症対策を実施した上で受験していただきたい。さらに、受験者は本番の試験日に合わせて体調管理を行い、万全の体調で試験に臨んでいただきたい。

6.2　試験当日の対応策

令和5（2023）年度の技術士二次試験は、例年通り午前10時開始（2時間の必須科目、昼休み1時間をはさみ、午後3時間半の選択科目）が実施された。

午前中の必須科目は、2時間で1,800字の解答論文を、午後の選択科目は、3時間半で3,600字の解答論文を作成しなければならない。単純計算で解答用紙1枚（600字）を作成するのに、必須科目は40分、選択科目は35分で書き上げることが必要となる。

試験時間には、問題を熟読し理解をする時間、問題文の要求事項に合致する目次項目を考える時間、その目次項目に相応しいキーワードや文章を考える時間、さらに、解答論文を作成した後でその論文をチェックする時間なども見ると、これらの処理時間に30分程度は取られるため、実際に論文を書く時間は、与えられた時間よりも30分差し引いて考えなければならない。

試験当日は論文を書くだけで精一杯となるので、論文の構成、キーワードなどを試験会場で考えている時間の余裕はない。あらかじめ、過去問題などで出題されそうな問題を想定しておき、論文の骨子を用意しておいた方が安全である。

また、日常の業務において報告書の文章はパソコン等を使用して作成するが、本番の試験では当然手書きとなるため、普段手書きで書き慣れていないため、腕や指が痛くなることが考えられる。このように、試験当日は長時間拘束され試験時間に耐えるだけでも、体力的に厳しいことを覚悟しておくことが必要である。

さらに、普段、仕事でパソコンを使用していると自動的に文字が変換されるため、いざ手書きになると漢字や送り仮名が思い出せないことも多い。このため、技術士試験の対策として、ときどきは論文を手書きで書く訓練をしておくことが望ましい。普段の業務においても、可能なものは、手書きで文章やメモを作成するなど、手書きを忘れないようにしなければならない。

6.3　解答論文とは

出題される設問は、試験会場で初めて見る問題であり、資料を調べることもできず、限られた時間内で作成しなければならない。すでに頭に入っている知識から解答論文を完成しなければならない。事前に予想し、準備した設問とほぼ同じでその解答論文を覚えていれば、完ぺきな解答論文を仕上げることはできるかもしれないが、そのようなことは不可能である。

技術士第二次試験の合否判定基準に記載されているように、各解答論文は60点以上で合格できるので、満点を取らなくても合格できると気楽に考えて論文を作成することが大切である。試験委員に合格点を付けてもらうためには、まずは試験委員に読んでいただくという気持ちで作成しなければならない。そのためには、なるべくきれいに大きな文字で解答論文を書き、試験委員の第一印象をよくすることである。解答論文は、試験委員が短時間で読めるように、読みやすい文字、大きい文字、濃い文字で書くことが必須の要件であり、かつ、一読して理解できるわかり易い文章で書かなければならない。試験委員の立場に立つと、1つの解答論文に対して多くの時間をかけて採点することは難しい。そのため、解答論文を一読してその合否を決め、合否を迷う解答論文のみを再度詳細に読み返すことが想定される。そのため、とにかく読み易く、わかり易い文章であることが第一の要件である。

具体的には、以下の事項を意識して論文を作成する必要がある。

・1つの文章があまり長くならないようにする
・1つの文章に多くのことを入れない
・主語と述語が合っているかを考える
・結論、要点を先に書き、その後に背景や理由を書く
・文章のつながり、流れを意識して書く
・段落、句点（。）、読点（、）をきちんと書く
・簡潔、シンプルな文章を心がける

6.4　解答論文の作成方法

通常の業務で報告書等を書く場合には、文章の目次構成、各目次の大まかな内容を決めてから、パソコン等を用い各章ごとに文章を書き始める。場合によっては、後ろの省から文章を書く場合もある。さらに、調査の進行状況に合わせて書き始めたり、資料が豊富な章から書き出す方が効率的なこともある。また、パソコンなので、書いた時間や順序にとらわれずに、全体のストーリーを後から修正することで、論文の推敲や校正とともに、論文のスパイラルアップを行うこともできる。

しかし、技術士試験は手書きで解答論文を作成しなければならず、また書いた文章を途中で変更したり、大規模に挿入したりすることは不可能である。さらに、修正・変更する時間はほとんどない。そのため、論文を書き出す前に、論文の骨子や目次構成を、しっかり作成してから論文を作成しなければならない。即ち、最初からほぼ完成した文章を書かなければならないということである。

限られた時間内に解答論文を作成する方法のひとつとして、本書で掲載している思考プロセス図とキーワードを使用する方法を紹介する。出題された設問に対して、解答論文を完成するために問題用紙の空きスペースに、以下に示すように論文構成、思考プロセス図を作成する。

①　解答論文の章立てを、設問の文章に合わせて決定する。設問に合わせることで課題に対し忠実に応えていることをアピールできる。

②　各章に記載する事項を簡単に箇条書きで書く。その中に用いるべきキーワード

を記載する。

③　箇条書きの内容をどの順番に記載するかを決める。当然、重要な項目から順序立てて記述する。

このように思考プロセス図は、解答論文を書き始める前に論文構成と内容を見える形にするためであり、この思考プロセス図を基に論文を書く。

必須科目の問題（1,800字、2時間）の場合、最初の20～30分くらいで思考プロセス図を作成し、残り90分で1,800字（3枚）の論文を書く。1枚にかける時間の目安は30分である。誤字・脱字など論文の修正に要する時間として20分程度は最後に確保しておきたい。解答論文を最初から読み返し、仮にわかりにくい箇所があった場合には修正箇所のみを消し、必要な言葉がマスと合わない場合も修正しないより修正した方がよいと考え修正する。誤字・脱字は、特に印象が悪い。また、マス目に正しく記述していても書いてある文章がおかしければよい点数は獲得できない。

選択科目の問題（3,600字、3時間30分）の場合はさらに時間的に厳しく、専門知識1問、応用能力1問、問題解決能力及び課題遂行能力1問の計3問に対して、思考プロセス図を作成してから解答論文を作成しなければならない。解答論文を書き始める前に章立てとキーワードだけでも決めておきたい。最後に行う全体の論文チェックを考えると1枚20分で書き上げる速さが求められる。技術士試験は、とにかく一日中、論文を書きどおしになることを覚悟して受験に臨むことが大切である。

最後に、通常の論文試験では与えられた解答文字数の8割以上を書いていないと採点してもらえないと言われている。しかし、8割では制限枚数が3枚の場合に、3枚目の解答用紙の約半分が空白になるので、試験委員に与える第一印象はよくないことが考えられる。したがって、制限枚数の9割以上は書くようにしたい。解答論文は与えられた解答用紙の最後の用紙いっぱいに、できれば最後の行まで埋まっていることが望ましい。少なくとも、解答用紙の3枚目の半分以上は記述する。さらに記述した内容が、良い内容ならば必ず合格できる。

さらに、解答論文の最後は、改行した上で、「以上」の用語を右端に寄せて書くことが必須の要件である。特に、文章の書き込み量が少ない場合は必ず「以上」を書き、論文が完成していることをアピールすることが大切である。

第二次試験（必須科目）記述式試験の対策

キーワード体系表
建設全般論文の出題・予想問題
論文解答例
論文作成の思考プロセス

建設部門　出題傾向と対策

1. 必須科目の位置付けと対策

1.1　技術士資格と資質向上

平成28（2016）年12月22日に科学技術・学術審議会の技術士分科会は、「今後の技術士制度の在り方について」を公表した。その中で、今後の技術士のあり方や技術士資格の取得について推奨している。

さらに、令和元（2019）年6月に文部科学省より公表された「第6期科学技術基本計画に向けて」では「あらゆる科学技術イノベーション政策の推進にあたっては、全体的な政策立案においても個々の施策立案においても、常に国際動向の分析の上でグローバルな視点を持ち、国際展開を行う中で戦略性を持って取り組んでいくとの視点を確保することが重要である。」としており、グローバルな視点を持った国際展開が重要である、としている。また、今後特に重点的に取り組むべき事項として「グローバルに活躍する若手研究者等の育成・確保」を挙げている。

多くの技術者が、キャリア形成過程において、実務経験を積み重ねて、専門的学識を深め、豊かな創造性を持って、複合的な問題を解決できる技術者になるために、技術士資格の取得を通じて、これらの資質向上を図ることが重要である。さらに、国際的な環境の変化に対応し、国内のみならず海外で活躍する技術者（グローバルエンジニア）が増加していることから、我が国の技術者が国際的にその資質能力を適切に評価されることが重要であり、国際エンジニアリング連合（IEA）におけるエンジニアリング人材に関する国際的な枠組みを踏まえ、技術士の国際的通用性を確保することが非常に重要である。

1.2　技術士に求められる資質能力（コンピテンシー）

平成28（2016）年12月22日に公表された「今後の技術士制度の在り方について」では、技術士に求められる資質能力（コンピテンシー）について規定しており、それを受けて令和4（2022）年度技術士第二次試験受験申込み案内では、「技術士に求められる資質能力（コンピテンシー）」について記載している。

技術士制度の活用促進を図るためには、全ての技術士に求められる資質能力に加え、技術部門ごとの技術士に求められる資質能力（技術部門別コンピテンシー）を定めることも必要である。その際に、技術士資格が国際的通用性を確保するという観点から、IEAの「専門職として身に付けるべき知識・能力」（PC）を踏まえることが重要である。

科学技術・学術審議会技術士分科会は、このような認識に基づき、「専門的学識」「問題解決」「マネジメント」「評価」「コミュニケーション」「リーダーシップ」「技術者倫理」の項目を定め、さらに各々の項目において、技術士であれば最低限備えるべき資質能力を定めた経緯がある。

1.3　必須科目の試験形式

技術士第二次試験の必須科目は、平成30（2018）年度までの択一式問題に替わり、令和元（2019）年度から、記述式問題が再導入されることとなった。この記述式問題の形式は、平成19（2007）年度から平成24（2012）年度まで実施されており、この形式が復活することとなった。

日本技術士会ホームページで公表されている令和4（2022）年12月10日に公表された「技術士第二次試験実施大綱」の中で、必須科目について、技術部門全般にわたる専門知識、応用能力、問題解決能力及び課題遂行能力に関する能力が要求されることが明記された。さらに、令和5（2023）年4月に公表された「令和5年度技術士第二次試験受験申込み案内」では、必須科目で求められる能力の概念、出題内容、評価項目が明示された。

この評価項目は、技術士に求められる資質能力（コンピテンシー）のうち、専門的学識、問題解決、評価、技術者倫理、コミュニケーションの各項目が規定された。

必須科目の試験方法は記述式で、600字詰め用紙3枚以内で解答することが求められている。試験時間は2時間、配点は40点である。なお、配点は、選択科目のうち「選択科目」に関する専門知識及び応用能力が30点、「選択科目」に関する問題解決能力及び課題遂行能力が30点で、必須科目と選択科目合計で100点とされた。

また、必須科目の出題内容は、「技術部門」全般にわたる専門知識、応用能力、問題解決能力及び課題遂行能力に関するもので、出題形式は記述式、主題数が2問程度とされた。

2. 必須科目の傾向と対策

2.1　必須科目の出題傾向

令和元（2019）年度から新しく導入された必須科目に対応するためには、過去に出題された記述式問題を研究することが重要である。過去問題の出題傾向、過去問題で要求されている技術内容、テーマ、キーワードなどを研究し、それに役に立つ参考図書を収集し、過去問題に沿って論文を作成するなど事前の勉強をして、試験に備えることがますます重要になってくる。

さらに、過去問題への取組みを重視し、自分で解答論文の目次構成、記述内容、キーワードを数多く練習し、解答論文例を作成するという勉強方法が効果的であり、こうした地道な勉強を継続していくことが、合格の必須の要件である。

建設部門の必須科目の出題傾向として、令和元（2018）年度から令和5（2023）度までの5年分の過去問題を研究することが重要である。最近5年間の過去問題を、主な項目別に整理し、出題内容、テーマ等の分析結果を以下の表に示す。

この表から分かるように、必須科目の出題傾向は、(1) 社会資本整備、(2) 国際化、地球環境問題、地球温暖化、(3) 維持管理、アセットマネジメント、(4) 技術開発、技術継承、(5) 防災・減災対策、自然災害対策、(6) 工事の品質確保、設計全般、建設産業のあり方などである。

本書では、必須科目の記述式問題として出題された当該6分野を中心とした予想問題を、令和4（2022）年度及び令和5（2023）年度の出題形式に合わせて、6分野、各々2問ずつの予想問題を合計12問を作成した。さらに、当該問題の解答論文例、及びその解答論文を考えたときの頭の中の思考プロセスを、解答論文例と一対のものとして作成し収録してあるので、参考にしていただきたい。

2.2　必須科目の対応策

必須科目の記述式問題でこれまでに出題されている内容・テーマに関しては、「社会資本整備」「インフラの維持管理」「社会資本整備、維持管理のDX」「地球環境問題」「二酸化炭素排出量の削減」「技術開発動向」「安全・安心な国土づくり」「自然災害対策」等に配慮し、受験者間あるいは受験地間で差がつかないように配慮して作問されている。この結果、必須科目の記述式問題は、選択科目の記述式問題と同様、過去に出題された問題が繰返し出題されているという傾向がみられる。

もちろん、社会資本の整備率、社会資本の老朽化の割合等の数値、国土交通省の重点政策、新しく施行された法律などは、毎年更新・改正され、新しい問題として作問され出題されている。しかし、変更されているのは現状の整備率、劣化損傷の度合いなどの数値のみであり、その基本的な考え方や出題分野、出題項目などは大きく変更されることはない。

したがって、必須科目の記述式問題で高得点を獲得するためには、過去問題を繰り返し勉強し、問題や解答論文を暗記するくらいまで覚えることである。そうすることにより、出題者の作問意図を再認識することができ、その趣旨に合致した解答論文を作成することができる。また、そうなることで初めて必須科目としての合格点を獲得でき、筆記試験をクリアすることができるようになる。

記述式問題の勉強を効率的・効果的に行うためには、問題文の要求事項を理解しそれに忠実に対応した目次を作成し、要求事項に合致する参考資料を探し出し、それを基に解答論文を作成する勉強をしていくことである。具体的には、過去問題として出題された問題の、出題内容、出題テーマに関する重要な国の施策、基本的な考え方、重要キーワード等に慣れ親しみ、理解を深め、「専門知識」「応用能力」及び「問題解決能力及び課題遂行能力」などの能力を、自分の実力として身に付けることができるような勉強をすることである。

令和元（2019）年度から令和5（2023）年度までの最近5年間で出題された過去問題は、以下に示す通りである、この過去問題を見ると最新の国土交通白書等に記載されている国の政策、公共事業、社会資本整備、維持管理・更新、公共工事の品質確保などが重点的に出題されている。したがって、必須科目の勉強法としては、これらについての理解を深め、併せて関連する用語、英語の略語などついて記憶するよう勉強し、国土交通白書をじっくりと読むことが合格への近道である。

［最近4ヶ年の必須科目の出題テーマ（令和元年度～5年度）］

年度	問題番号	過去問題の出題テーマ
令和元（2019）年度	Ⅰ-1	社会資本整備を担う建設分野における生産性の向上
	Ⅰ-2	安全・安心な国土・地域・経済社会の構築に向けた国土強靭化の推進
令和2（2020）年度	Ⅰ-1	地域の中小建設業がその使命を果たすための担い手の確保
	Ⅰ-2	老朽化する社会インフラの戦略的メンテナンスの推進
令和3（2021）年度	Ⅰ-1	循環型社会の構築を実現するための建設廃棄物の課題
	Ⅰ-2	災害が激甚化・頻発化する中での風水害被害の防止・軽減対策
令和4（2022）年度	Ⅰ-1	社会資本の整備、維持管理、利活用に向けてのDX推進の課題
	Ⅰ-2	建設分野におけるCO_2排出量削減及び吸収量増加の取組みの課題
令和5（2023）年度	Ⅰ-1	巨大地震を想定した社会資本整備、都市防災対策を進める際の課題
	Ⅰ-2	社会資本整備のメンテナンスの第2フェーズ推進に当たっての課題

記述式問題の効果的な勉強方法としては、過去に出題されている社会資本の現況・整備率、公共用水域の環境基準達成率、社会資本の老朽化の現況（整備後50年以上経過した施設の割合）など、数値で表現される指標を正しく覚えることが必要である。さらに法律や事業制度に関しては当該法の目的、理念、制定された背景、国・地方公共団体・国民等の責務・役割等を正しく覚えることが大切である。あいまいな内容を覚えても、記述式問題の解答論文を作成するためには役には立たない。制度の理解、正しい数値・用語の定義などを確実に覚えることが重要である。

本書では、最近3年間に出題された必須科目6問について、各問題2問ずつ合計12問の解答論文例とそれに対応する思考プロセスを作成し、収録してあるので参考にしていただきたい。

必須科目の記述式問題で出題されている内容を、大きく「社会資本整備」、「国際化

表2　必須科目Iの過去問題（令和元（2019）～令和5（2023）年度）および予想問題

出題テーマ＼年度	令和元（2019）年度	令和2（2020）年度	令和3（2021）年度
社会資本整備（国土強靭化）	国土強靭化の推進		
	I-2　大規模自然災害に対して国土強靭化を推進するための課題と解決策、解決策に共通して新たに生じうるリスクとそれへの対策、業務遂行上の要件		
循環型社会、国際化（地球環境問題、地球温暖化）			循環型社会を実現するための建設棄物の課題と取組み
			I-1　建設分野において廃棄物にする問題に対して、循環型社会の築を実現するための課題とその内
維持管理（更新、アセットマネジメント）		老朽化する社会インフラの戦略的メンテナンス	
		I-2　老朽化する社会インフラの戦略的メンテナンス推進の課題、複数の解決策、解決策に共通して新たに生じうるリスクと対策、業務として遂行するに当たり必要となる要件	
技術開発（技術の継承）			
防災・減災（自然災害）			風水害による被害を、新たな取組加えた防止・軽減の課題
			I-2　災害が激甚化・頻発化するで、風水害による被害を、新たな取を加えた幅広い対策により防止又軽減するための課題とその内容
工事の品質（建設産業のあり方、生産性の向上）	建設分野における生産性の向上	地域の中小建設業の担い手確保	
	I-1　社会資本整備での建設分野における生産性の向上の課題、複数の解決策、解決策に共通して新たに生じうるリスクとそれへの対策、業務を遂行するための必要となる要件	I-1　地域の中小建設業の使命を果たすべく担い手確保の課題と複数の解決策、解決策を実行した際に生じる波及効果、新たな懸案事項への対応策、業務として遂行するに当たり必要となる要件	

令和4（2022）年度	令和5（2023）年度	本書収録の予想問題
会資本の整備、維持管理、利活用DXの推進 -1　社会資本の効率的な整備、維管理及び利活用に向けてのDXの進の課題と解決策、解決策を実行て生じる波及効果と懸念事項、そへの対応策、業務遂行上の要点・意点		予想問題1. 社会資本のストック効果の最大化（p.96） 予想問題2. 我が国における社会資本整備のあり方（p.100）
設分野におけるCO_2排出量削減及吸収量増加の取組みの課題 -2　建設分野におけるCO_2排出量減及び同CO_2吸収量増加の取組み課題、それに対する解決策、解決を実施しても生じうるリスクと対策、必要となる要点・留意点		予想問題3. 建設分野の国際標準化への戦略的取組み（p.104） 予想問題4. 建設産業の経営の安定化及び世界に貢献するための建設産業の海外展開の推進（p.108）
	今後の社会資本施設メンテナンスを、第2フェーズとして位置づけその取組み・推進の課題 Ⅰ-2　今後の社会資本施設のメンテナンスを、これまで10年の取組を踏まえ、第2フェーズとして位置づけその取組み・推進の課題	予想問題5. インフラの老朽化に対応するための維持管理・更新（p.112） 予想問題6. 低炭素社会の実現に向けた建設分野の取組み（p.116）
		予想問題7. 情報化社会の進化を踏まえた技術開発（p.120） 予想問題8. 情報通信技術が発展する中での技術開発の促進（p.124）
	巨大地震を想定した社会資本整備、都市の防災対策推進の課題 Ⅰ-1　将来発生しうる巨大地震を想定した社会資本の整備事業、都市の防災対策推進を推進するための課題とその内容	予想問題9. 自然災害の総合的な防災・減災対策のあり方（p.128） 予想問題10. 自然災害から国民の安全や生活を守るための取組み（p.132）
		予想問題11. 工事品質の問題点を踏まえた品質確保の課題とその内容（p.136） 予想問題12. 工事品質を確認するための課題とその内容（p.140）

（グローバル化）」、「維持管理」、「技術開発」、「防災・減災」、「工事の品質」の6項目に分類し、令和元年度～同5年度の最近の5年分、10問について出題傾向一覧表を作成した。

その結果は、社会資本整備・同維持管理・利活用に向けてのDX、循環型社会の構築・国際化、建設工事の品質・建設産業のあり方など6分野から各々2問出題された。技術開発は最近の傾向では出題されていない。

本書には、これら6分野に関して各々2問ずつ、合計12問の予想問題を令和4（2022）年度及び令和5（2023）年度の出題形式に合せ、それに対する解答論文、解答論文を作成したときの頭の中を整理した思考プロセスをセットとして作成し、収録している。さらに、本書では、必須科目で出題されやすい6分野のそれぞれについて、キーワード体系表としてまとめている。これらが本書の大きな特徴の一つであるので参考にしていただきたい。

2.3　令和5（2023）年度出題問題の評価項目

最近5年間で出題された必須科目の出題のテーマは、令和元（2019）年度は、Ⅰ-1が「建設分野における生産性の向上」、Ⅰ-2が「安全・安心な国土・地域・経済社会の構築」、令和2（2020）年度は、Ⅰ-1が「地域の中小建設業の使命」、Ⅰ-2が「社会インフラの戦略的なメンテナンス推進」、令和3（2021）年度は、Ⅰ-1が「循環型社会を実現するための建設廃棄物の課題と取組み」、Ⅰ-2が「風水害による被害の防止・軽減対策」、令和4（2022）年度は、Ⅰ-1が「社会資本の整備・維持管理・利活用におけるDX推進」、Ⅰ-2が「建設分野におけるCO_2排出量削減及び吸収量の増加」、令和5（2023）年度は、Ⅰ-1が「巨大地震に備える社会資本整備事業・都市の防災対策の推進の課題」、Ⅰ-2が「社会資本のメンテナンス第2フェーズの取組・推進の課題」、であった。

なお、出題された問題文の要求事項が、令和4（2022）年度のⅠ-1とⅠ-2で異なっていた。令和4（2022）年度のⅠ-1の（3）が、すべての解決策を実行して生じる波及効果と懸念事項への対応策が、Ⅰ-2の（3）が、すべての解決策を実行しても新たに生じうるリスクとそれへの対応策、が出題された。これに対して、令和5（2023）年度はⅠ-1、Ⅰ-2ともすべての解決策を実行しても新たに生じうるリスクとそれへの対策、に変更された。特に、（3）それへの「対応策」が「対策」という用語に変更されたことにも留意する必要がある。

ここでは、令和5（2023）年度に出題された必須科目のⅠ-1及びⅠ-2の出題問題を例として、採点時に考慮される評価項目と出題問題との関係等は次の通りである。

[令和５（2023）年度Ⅰ-1の出題問題と評価項目との関係]

評価項目	令和５（2023）年度Ⅰ-1で出題された問題文の要求事項
専門知識	(1) 将来発生しうる巨大地震を想定して社会資本整備などの防災対策を進めるに当たって、技術者としての立場で多面的な観点から３つ課題を抽出せよ。
応用能力	(1) 将来発生しうる巨大地震を想定して社会資本整備などの防災対策を進めるに当たって、３つ課題を抽出しそれぞれの観点を明記したうえで、課題の内容を示せ。
問題解決能力	(2) 前問 (1) で抽出した課題のうち最も重要と考える課題を１つ挙げ、その課題に対する複数の解決策を示せ。
課題遂行能力	(3) 前問 (2) で示したすべての解決策を実行しても新たに生じうるリスクとそれへの対策について、専門技術を踏まえた考えを示せ。
技術者倫理	(4) (1) ～ (3) を業務として遂行するに当たり、技術者としての倫理、の観点から必要となる要点、留意点を述べよ。
コミュニケーション	(4) (1) ～ (3) を業務として遂行するに当たり、社会の持続性の観点から必要となる要点、留意点を述べよ。

評価項目のうち「専門知識」は、出題問題文の (1) で要求されている「技術者としての立場で多面的な観点から３つ課題を抽出し、それぞれの観点を明記したうえで、課題の内容を示せ。」に該当する。

評価項目のうち「応用能力」については、専門知識と同じく (1) で要求されている「多面的な観点から３つ課題を抽出し、それぞれの観点を明記したうえで、課題の内容を示せ。」に該当する。

評価項目のうち「問題解決能力」については、(2) で要求されている「前問 (1) で抽出した課題のうち最も重要と考える課題を１つ挙げ、その課題に対する複数の解決策を示せ。」に該当する。

評価項目のうち「課題遂行能力」については、(3) で要求されている「すべての解決策を実行しても新たに生じうるリスクとそれへの対策について、専門事項を踏まえた考えを示せ。」に該当する。

評価項目の「技術者倫理」、「コミュニケーション能力」については、問題文 (4) で要求されている「前問 (1) ～ (3) を業務として遂行するに当たり、技術者としての倫理、社会の持続性の観点から必要となる要点・留意点を述べよ。」に該当する。なお、(4) は令和３ (2021) 年度までは、必要となる要件・留意点となっていたが、令和４年度以降では「必要となる要点・留意点」に変更されていることに注意を要する。

必要となる要件・留意点の場合は、各々２～３項目程度記述すれば良かったが、必要となる要点・留意点になると、要点に関しては最もふさわしい項目を記述し、それ以外の項目は留意点の方に記述することが必要である。

以上のことから、技術士に求められる資質能力を公正に評価することができるように、必須科目問題が適正に作問されていることが分かる。したがって、解答論文を作成する場合には、この技術士評価項目を意識して、問題文の要求事項から目次を構成し、作成する論文の中に、それに対応する内容、キーワードを表現する必要がある。

2.4 令和5（2023）年度出題問題の注意点

令和5（2023）年度の出題問題で注意すべき事項は、令和4（2022）年度の出題問題Ⅰ-1では、(3) が「すべての解決策を実行して生じる波及効果と専門技術を踏まえた懸念事項への対応策を示せ。」となっていたが、これに対して令和5（2023）年度のⅠ-1及びⅠ-2の出題問題が、「すべての解決策を実行しても新たに生じうるリスクとそれへの対策について示せ。」と変わった点である。

即ち、この最近2年間の出題問題で大きく変わった点は、波及効果の有無である。波及効果とは、そもそも当該問題の背景や目的達成のために考え出した複数の解決策を実行して生じるものであるので、当該問題の目的が達成できることこそが波及効果である。さらに、波及効果に加えて懸念事項（リスク）及びそれへの対応策という3つの項目が要求されており、記述すべき項目数が多くなるので、波及効果が出題された場合にはこのことに留意する必要がある。今回の改訂において予想問題も改訂したが、基本的には令和5（2023）年度の出題形式に合わせて改訂を行った。

2.5 必須科目の令和5（2023）年度解答論文の作成方法

令和5年度に出題された必須科目2問の問題文を例として、以下に示すように (1) 出題問題の背景・意図、(2) 論文で使いたいキーワード例、(3) 目次構成・章立ての例、(4) 論文に記載したい内容、(5) 論文作成に当たっての留意事項、(6) 参考文献、参考Webなどを検討した。本書では、令和3（2021）年度から同5（2023）年度に出題された問題、合計6問の解答論文例と思考プロセスを、各問題につき2例作成し、収録しているので参考にしていただきたい。

[令和5（2023）年度　建設部門　必須科目の出題問題]

[Ⅰ-1の問題]

Ⅰ-1　今年は1923（大正12）年の関東大震災から100年が経ち、我が国では、その間にも兵庫県南部地震、東北地方太平洋沖地震、熊本地震など巨大地震を多く経験している。これらの災害時には地震による揺れや津波等により、人的被害のみでなく、建築物や社会資本にも大きな被害が生じ復興に多くの時間と費用を要している。そのため、将来発生が想定されている南海トラフ巨大地震、首都直下地震及び日本海溝・千島海溝周辺海溝型地震の被害を最小化するために、国、地方公共団体等ではそれらへの対策計画を立てている。一方で、我が国では少子高齢化が進展する中で限りある建設技術者や対策に要することができる資金の制約があるのが現状である。

このような状況において、これらの巨大地震に対して地震災害に屈しない強靭な社会の構築を実現するための方策について、以下の問いに答えよ。

(1) 将来発生しうる巨大地震を想定して建築物、社会資本の整備事業及び都市の防

表4　令和5（2023）年度必須科目Ⅰ-1の作問意図等

項目	作問の背景、キーワード等
作問の背景・意図	令和5（2023）年は、大正12（1923）年の関東大震災から100年が経ち、その間にも巨大地震を多く経験している。このような状況において、巨大地震に対して地震災害に屈しない強靭な社会の構築を実現するための方策が必要とされている。 将来発生しうる巨大地震を想定して建築物、社会資本整備事業及び都市の防災対策を進めるに当たり、技術者としての立場で多面的な観点から3つ課題を抽出し、それぞれの観点を明記したうえで、課題の内容を示すことが求められている。
使いたいキーワード	国土交通省　南海トラフ巨大災害・首都直下地震対策計画の策定及び対策の推進施策の柱 (1) 公共施設等の耐震化・津波対策の推進 (2) 緑の防災・減災の推進（緑の防潮堤整備等） (3) 老朽建築物等の建替え・耐震改修の促進等 (4) 密集市街地改善の推進 (5) 緊急輸送道路の再構築・強化等 (6) 大規模水害・土砂災害対策の推進
目次構成・章立ての例	1. 巨大地震を想定した社会資本整備・都市の防災対策推進の課題 2. 上記で抽出した課題のうち最も重要と考える課題及び複数の解決策 3. 上記で提示した解決策を実行しても生じうるリスクと対策 4. 上記を業務として遂行するに当たり必要となる要点、留意点 （技術者倫理・社会の持続性の観点から）
記載したい内容	1. 社会資本整備・都市の防災対策推進の課題 1.1 インフラ・公共施設の耐震化：公共施設の耐震化の観点、1.2　堤防・水門等の耐震化・液状化の対策：液状化の対策の観点、1.3　橋梁の耐震化・道路斜面崩落防止対策の推進：橋梁の耐震化の観点 2. 上記で抽出した課題のうち最も重要と考える課題及び複数の解決策 自分が論文を書き易い課題を抽出する、キーワードを多く思いつく課題を抽出する。 3. 上記で提示した解決策を実行して新たに生じる波及効果と懸念事項 上記で挙げた複数の解決策を実行して生じるリスクとその対策を挙げる。 リスクとしては、コストがかかること、専門技術者が不足すること、新技術の開発・普及の高度な専門技術が必要になること、などが考えられる。 解決策を実行して生じうるリスクへの対策として、リスクへの対策を具体的に挙げる。 4. 上記を業務として遂行するに当たり必要となる要点、留意点 （技術者倫理・社会の持続性の観点から） 4.1 技術者倫理の観点からの必要となる要点・留意点 4.2 社会の持続性の観点からの必要となる要点・留意点　を文章で記述する。
論文作成上の留意事項	巨大地震に対する対策なので、国土交通省　南海トラフ巨大災害・首都直下地震対策計画の策定及び対策の推進、に準拠して記述する必要がある。 課題として、上記計画の策定に記載されている施策の上位のものから記述する。例えば、(1) 公共施設等の耐震化・津波対策の推進、(2) 緑の防災・減災の推進（緑の防潮堤整備等）、(3) 老朽建築物等の建替え・耐震改修の促進、等である。 解決策を実行して生じうるリスクへの対策として、リスクへの対策を常識的なものを、具体的に挙げる。 技術者倫理の観点からの必要となる要点・留意点は、重要事項を要点で述べ、その次に重要な事項を留意点として述べる。 日本技術士会の技術士倫理綱領は、令和5（2023）年3月に改訂されているので、新しい倫理綱領に準拠して記述する。
参考文献・参考Web	・国土交通省　南海トラフ巨大災害・首都直下地震対策計画の策定及び対策の推進　平成31年1月25日　国土交通省 ・令和5年度　総力戦で挑む防災・減災プロジェクト　令和5（2023）年5月　国土交通省 ・令和5年度　総力戦で挑む防災・減災プロジェクト　別紙　令和5（2023）年5月　国土交通省 ・日本海溝・千島海溝周辺海溝型地震対策計画　令和4（2022）年11月　国土交通省

災対策を進めるに当たり、技術者としての立場で多面的な観点から3つ課題を抽出し、それぞれの観点を明記したうえで、課題の内容を示せ。
(2) 前問 (1) で抽出した課題のうち、最も重要と考える課題を1つ挙げ、その課題に対する複数の解決策を示せ。
(3) 前問 (2) で示したすべての解決策を実行しても新たに生じうるリスクとそれへの対策について、専門技術を踏まえた考えを示せ。
(4) 前問 (1) ～ (3) を業務として遂行するに当たり、技術者としての倫理、社会の持続性の観点から必要となる要点・留意点を述べよ。

[Ⅰ-2の問題]

Ⅰ-2 我が国の社会資本は多くが高度経済成長期以降に整備され、今後建設から50年以上経過する施設の割合は加速度的に増加する。このような状況を踏まえ、2013 (平成25) 年に「社会資本の維持管理・更新に関する当面講ずべき措置」が国土交通省から示され、同年が「社会資本メンテナンス元年」と位置づけられた。これ以降これまでの10年間に安心・安全のための社会資本の適正な管理に関する様々な取組が行われ、施設の現況把握や予防保全の重要性が明らかになるなどの成果が得られている。しかし、現状は直ちに措置が必要な施設や事後保全段階の施設が多数存在するものの、人員や予算の不足をはじめとした様々な背景から修繕に着手できていないものがあるなど、予防保全の観点も踏まえた社会資本の管理は未だ道半ばの状態にある。
(1) これからの社会資本を支える施設のメンテナンスを、上記のようなこれまで10年の取組を踏まえて「第2フェーズ」として位置づけ取組・推進するに当たり、技術者としての立場で多面的な観点から3つ課題を抽出し、それぞれの観点を明記したうえで、課題の内容を示せ。
(2) 前問 (1) で抽出した課題のうち、最も重要と考える課題を1つ挙げ、その課題に対する複数の解決策を示せ。
(3) 前問 (2) で示したすべての解決策を実行しても新たに生じうるリスクとそれへの対策について、専門技術を踏まえた考えを示せ。
(4) 前問 (1) ～ (3) を業務として遂行するに当たり、技術者としての倫理、社会の持続性の観点から必要となる要点・留意点を述べよ。

表4　令和5（2023）年度必須科目Ⅰ-2の作問意図等

項目	作問の背景、キーワード等
作問の背景・意図	平成25（2013）年に「社会資本の維持管理・更新に関する当面講ずべき措置が国土交通省から公表されて以来10年間にわたり安心・安全のための社会資本の適正な管理の取組みが行われてきた。こうしたこれまで10年の取組みを踏まえ、これからの社会資本施設のメンテナンスを「第2フェーズ」として位置づけ、施設メンテナンスの取組み・推進について、技術者としての立場で多面的な観点から3つ課題を抽出し、それぞれの観点を明記したうえで、課題の内容を示すことが求められている。
使いたいキーワード	社会資本施設のメンテナンス「第2フェーズ」での施設メンテナンスの取組み・推進の課題 (1) 地域インフラ群再生戦略マネジメントの推進 (2) 地域インフラ群再生に必要な市区町村体制の構築 (3) 生産性の向上に資する新技術の活用の推進 (4) DXによるインフラメンテナンス分野のデジタル国土管理の実現 (5) 国民の理解と協力から国民参加・パートナーシップへの展開
目次構成・章立ての例	1. 社会資本メンテナンス第2フェーズでの課題 2. 最も重要と考える課題及びそれに対する解決策 3. 解決策を実行して新たに生じうるリスクとそれへの対策 4. 業務遂行するに当たり必要となる要点・留意点 （技術者倫理の観点、社会の持続性の観点）
記載したい内容	1. 社会資本メンテナンス第2フェーズでの課題 1.1 地域インフラ群再生戦略マネジメントの推進：地域の将来像遵守の観点からの課題 1.2 地域インフラ群再生に必要な市区町村体制の構築：市区町村の体制整備・構築の観点からの課題 1.3 生産性の向上に資する新技術の活用の推進：新技術の開発・導入の観点からの課題 2. 最も重要と考える課題及びそれに対する解決策 自分が論文を書き易い課題を抽出する、キーワードを多く思いつく課題を抽出する 3. すべての解決策を実行して新たに生じうるリスクとそれへの対策 上記で挙げた複数の解決策に共通するリスクを挙げる 一般的に考えると、コストがかかること、専門技術者が不足すること、新技術の開発・普及に時間がかかること、などが考えられる。 4. 業務として遂行するに当たり必要となる要点・留意点 （技術者倫理の観点、社会の持続可能性の観点） 業務遂行に当たり必要となる要点・留意点 4.1 技術者倫理の観点から必要となる要点・留意点 4.2 社会の持続性の観点からの必要となる要点・留意点 の目次構成を行い、要点・留意点の順序を守り、簡潔な文章で記述する。
論文作成上の留意事項	令和4（2022）年度から令和5（2023）年度にかけて、国土交通省では、「総力戦で取り組むべき次世代の地域インフラ群再生戦略マネジメント～インフラメンテナンス第2フェーズへ～提言書について」などを公表し、第2フェーズのインフラメンテナンス施策を展開しているので、これら提言書に準拠して記述する必要がある。 課題として、上記提言書に記載されている施策の上位のものから記述する。例えば、(1) 地域インフラ群再生戦略マネジメントの推進、(2) 地域インフラ群再生に必要な市区町村体制の構築、(3) 生産性の向上に資する新技術の活用の推進、等である。 解決策を実行して生じうるリスクへの対策として、リスクへの対策を常識的なものを、具体的に挙げる。 技術者倫理の観点からの必要となる要点・留意点は、重要事項を要点で述べ、その次に重要な事項を留意点として述べる。なお、日本技術士会の技術士倫理綱領は、令和5（2023）年3月に改訂されているので、新しい倫理綱領に準拠して記述する。
参考文献・参考Web	・国土交通白書2023　国土交通省編　令和5年9月1日 ・総力戦で取り組むべき次世代の「地域インフラ群再生戦略マネジメント」～インフラメンテナンス第2フェーズへ～提言書について　令和4年3月　国土交通省 ・総力戦で取り組むべき次世代の「地域インフラ群再生戦略マネジメント」～インフラメンテナンス第2フェーズへ～提言書　令和5年3月　国土交通省 ・総力戦で取り組むべき次世代の「地域インフラ群再生戦略マネジメント」～インフラメンテナンス第2フェーズへ～提言書　概要　令和5年3月　国土交通省

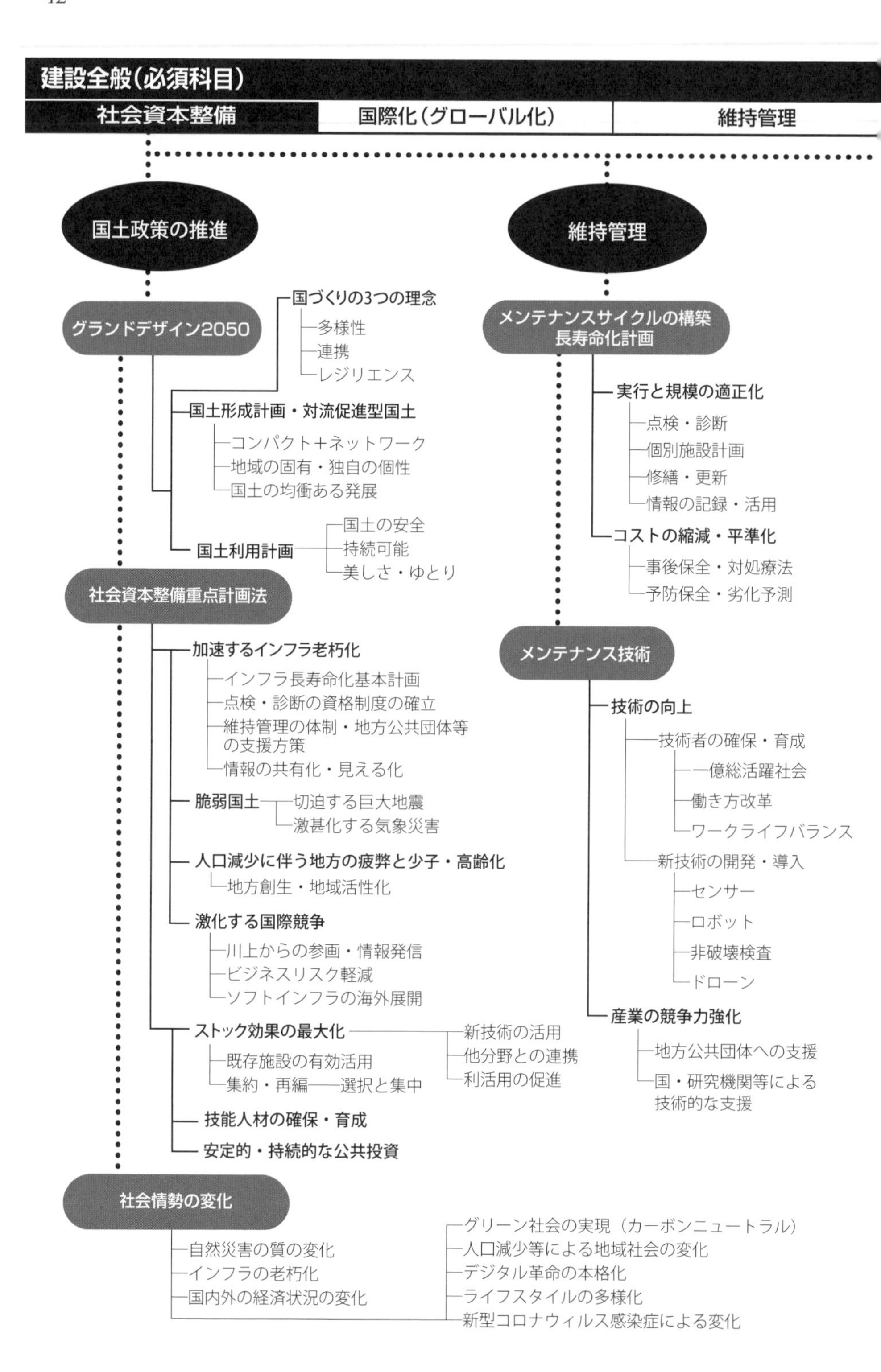
建設全般（必須科目）
社会資本整備
国際化（グローバル化）
維持管理
国土政策の推進
グランドデザイン2050
国づくりの3つの理念
多様性
連携
レジリエンス
国土形成計画・対流促進型国土
コンパクト＋ネットワーク
地域の固有・独自の個性
国土の均衡ある発展
国土利用計画
国土の安全
持続可能
美しさ・ゆとり
社会資本整備重点計画法
加速するインフラ老朽化
インフラ長寿命化基本計画
点検・診断の資格制度の確立
維持管理の体制・地方公共団体等の支援方策
情報の共有化・見える化
脆弱国土
切迫する巨大地震
激甚化する気象災害
人口減少に伴う地方の疲弊と少子・高齢化
地方創生・地域活性化
激化する国際競争
川上からの参画・情報発信
ビジネスリスク軽減
ソフトインフラの海外展開
ストック効果の最大化
既存施設の有効活用
集約・再編
選択と集中
新技術の活用
他分野との連携
利活用の促進
技能人材の確保・育成
安定的・持続的な公共投資
社会情勢の変化
自然災害の質の変化
インフラの老朽化
国内外の経済状況の変化
グリーン社会の実現（カーボンニュートラル）
人口減少等による地域社会の変化
デジタル革命の本格化
ライフスタイルの多様化
新型コロナウィルス感染症による変化
維持管理
メンテナンスサイクルの構築
長寿命化計画
実行と規模の適正化
点検・診断
個別施設計画
修繕・更新
情報の記録・活用
コストの縮減・平準化
事後保全・対処療法
予防保全・劣化予測
メンテナンス技術
技術の向上
技術者の確保・育成
一億総活躍社会
働き方改革
ワークライフバランス
新技術の開発・導入
センサー
ロボット
非破壊検査
ドローン
産業の競争力強化
地方公共団体への支援
国・研究機関等による技術的な支援

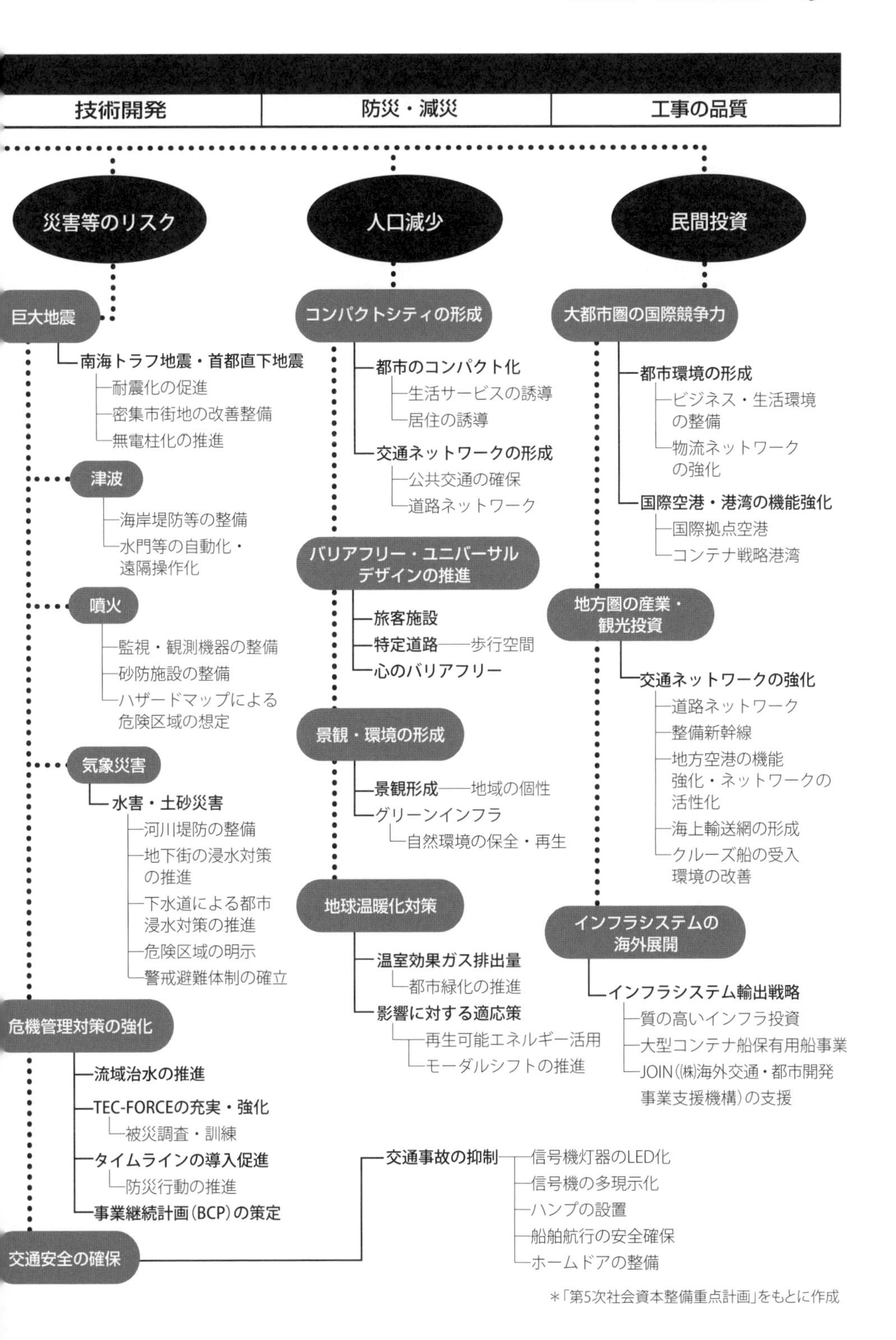

＊「第5次社会資本整備重点計画」をもとに作成

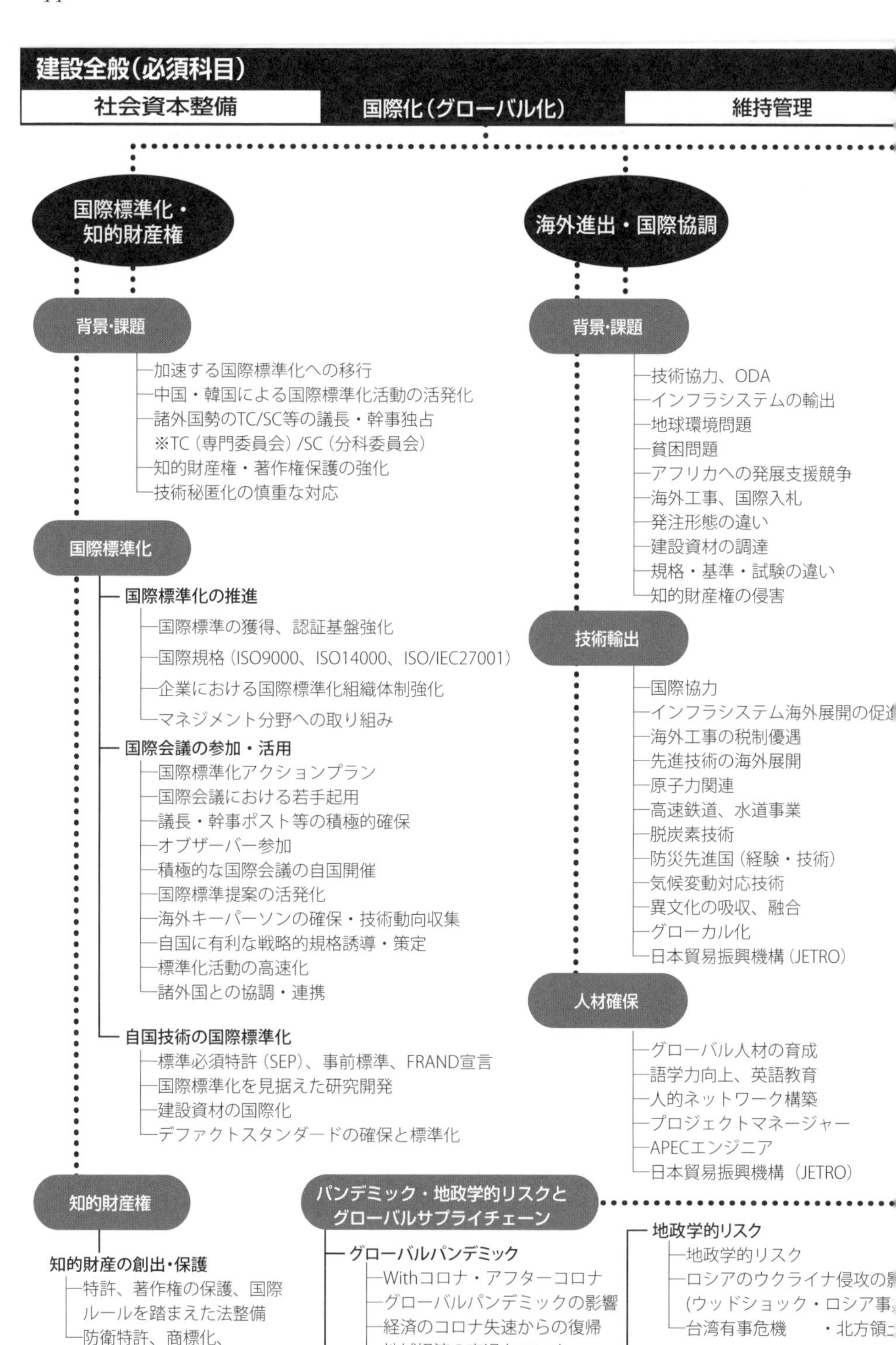

建設全般（必須科目）
社会資本整備
国際化（グローバル化）
維持管理
国際標準化・知的財産権
背景·課題
加速する国際標準化への移行
中国・韓国による国際標準化活動の活発化
諸外国勢のTC/SC等の議長・幹事独占
※TC（専門委員会）/SC（分科委員会）
知的財産権・著作権保護の強化
技術秘匿化の慎重な対応
国際標準化
国際標準化の推進
国際標準の獲得、認証基盤強化
国際規格（ISO9000、ISO14000、ISO/IEC27001）
企業における国際標準化組織体制強化
マネジメント分野への取り組み
国際会議の参加・活用
国際標準化アクションプラン
国際会議における若手起用
議長・幹事ポスト等の積極的確保
オブザーバー参加
積極的な国際会議の自国開催
国際標準提案の活発化
海外キーパーソンの確保・技術動向収集
自国に有利な戦略的規格誘導・策定
標準化活動の高速化
諸外国との協調・連携
自国技術の国際標準化
標準必須特許（SEP）、事前標準、FRAND宣言
国際標準化を見据えた研究開発
建設資材の国際化
デファクトスタンダードの確保と標準化
知的財産権
知的財産の創出·保護
特許、著作権の保護、国際ルールを踏まえた法整備
防衛特許、商標化、ライセンス化、ロイヤリティ
海外進出・国際協調
背景·課題
技術協力、ODA
インフラシステムの輸出
地球環境問題
貧困問題
アフリカへの発展支援競争
海外工事、国際入札
発注形態の違い
建設資材の調達
規格・基準・試験の違い
知的財産権の侵害
技術輸出
国際協力
インフラシステム海外展開の促
海外工事の税制優遇
先進技術の海外展開
原子力関連
高速鉄道、水道事業
脱炭素技術
防災先進国（経験・技術）
気候変動対応技術
異文化の吸収、融合
グローカル化
日本貿易振興機構（JETRO）
人材確保
グローバル人材の育成
語学力向上、英語教育
人的ネットワーク構築
プロジェクトマネージャー
APECエンジニア
日本貿易振興機構（JETRO）
パンデミック・地政学的リスクとグローバルサプライチェーン
グローバルパンデミック
Withコロナ・アフターコロナ
グローバルパンデミックの影響
経済のコロナ失速からの復帰
地域経済の衰退とコロナによる移住回帰
価値観の多様化
地政学的リスク
地政学的リスク
ロシアのウクライナ侵攻の
(ウッドショック・ロシア事
台湾有事危機　・北方領
グローバルサプライチェーン
グローバルサプライチェー
の変質

技術開発	防災・減災	工事の品質

内なる国際化

経済情勢

- 世界貿易の潮流変化
  - 中国経済の減速とインド等他アジア諸国の台頭
  - 分断されたアメリカ社会
  - 米国の保護主義化
  - 輸出依存型、米国・中国依存
  - 国民市場の開放
  - 日本GDP世界第3位に
  - マイナス金利、円安政策
  - 対外貿易収支不均衡
  - 建設市場の開放
  - 談合問題
  - 外国企業参入
  - 入札方式（一般競争入札・指名競争入札・随意契約）
- 経済ブロックの変質
  - 保護主義・自国ファースト主義の台頭
  - TPP（環太平洋戦略的経済連携）、米国未参加
  - EUからの英国離脱
  - WTO/TBTの機能不全化
  - RCEP(東アジア地域包括的経済連携)
- 経済流動化現象
  - 金融自由化
  - 仮想通貨
  - 電子マネー・キャッシュレス化
- 国際開発金融機関
  - アジアインフラ投資銀行（AIIB：中国）
  - シルクロード基金（一帯一路：中国）
  - アジア開発銀行（AUB：日本）
- 国際ルール化・慣習化
  - 外国企業との連携
  - 法制面の整備
  - 入札制度の改善
  - 建設業の近代化
  - 共同企業体（JV）
  - 受入教育の実施
  - 海外技術者資格の承認
  - 海外腐敗行為防止法（FCPA）リスク
  - M&Aデューディリジェンス（DD）リスク

社会情勢

- 国の政策
  - 自民党第2次岸田改造内閣と安倍レガシーの推移
  - デジタル革命・デジタル庁創設
  - 脱炭素社会の実現
  - グリーントランスフォーメーション（GX）
  - コンパクトシティ／ネットワーク
  - 技術の高度化・複合化（ボーダレス）
  - 大型プロジェクト・再開発
  - SDGsの推進
- 働き方改革
  - 社会の質的変化（コロナ・震災）
  - 高齢化社会・労働力不足、長時間労働
  - 労働力不足
  - 人材不足
  - 労働環境改善
  - 外国人労働者の受入れ
  - 賃金格差、世界同一賃金
  - 賃上げの必要性、賃金の国際的低水準の脱却
  - 70歳就業法
  - 在宅勤務（テレワーク）・職住融合副業の浸透
- 生産性向上・技術継承
  - 自動化、ロボット化
  - ナレッジの継承
  - モノづくり中小企業の存続
- 国土強靭化（レジリエンス）
  - 社会インフラの老朽化・陳腐化
  - インフラ修繕完了目標2023年
  - 税収減少・社会資本整備の見直し
  - 橋梁トリアージ
  - 高い地震リスク
  - 巨大災害時代、災害多発時代
  - 治水ダム待望論
  - 都市防災の向上・地震リスクの低減
- 環境問題
  - 地球環境問題（2050年カーボンニュートラル）
  - カーボンプランニング
  - 炭素税・環境税・CO_2排出権取引
  - エネルギー問題、原発問題
  - 建設廃材の減量化、再生資源化
  - 省エネルギーの推進
  - 再生エネルギーの活用
  - 船舶バラストの水問題・生態系のかく乱
- SDGs
  - SDGs（持続可能な開発目標・17の目標）
  - インフラ・技術革新投資の活発化
  - 地球温暖化の防止、脱炭素社会、海水温上昇
  - レッドデーターブック
  - マイクロプラスチックの低減

通信情報技術（ICT）

- デジタル化
  - トランスフォーメーション（DX）への対応
  - デジタル庁の創設
- 技術革新
  - 統合イノベーション戦略会議
  - ムーンショット型研究開発制度（野心的研究）
- 情報化
  - 多様な情報化ニーズ
  - ビックデータ
  - 見える化
  - クラウド化
  - 情報化施工
  - BIM/CIM
  - スマートシティ
  - 高精度３次元道路地図（JOIN）
- 通信コミュニケーション
  - 第5世代移動通信システム（5G）
  - ソーシャル・ネットワーキング・サービス（SNS）
- AI-Readyな社会
  - AI社会原則
  - AI、ICT、IoT、Society 5.0
- メカトロニクス
  - CAD / CAM
  - CNC工作機械、ロボット
  - 自動運転（自立型、インフラ協調型）
  - UAV（ドローン）
- 高速化・高精度化
  - スーパーコンピューター（富岳、京）
  - 地球シミュレータ

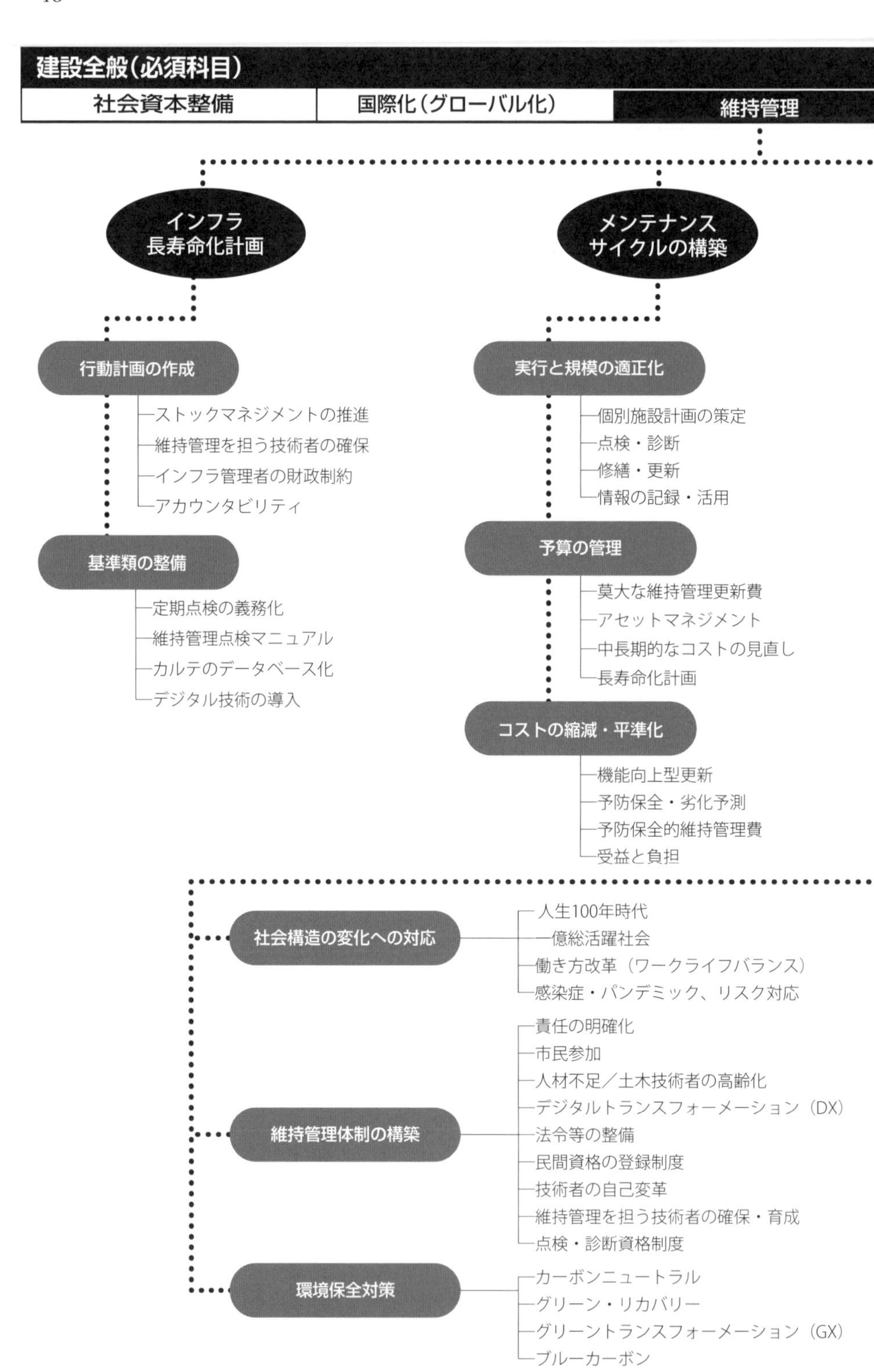
建設全般（必須科目）
社会資本整備
国際化（グローバル化）
維持管理
インフラ
長寿命化計画
行動計画の作成
ストックマネジメントの推進
維持管理を担う技術者の確保
インフラ管理者の財政制約
アカウンタビリティ
基準類の整備
定期点検の義務化
維持管理点検マニュアル
カルテのデータベース化
デジタル技術の導入
メンテナンス
サイクルの構築
実行と規模の適正化
個別施設計画の策定
点検・診断
修繕・更新
情報の記録・活用
予算の管理
莫大な維持管理更新費
アセットマネジメント
中長期的なコストの見直し
長寿命化計画
コストの縮減・平準化
機能向上型更新
予防保全・劣化予測
予防保全的維持管理費
受益と負担
社会構造の変化への対応
人生100年時代
一億総活躍社会
働き方改革（ワークライフバランス）
感染症・パンデミック、リスク対応
維持管理体制の構築
責任の明確化
市民参加
人材不足／土木技術者の高齢化
デジタルトランスフォーメーション（DX）
法令等の整備
民間資格の登録制度
技術者の自己変革
維持管理を担う技術者の確保・育成
点検・診断資格制度
環境保全対策
カーボンニュートラル
グリーン・リカバリー
グリーントランスフォーメーション（GX）
ブルーカーボン

技術開発	防災・減災	工事の品質

メンテナンス技術

新技術の開発・導入

戦略的な維持管理・更新

- モニタリング技術
  - 産学官の連携とニーズ・シーズのマッチング
  - 常設センシング
  - 非破壊検査技術
  - 光学振動解析
  - 傾斜センサー
- 点検・診断技術
  - インフラ用ロボット技術
  - 全天候型ドローン、陸上・水中レーザードローン
  - 非破壊検査
- 詳細点検技術
- 点検支援ツール
  - 健全度判定
  - 数理モデル構築・分析
  - 劣化予測
  - 劣化の外的要因
- 材料・補修技術
  - 維持管理計画策定
  - 工法選定、社会的重要性、予算計画

情報基盤の整備と活用

- 情報通信技術
  - 情報の蓄積と一元的集約、ビッグデータ
  - 情報の共有化・見える化
  - 情報通信
- アセットマネジメント技術
  - インフラ維持管理技術、インフラメンテナンス2.0
  - インフラ更新技術
  - インフラマネジメント技術、LCC分析

産業の競争力強化

- メンテナンス産業の育成・活性化
- 地域産業化
- 国・研究機関等による技術的な支援
- 地方公共団体への支援、共同処理
- 登録資格制度の活用
- 維持管理技術の輸出

インフラメンテナンス国民会議
インフラメンテナンス大賞
インフラメンテナンス新技術・体制等導入推進委員会

- 革新的技術の発掘と社会実装
- 企業等の連携の促進、包括的民間委託
- 革新的社会資本整備研究開発促進事業
- インフラツーリズム
- 市民参加型の取組み、セルフメンテナンス
- 地域防災マネージャー制度

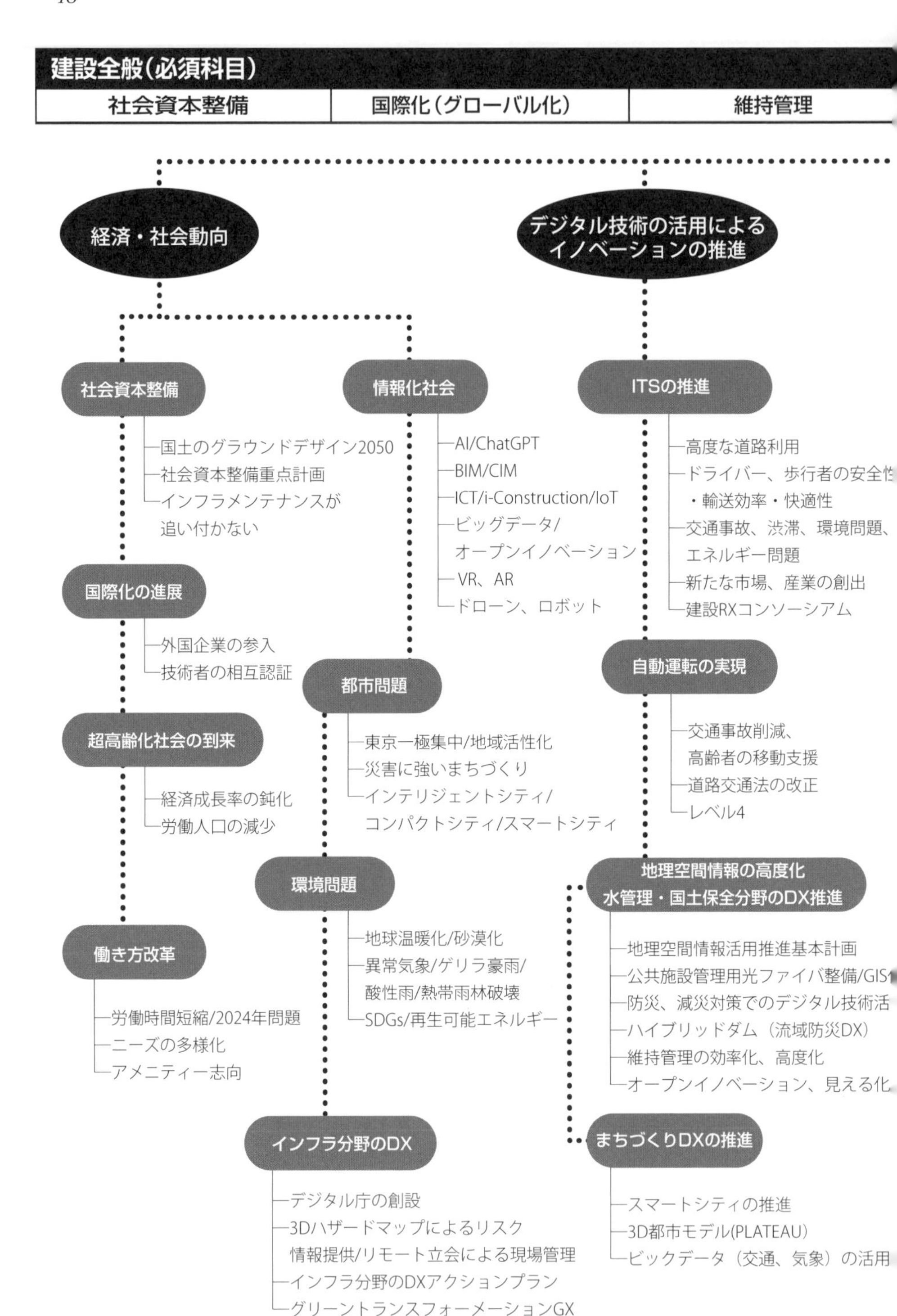
建設全般（必須科目）
社会資本整備
国際化（グローバル化）
維持管理
経済・社会動向
デジタル技術の活用による
イノベーションの推進
社会資本整備
国土のグラウンドデザイン2050
社会資本整備重点計画
インフラメンテナンスが
追い付かない
情報化社会
AI/ChatGPT
BIM/CIM
ICT/i-Construction/IoT
ビッグデータ/
オープンイノベーション
VR、AR
ドローン、ロボット
ITSの推進
高度な道路利用
ドライバー、歩行者の安全性
・輸送効率・快適性
交通事故、渋滞、環境問題、
エネルギー問題
新たな市場、産業の創出
建設RXコンソーシアム
国際化の進展
外国企業の参入
技術者の相互認証
都市問題
東京一極集中/地域活性化
災害に強いまちづくり
インテリジェントシティ/
コンパクトシティ/スマートシティ
自動運転の実現
交通事故削減、
高齢者の移動支援
道路交通法の改正
レベル4
超高齢化社会の到来
経済成長率の鈍化
労働人口の減少
環境問題
地球温暖化/砂漠化
異常気象/ゲリラ豪雨/
酸性雨/熱帯雨林破壊
SDGs/再生可能エネルギー
地理空間情報の高度化
水管理・国土保全分野のDX推進
地理空間情報活用推進基本計画
公共施設管理用光ファイバ整備/GIS
防災、減災対策でのデジタル技術活
ハイブリッドダム（流域防災DX）
維持管理の効率化、高度化
オープンイノベーション、見える化
働き方改革
労働時間短縮/2024年問題
ニーズの多様化
アメニティー志向
インフラ分野のDX
デジタル庁の創設
3Dハザードマップによるリスク
情報提供/リモート立会による現場管理
インフラ分野のDXアクションプラン
グリーントランスフォーメーションGX
まちづくりDXの推進
スマートシティの推進
3D都市モデル(PLATEAU)
ビックデータ（交通、気象）の活用

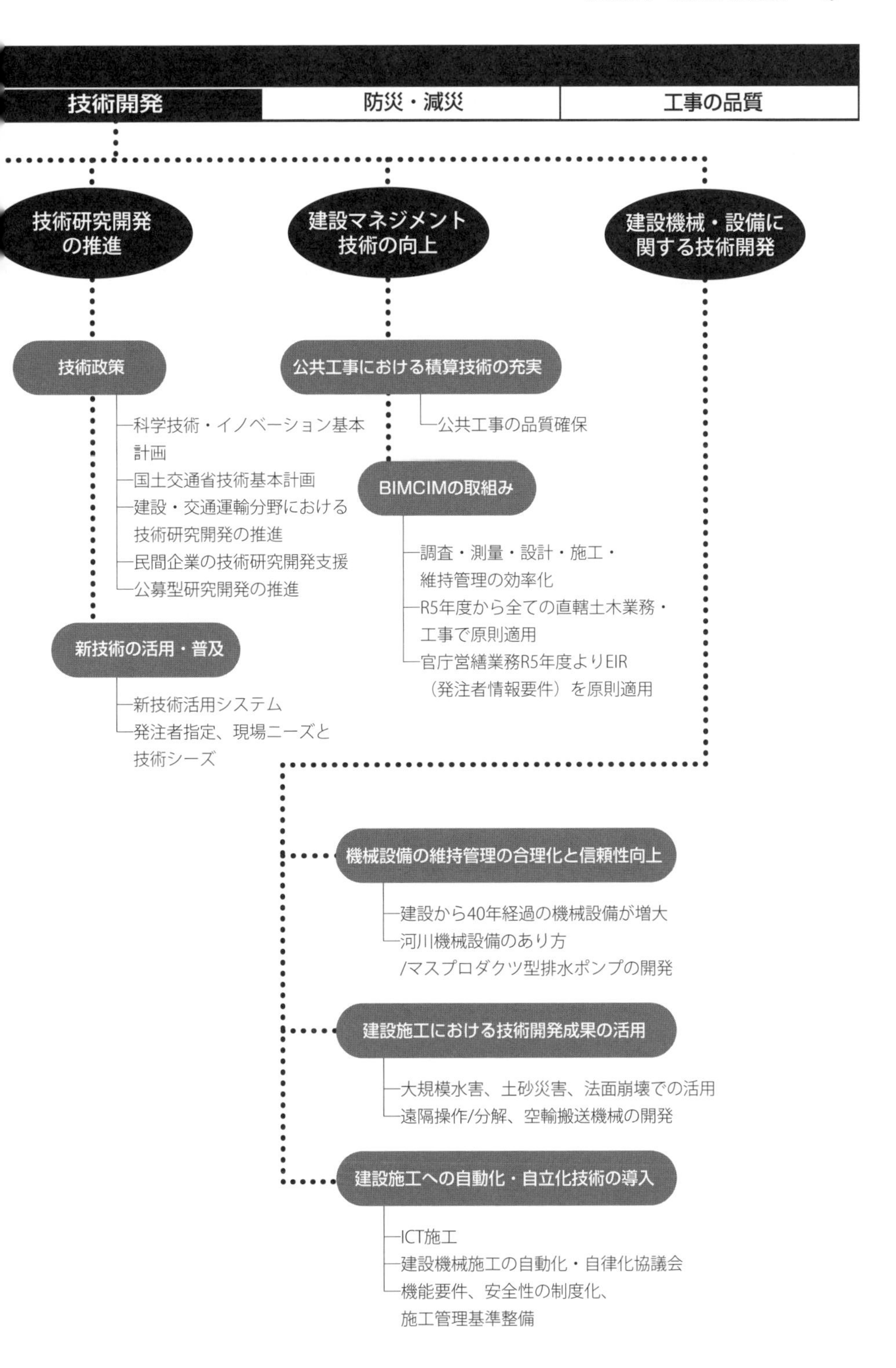
技術開発
防災・減災
工事の品質
技術研究開発の推進
建設マネジメント技術の向上
建設機械・設備に関する技術開発
技術政策
科学技術・イノベーション基本計画
国土交通省技術基本計画
建設・交通運輸分野における技術研究開発の推進
民間企業の技術研究開発支援
公募型研究開発の推進
新技術の活用・普及
新技術活用システム
発注者指定、現場ニーズと技術シーズ
公共工事における積算技術の充実
公共工事の品質確保
BIMCIMの取組み
調査・測量・設計・施工・維持管理の効率化
R5年度から全ての直轄土木業務・工事で原則適用
官庁営繕業務R5年度よりEIR（発注者情報要件）を原則適用
機械設備の維持管理の合理化と信頼性向上
建設から40年経過の機械設備が増大
河川機械設備のあり方
/マスプロダクツ型排水ポンプの開発
建設施工における技術開発成果の活用
大規模水害、土砂災害、法面崩壊での活用
遠隔操作/分解、空輸搬送機械の開発
建設施工への自動化・自立化技術の導入
ICT施工
建設機械施工の自動化・自律化協議会
機能要件、安全性の制度化、
施工管理基準整備

建設全般(必須科目)

社会資本整備	国際化(グローバル化)	維持管理

災害リスクの増大

豪雨災害の頻発・激甚化
- 令和5年7月の大雨
- 令和4年8月の大雨
- 令和3年8月の大雨
- 令和2年7月豪雨
- 令和元年東日本台風
- 平成30年7月豪雨
- 平成29年7月九州北部豪雨
- 平成28年8月台風10号
- 平成27年9月関東・東北豪雨

土砂災害
- 令和3年7月静岡県熱海市伊豆山土石流災害
- 令和2年2月神奈川県逗子市斜面崩壊
- 平成30年7月豪雨による土砂災害（広島県ほか）

大規模地震・津波のリスク
- 南海トラフ地震が今後30年以内に発生する確率は70～80%
- 首都直下地震が今後30年以内に発生する確率は70%程度

火山災害
- 我が国の活火山111のうち監視・観測体制の充実等が必要な火山は50火山
- 平成3年6月雲仙岳噴火（火砕流）
- 平成26年9月御嶽山噴火（噴石等）

雪害
- 令和3年1月の大雪
- 令和2年12月の大雪
- 平成30年2月北陸豪雪

顕在化している課題

災害リスク地域への人口集中
- 山地が多い日本は、国土面積１割ほどの沖積平野に全人口の５割、総資産の７割以上が集中している
- 災害リスク地域（洪水・土砂災害・地震・津波）の面積は国土の約22%に相当。ここに全人口の68%が集中している

気候変動に伴う降雨量や洪水発生頻度の変化
- 気候変動シナリオ２度上昇時に、降雨量約1.1倍、流量約1.2倍、洪水発生頻度は約2倍
- 気候変動シナリオ４度上昇時に、降雨量約1.3倍、流量約1.4倍、洪水発生頻度は約4倍

気候変動の影響による水災害の激甚化・頻発化
- 氾濫危険水位を超過した河川数は経年的に増加傾向
- 短時間強雨（50㎜/h以上）の発生頻度は直近30年間で約1.4倍に拡大

防災・減災の基盤となるインフラの老朽化
- 建設後50年以上経過する社会資本の施設割合が加速度的に増加

防災力の低下
- 高齢単身世帯の増加
- 水防団の団員数の減少や高齢化、水防知識や技能の伝承・習得が困難

技術開発 | 防災・減災 | 工事の品質

「防災・減災が主流となる社会」を目指す

気候変動を踏まえた今後の河川整備の強化
- 気候変動に対応した河川整備基本方針の改訂を速やかに実施
- 本川・支川・上下流一体となった流域治水型の河川整備計画の改訂を推進
- 特定都市河川の指定拡大／流域水害対策計画の作成

「流域治水」の推進
- 森林整備/治山対策
- 砂防施設の整備
- 治水ダムの建設・再生/利水ダム活用
- ため池等の活用/水田貯留
- 雨水の建物貯留施設や雨水浸透施設の整備
- 雨水貯留施設の整備（調整池、地下調節池）
- 排水機場の整備
- バックウォーター対策
- 遊水地整備
- 堤防の整備/強化
- 河道掘削
- 海岸保全施設の整備
- 学校施設の浸水対策
- リスクが低い地域への移転
- グリーンインフラの推進

ハード・ソフト一体となった総合的な津波防災対策
- 公共施設の耐震化
- 高台まちづくりの推進
- 都市公園の整備
- 港湾の強靭化
- 防波堤の粘り強い構造化
- 避難対策

防災・減災のための住まい方や土地利用の推進
- 災害ハザードエリアにおける新たな開発の抑制
- 災害ハザードエリアからの移転促進

持続可能なインフラメンテナンス：事後保全から予防保全へ
- 人命に係わる事故を未然に防ぐため変状を迅速かつ確実に把握する技術開発
- ICT技術を活用した点検・診断や情報の収集・蓄積・活用
- 維持管理・更新コストの一層の縮減

その他
- 新技術の活用による防災・減災の高度化・迅速化
- わかりやすい情報発信の推進
- 水防専門家派遣制度
- 官民連携によるハイブリッドタムの展開

関連する施策や提言

- 大規模地震防災・減災対策大綱（平成26年3月）
- 「ダム再生ビジョン」国土交通省水管理・国土保全局（平成29年6月）
- 「気候変動を踏まえた治水計画のあり方」提言（令和元年10月）
- 「気候変動を踏まえた水災害対策のあり方について」答申（令和２年7月）
  - 流域治水の基本的な考え方
  - 緊急治水対策プロジェクト
  - 流域治水プロジェクト
- 防災・減災・国土強靭化のための5か年加速化対策（令和2年12月）
- 「気候変動を踏まえた治水計画のあり方」提言[改訂]（令和３年４月）
- 「特定都市河川浸水被害対策法等の一部を改正する法律」（令和3年5月公表）
  - 流域治水の計画・体制の強化
  - 氾濫をできるだけ防ぐための対策
  - 被害対象を減少させるための対策
  - 被害の軽減、早期復旧、復興のための対策
- 避難情報に関するガイドライン改定（令和3年5月）
- 令和5年度 総力戦で挑む防災・減災プロジェクト（令和5年6月）

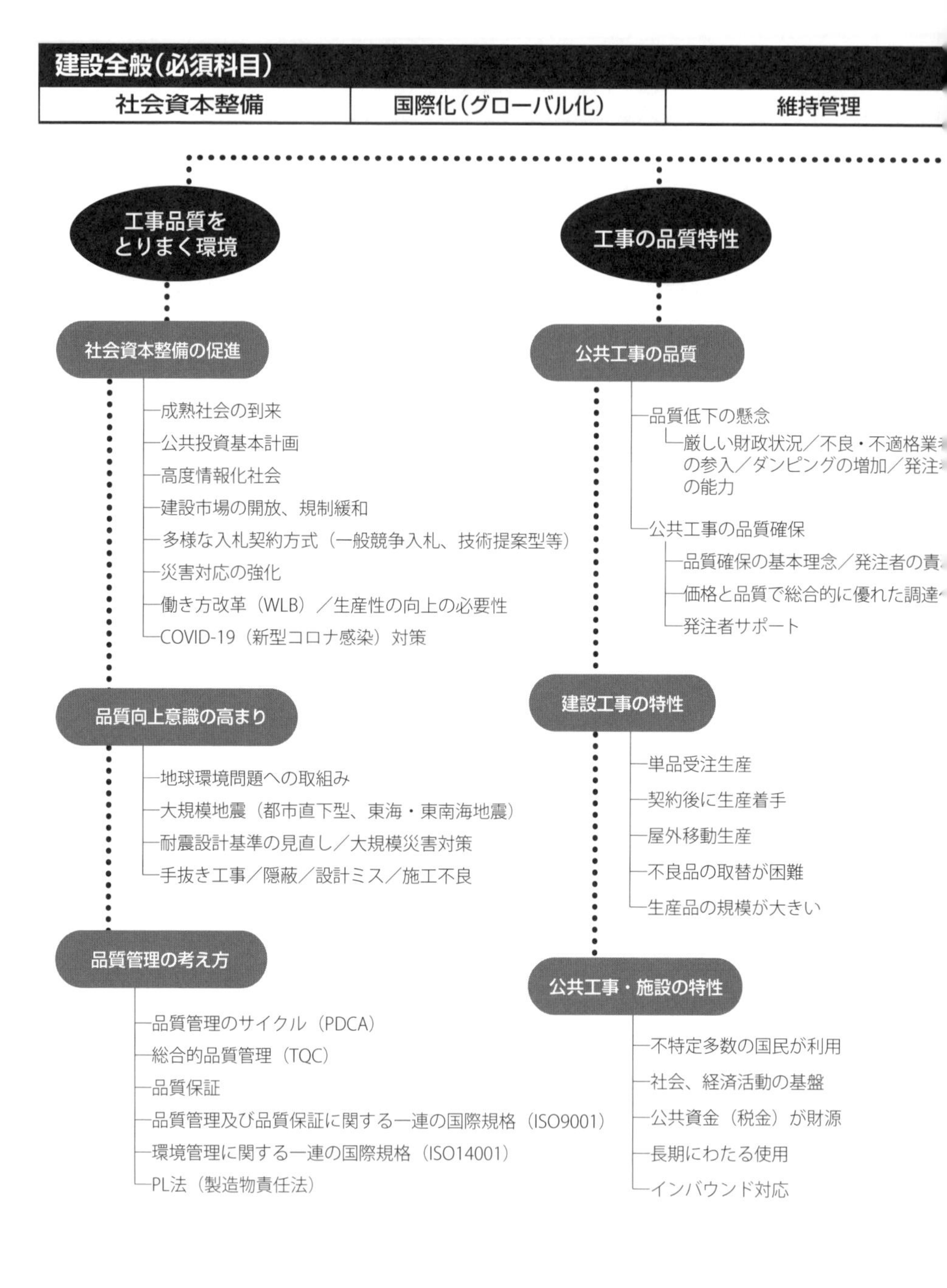

建設全般（必須科目）
社会資本整備
国際化（グローバル化）
維持管理
工事品質をとりまく環境
社会資本整備の促進
成熟社会の到来
公共投資基本計画
高度情報化社会
建設市場の開放、規制緩和
多様な入札契約方式（一般競争入札、技術提案型等）
災害対応の強化
働き方改革（WLB）／生産性の向上の必要性
COVID-19（新型コロナ感染）対策
品質向上意識の高まり
地球環境問題への取組み
大規模地震（都市直下型、東海・東南海地震）
耐震設計基準の見直し／大規模災害対策
手抜き工事／隠蔽／設計ミス／施工不良
品質管理の考え方
品質管理のサイクル（PDCA）
総合的品質管理（TQC）
品質保証
品質管理及び品質保証に関する一連の国際規格（ISO9001）
環境管理に関する一連の国際規格（ISO14001）
PL法（製造物責任法）
工事の品質特性
公共工事の品質
品質低下の懸念
厳しい財政状況／不良・不適格業
の参入／ダンピングの増加／発注
の能力
公共工事の品質確保
品質確保の基本理念／発注者の責
価格と品質で総合的に優れた調達
発注者サポート
建設工事の特性
単品受注生産
契約後に生産着手
屋外移動生産
不良品の取替が困難
生産品の規模が大きい
公共工事・施設の特性
不特定多数の国民が利用
社会、経済活動の基盤
公共資金（税金）が財源
長期にわたる使用
インバウンド対応

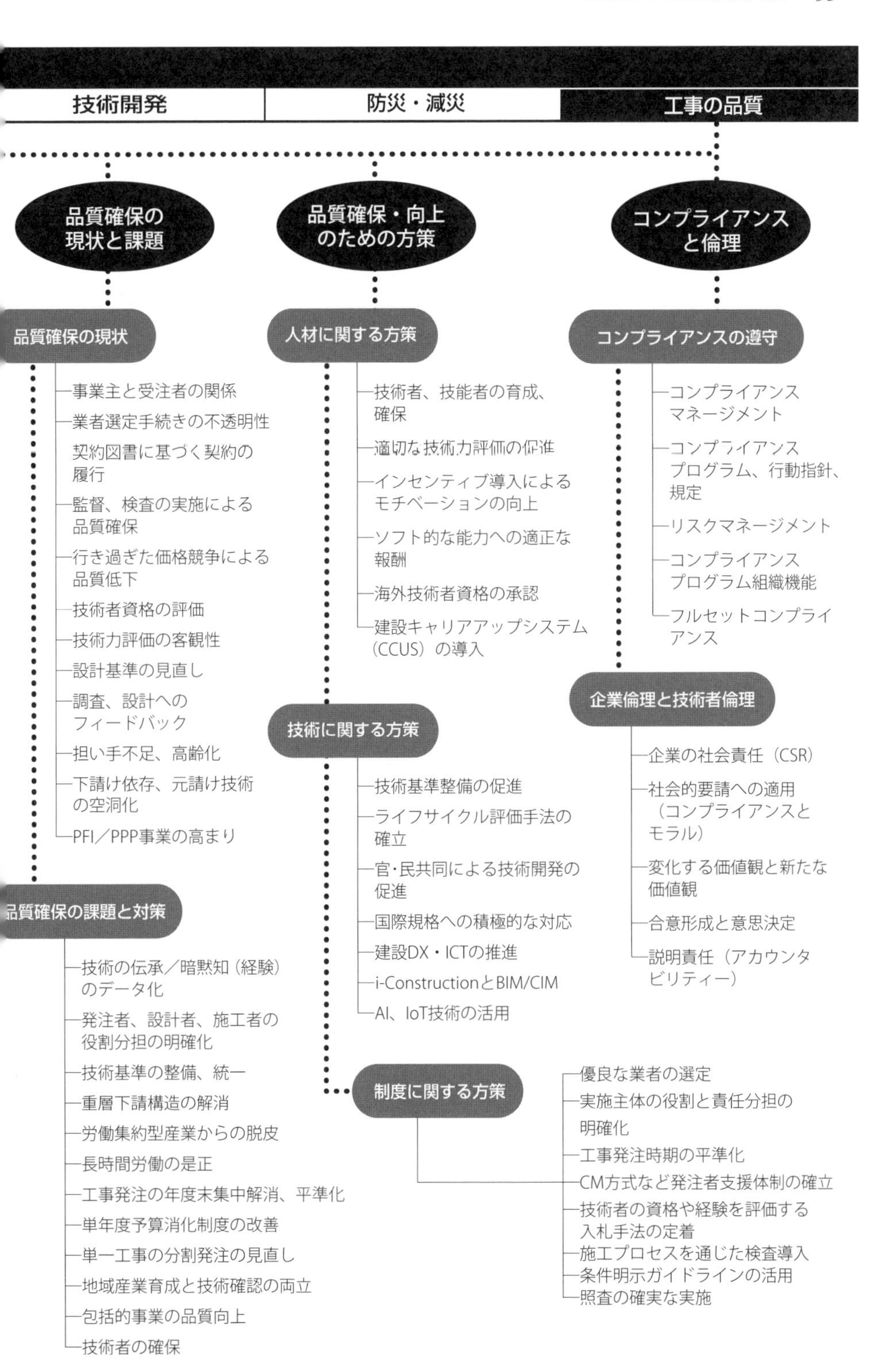
技術開発
防災・減災
工事の品質
品質確保の現状と課題
品質確保・向上のための方策
コンプライアンスと倫理
品質確保の現状
事業主と受注者の関係
業者選定手続きの不透明性
契約図書に基づく契約の履行
監督、検査の実施による品質確保
行き過ぎた価格競争による品質低下
技術者資格の評価
技術力評価の客観性
設計基準の見直し
調査、設計へのフィードバック
担い手不足、高齢化
下請け依存、元請け技術の空洞化
PFI／PPP事業の高まり
品質確保の課題と対策
技術の伝承／暗黙知（経験）のデータ化
発注者、設計者、施工者の役割分担の明確化
技術基準の整備、統一
重層下請構造の解消
労働集約型産業からの脱皮
長時間労働の是正
工事発注の年度末集中解消、平準化
単年度予算消化制度の改善
単一工事の分割発注の見直し
地域産業育成と技術確認の両立
包括的事業の品質向上
技術者の確保
人材に関する方策
技術者、技能者の育成、確保
適切な技術力評価の促進
インセンティブ導入によるモチベーションの向上
ソフト的な能力への適正な報酬
海外技術者資格の承認
建設キャリアアップシステム（CCUS）の導入
技術に関する方策
技術基準整備の促進
ライフサイクル評価手法の確立
官・民共同による技術開発の促進
国際規格への積極的な対応
建設DX・ICTの推進
i-ConstructionとBIM/CIM
AI、IoT技術の活用
制度に関する方策
優良な業者の選定
実施主体の役割と責任分担の明確化
工事発注時期の平準化
CM方式など発注者支援体制の確立
技術者の資格や経験を評価する入札手法の定着
施工プロセスを通じた検査導入
条件明示ガイドラインの活用
照査の確実な実施
コンプライアンスの遵守
コンプライアンスマネージメント
コンプライアンスプログラム、行動指針、規定
リスクマネージメント
コンプライアンスプログラム組織機能
フルセットコンプライアンス
企業倫理と技術者倫理
企業の社会責任（CSR）
社会的要請への適用（コンプライアンスとモラル）
変化する価値観と新たな価値観
合意形成と意思決定
説明責任（アカウンタビリティー）

令和3年度技術士第二次試験問題Ⅰ-1

次の２問題（Ⅰ-1、Ⅰ-2）のうち１問題を選び解答せよ。（解答問題番号を明記し、答案用紙３枚を用いてまとめよ。）

設問 1

近年、地球環境問題がより深刻化してきており、社会の持続可能性を実現するために「低炭素社会」、「循環型社会」、「自然共生社会」の構築はすべての分野で重要な課題となっている。社会資本の整備や次世代への継承を担う建設分野においても、インフラ・設備・建築物のライフサイクルの中で、廃棄物に関する問題解決に向けた取組をより一層進め、「循環型社会」を構築していくことは、地球環境問題の克服と持続可能な社会基盤整備を実現するために必要不可欠なことである。このような状況を踏まえて以下の問いに答えよ。

（1） 建設分野において廃棄物に関する問題に対して循環型社会の構築を実現するために、技術者としての立場で多面的な観点から３つ課題を抽出し、それぞれの観点を明記したうえで、課題の内容を示せ。

（2） 前問（1）で抽出した課題のうち最も重要と考える課題を１つ挙げ、その課題に対する複数の解決策を示せ。

（3） 前問（2）で示したすべての解決策を実行して生じる波及効果と専門技術を踏まえた懸念事項への対応策を示せ。

（4） 前問（1）～（3）の業務遂行に当たり、技術者としての倫理、社会の持続可能性の観点から必要となる要件、留意点を述べよ。

解答 1

○受験番号、答案使用枚数、選択科目及び専門とする事項の欄は必ず記入すること。

1. 循環型社会の構築のための課題及び内容

1.1 現場分別徹底の再資源化の課題（現場の観点）

　建設工事現場から搬出される建設廃棄物には、現場での分別が十分に行われず混合廃棄物として排出されているものや、直接最終処分場に搬出されているものがある。このため民間も含めた事業者は優良な再資源化施設へ搬出を図ることで、更なる再資源化・縮減を図ることが課題である。

1.2 建設工事再生資材利用の課題（建設工事の観点）

　今後、建設副産物の発生量の増加が想定される中、民間も含めた受・発注者は建設廃棄物由来の再生資材の更なる利用促進を図っていくことが重要である。そのためには、再生資材の利用状況に関する指標を導入し、モニタリングをしていくことが必要であり、再生資材の利用に関する目標値を設定し、再生資材の利用促進が課題である。

1.3 建設発生土有効利用の課題（建設発生土の観点）

建設発生土については、場外搬出量が土砂利用量を定常的に上回っており、その半数は建設工事のみでは有効利用できていない状況となっているため、更なる建設発生土有効利用策を講ずることが課題である。建設発生土については、不適正な取扱いがされている事例が発生しており、その結果として生活環境への影響を及ぼした事例も見られたことから、より適正な取扱いを徹底することが課題である。

2. 最も重要と考える課題及び複数の解決策

2.1 最も重要と考える課題

私が最も重要と考える課題は、建設発生土の有効利用促進の課題である。その理由は、建設発生土搬出量は土砂利用量の2倍程度であるにもかかわらず、工事間の工期や土質条件が合わないなどの理由から搬入土砂利用量の4割程度を新材購入に頼っている状況を改善する必要があると考えるためである。

2.2 最も重要と考える課題に対する複数の解決策

2.2.1 建設発生土のマッチングシステムの構築

建設発生土の更なる有効利用を図るため、官民一体となった発生土の相互有効利用のマッチング強化のためのシステムを構築し、民間も含めた受・発注者に対して当該システムへの参画を呼びかけ、発生土の工事での有効利用を推進する。

2.2.2 建設発生土の取扱いに関するシステムの構築

建設発生土の受入地での不適切な取扱いを抑止するため、その取扱い等に関する情報を把握するためのシステムを構築し、民間も含めた受・発注者に対して当該システムへの参画を働きかけ発生土の適切な取扱いを推進する。

2.2.3 建設発生土の内陸受入地の適地選定の促進

建設発生土の不適切な取扱いによる土砂崩落、斜面崩壊等の公衆災害を防止するため、発生土受入システムを構築し、受入の適地選定及び安全を確保する。

3. 解決策実行で生じる波及効果と懸念事項の対応策

3.1 解決策を実行した上で生じる波及効果

　解決策を実行した上で生じる波及効果は、建設発生土の有効利用を図ることが可能になることである。また、公共工事、民間工事を含めた各工事現場で発生土の利用率を向上させることである。その結果、公共工事等のライフサイクルコストを低減することができる。

3.2 解決策を実行した際に生じる懸念事項

　解決策を実行した際に生じる懸念事項は、コストの確保、専門技術者の確保である。

3.3 解決策を実行した際に生じる懸念事項への対応策

　懸念事項のうちコスト確保の対応策については、公共事業での補助金の活用である。また、PFI/PPPなど民間資金の有効利用が考えられる。

　さらに、専門技術者確保の対応策については、建設業以外の業界、例えば情報通信産業、観光宿泊業、サービス業等から建設業に人材を雇用することである。

4. 業務遂行に当たり必要となる要件

4.1 技術者倫理からの必要となる要件

　技術者倫理から必要となる要件は、公益の確保、中立公正の立場、継続研さん（CPD）、技術者倫理の遵守等である。今後、着実に実施する。

4.2 社会の持続可能性の観点からの必要となる要件

　社会の持続可能性から必要となる要件は、環境の保全、地球温暖化防止、SDGsの目標達成である。　以上

●裏面は使用しないで下さい。　●裏面に記載された解答案は無効とします。　（KN・コンサルタント）24字×75行

論文作成の思考プロセス

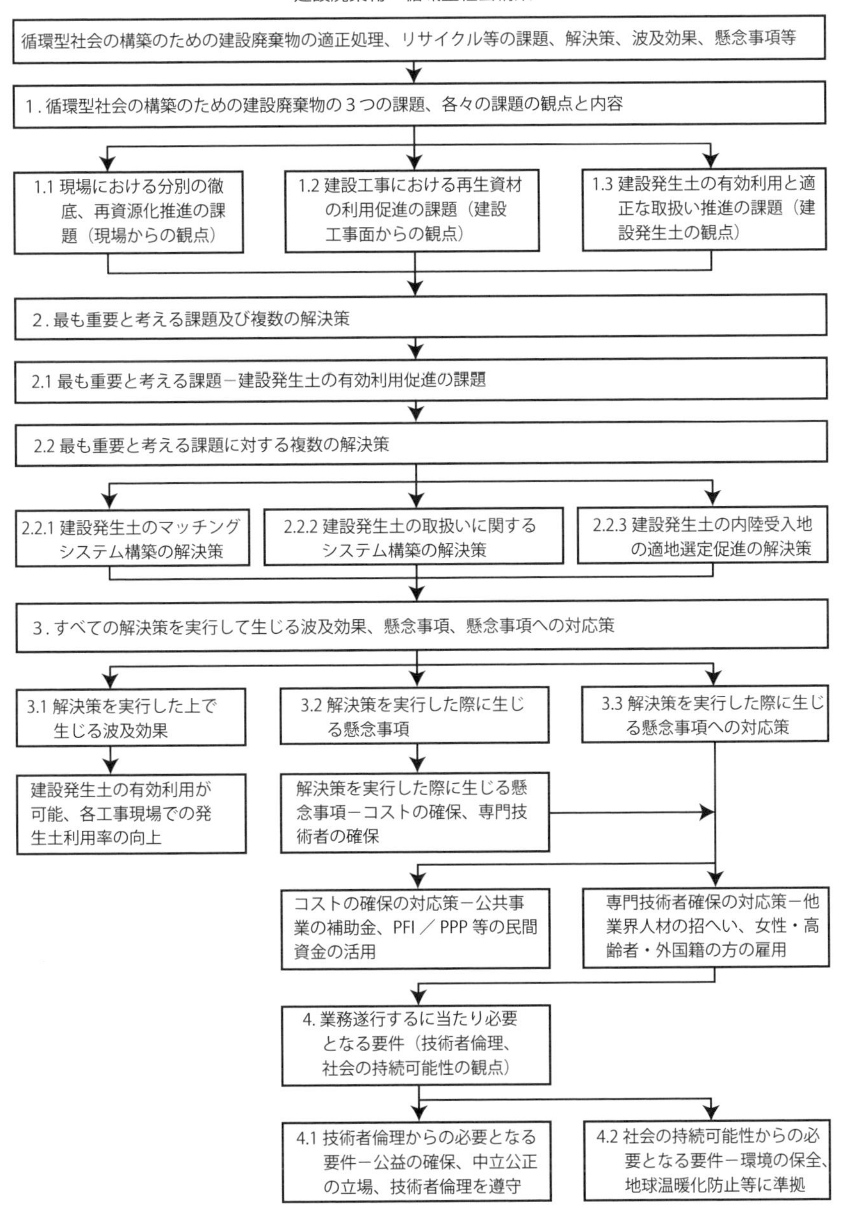

解答 2

○受験番号、答案使用枚数、選択科目及び専門とする事項の欄は必ず記入すること。

1. 循環型社会の構築における多面的観点および課題

1.1 構造物等の長寿命化推進（3Rの優先順位の観点）

高度経済成長期以降に建設された道路橋等の構造物の老朽化が進行しており、今後一斉に更新時期を迎える。更新とともに、大量の建設副産物の発生が見込まれる。循環型社会構築の基本である3Rを推進する上で、発生抑制が最も重要であるという観点から、適切な補修等により構造物等の長寿命化を推進し、建設副産物の発生を可能な限り抑制することが課題である。

1.2 災害廃棄物リサイクル体制の構築（災害廃棄物の有効利用の観点）

近年、集中豪雨等が多発しており、その度に大量の災害廃棄物が発生している。例えば、平成30年7月豪雨では早期復旧のため、大量のゴミが最終処分されている。災害が激甚化・頻発化している現状を踏まえ、自治体において災廃棄物の収集からリサイクルまでの体制を平常時より構築することが課題である。

1.3 建設副産物再資源化の更なる推進（廃棄物の循環と適正管理の観点）

2018年度の建設廃棄物全体の再資源化・縮減率は約97%であったが、建設混合廃棄物については、約63%とリサイクル率が低い。また、建設発生土の不適切な処理により環境保全上の支障が生じている事案も見られる。質の高い循環型社会形成を目指すためには建設副産物の再資源化を一層推進することが課題である。

2. 最も重要と考える課題及び複数の解決策

2.1 最も重要と考える課題

私は、「建設副産物再資源化の更なる推進」が最も重要だと考える。なぜなら、産業廃棄物の排出量、最終処分量ともに全体の約2割を建設産業が占めており、日々発生している建設副産物の再資源化は、循環型社会構築の上で喫緊の課題になっているからである。

2.2 最も重要と考える課題に対する複数の解決策

2.2.1 建設混合廃棄物の現場分別の促進

　まずは建設混合廃棄物の発生状況について、工事種別ごとに現地調査を実施して、実態を把握すべきである。その結果を踏まえ、具体的な数値目標を設定して混入物の現場での分別を徹底するように要請する。分別に協力する業者には、インセンティブを与えることにより、現場分別を促進する仕組みを構築する。

2.2.2 建設発生土利用のマッチングシステム構築

　数年先までの建設発生土の需給動向を地域ごとに把握し、事業発注前から工事間で融通できるよう調整すべきである。官民一体となって建設発生土に係る有効利用のマッチングシステムを構築し、地域レベルで建設発生土の有効利用を促進する。システム構築により、建設発生土の不適切処理を抑止し、有効利用率が向上する効果が期待できる。

3. 波及効果と懸念事項の対応策

3.1 解決策を実行した上で生じる波及効果

　私が提案した解決策を実行することにより、建設産業全体での再資源化率が100％に近くなり、循環型社会構築に対する意識が一層高まることが期待される。その結果、地域レベルで循環型社会構築に対する機運が高まり、地域循環共生圏形成につながるという波及効果がある。廃棄物の有効利用が新たな産業を創出し、経済的なメリットにつながる波及効果も考えられる。

3.2 解決策を実行した際に生じる懸念事項

　解決策を実行した際に生じる懸念事項として、リサイクル処理に伴うコスト増が挙げられる。また、技術者不足により再資源化が進捗しないことが懸念される。

3.3 解決策を実行した際に生じる懸念事項への対応策

　ＩＣＴの開発・導入により自動化・省力化を図る。建設混合廃棄物をAIで判定して自動分別するロボットや、建設発生土のマッチングをAIが行い、社会的コストや人的な労力を最小化するシステム構築を推進することで懸念事項に対応すべきである。

4. 業務遂行に当たり必要となる要件

4.1 技術者としての倫理から必要となる要件

　技術者倫理からの必要要件は、公共の安全の確保、エンドユーザーの利益の最優先の確保である。

4.2 社会の持続可能性の観点から必要となる要件
社会の持続可能性から必要となる要件は、低炭素社会の実現、地球環境保全、SDGsの目標達成等である。
以上

●裏面は使用しないで下さい。　●裏面に記載された解答案は無効とします。　(KT・コンサルタント) 24字×75行

論文作成の思考プロセス

1. 循環型社会の構築のための課題及び内容

1.1 構造物等の長寿命化推進（3Rの優先順位の観点）
3Rの中では川上のリデュースが最重要（廃棄物処理の原則）
インフラの更新に伴い、大量の建設副産物発生
⇒長寿命化を推進し、建設副産物の発生を可能な限り抑える

1.2 災害廃棄物リサイクル体制の構築（災害廃棄物の有効利用の観点）
禁煙は災害が激甚化・頻発化し、大量の災害廃棄物が発生
（災害は毎年発生しているので、廃棄物も発生することを前提としておくべき）
⇒災害廃棄物の収集からリサイクルまでの体制を構築

1.3 建設副産物再資源化の更なる推進（廃棄物の循環と適正管理の観点）
建設廃棄物の再資源化率は高いが、混合廃棄物、建設発生土など不十分な項目あり
⇒「質」の高い循環型社会形成を目指すため、建設副産物の再資源化を推進

2. 最も重要な課題と複数の解決策

2.1 最重要課題
建設副産物再資源化の更なる推進が最重要
理由：産業廃棄物全体の2割が建設産業由来が占めている
⇒まずは地に足をつけて、日々発生する建設副産物の再資源化を推進すべき

2.2 最重要課題に対する複数の解決策
2.2.1 建設混合廃棄物の現場分別の推進
内容：現地調査により実態を把握した上で、具体的な目標設定して分別徹底
効果：インセンティブを付与することで、現場分別される仕組みが構築される
2.2.2 建設発生土利用のマッチングシステム
内容：建設発生土の需給動向を地域後に把握し、官民一体となって有効活用
効果：不適切処理を抑止し、有効利用率の向上が期待できる

3. 波及効果と懸念事項の対応策

3.1 波及効果
循環型社会構築に対する意識の向上　⇒地域循環共生圏の形成につながる
⇒廃棄物の有効利用が新たな産業を創出

3.2 懸念事項
リサイクル処理に伴うコスト増、技術者不足　⇒再資源化が進捗しない恐れ

3.3 懸念事項への対応策
ICTの開発・導入による自動化・省力化　⇒社会的コスト、人的労力を最小化

4. 業務遂行に当たり必要となる要件

ここは審査対象のコンピテンシーの定義にしたがい、公共の安全や利用者の利益を最優先にすること、環境保全に努めることを述べる。

令和3年度技術士第二次試験問題 I -2

次の2問題（I -1、I -2）のうち1問題を選び解答せよ。（解答問題番号を明記し、答案用紙3枚を用いてまとめよ。）

設問 2

近年、災害が激甚化･頻発化し、特に、梅雨や台風時期の風水害（降雨、強風、高潮、波浪による災害）が毎年のように発生しており、全国各地の陸海域で、土木施設、交通施設や住民生活基盤に甚大な被害をもたらしている。

こうした状況の下、国民の命と暮らし、経済活動を守るためには、これまで以上に、新たな取組を加えた幅広い対策を行うことが急務になっている。

（1）　災害が激甚化・頻発化する中で、風水害による被害を、新たな取組を加えた幅広い対策により防止又は軽減するために、技術者としての立場で多面的な観点から３つ課題を抽出し、それぞれ観点を明記したうえで、課題の内容を示せ。

（2）　前問（1）で抽出した課題のうち最も重要と考える課題を１つ挙げ、その課題に対する複数の解決策を示せ。

（3）　前問（2）で示したすべての解決策を実行しても新たに生じうるリスクとそれへの対応策について、専門技術を踏まえた考えを示せ。

（4）　前問（1）～（3）の業務遂行に当たり、技術者としての倫理、社会の持続可能性の観点から必要となる要件、留意点を述べよ。

解答 1

○受験番号、答案使用枚数、選択科目及び専門とする事項の欄は必ず記入すること。

1. 風水害の防止・軽減への多面的観点と3つの課題

1.1 情報共有・発信及び避難体制：防災設備の整備がある程度進むと災害への関心は鈍くなる。さらに高齢化の進展、人口減少による限界集落の増加、地域コミュニティの衰退等により避難が難しくなっている。台風など被害が想定される場合は早めの避難が重要であるが、十分な避難が行われないために人命を失う場合も多い。「災害発生時避難等の対応」という観点から、高齢化、地域連携の希薄等を考慮した「情報の共有や発信の仕方、避難体制」が課題である。

1.2 全体最適の施策：河川からの浸水は河川管理者が堤防等整備を、降雨による内水浸水対策は下水道局が下水道や貯水槽の整備を、避難情報は自治体の災害部署が発信する。市街地、特に重要施設が浸水しない土地利用のまちづくりは都市開発の部署が行う。「対策実施機関の連携」という観点から、国や地方公共団体等の垣根を越え「全体最適の施策」が実行され、被害を最小限に抑えることが課題である。

1.3想定外の雨量・風力への対策：線状降水帯による局所的な豪雨で数か月間の雨量を一日で記録し、勢力の強い台風が日本本土を直撃して突風や豪雨をもたらし、想定を上回る甚大な被害が発生している。「気候変動の影響」という観点から、想定を超える雨量や風力に対して対策が機能するよう、「想定被害の大きさを見直すこと」が課題である。

2. 最も重要と考える課題と解決策

　最も重要な課題は「情報の共有や発信の仕方、避難体制」である。施設の整備等ハード面の対策も重要であるが、災害をゼロにすることはできず、避難体制などソフト面の対応が不可欠だからである。

2.1わかりやすい情報発信の充実：特別警報やリアルタイムの浸水状況による注意喚起など、災害に関する情報を適宜わかりやすく発信・提供を行い、住民や事業者の迅速な避難や企業活動につなげていく。訪日外国人や障がい者も含めた国民目線によるわかりやすい情報発信を図るため、早めの情報発信をメディアばかりでなくＳＮＳ等を活用することも必要である。

2.2共助による避難体制：避難情報等をもとに個人や家族だけでは行動につながりにくい。地域ごとに自治体や地域コミュニティ等を活用した共助による安全な避難行動計画の作成を行い、自ら関わった避難体制を構築していかなければならない。

2.3避難計画の整備：ハザードマップ等を活用したマイ・タイムラインを作成し、実行性のある避難計画を整備するだけでなく、まちづくり計画で既存インフラを有効活用することにより新型コロナウイルス感染症拡大にも対応した安全な避難場所を設けるなど、安心できる避難計画を整備する必要がある。

2.4早期復旧への対応：災害発生後の早期復旧には交通抑制や緊急輸送ルートの確保が重要である。防災・減災を強化した国土利用の計画策定や地域拠点形成を行う。重要インフラは被害の少ない高台等に設置、防災道の駅を認定、不動産取引時には水害ハザードマップによる対象物件の位置説明を行い、防災性能等に優れたまちづくりを推進する。

3. 新たなリスクと対応策

避難行動計画等が策定されて周知を図るが、行動を起こすのは住民である。地域コミュニティの意識も薄い中、高度な行動計画を作るほど、住民はその対応から取り残され、災害発生時に計画どおり的確な行動が取れないことが新たなリスクとなる。

対応策として、国、地方自治体だけでなく、民間企業、住民が意識・行動・仕組みに防災・減災を考慮することが当たり前となる社会を構築する必要がある。地域として防災リーダーを育成し、高齢者や障がい者など避難行動要支援者への対応を考慮した防災計画の作成及び防災教育、想定訓練を実施していく。

4. 必要となる要件・留意点

技術者の倫理として公正な分析と判断に基づき業務を誠実に履行し、一企業の利益ではなく公衆の利益、すなわち国民一人ひとりの安全、健康及び福利を最優先とする。社会の持続性の観点から、カーボンニュートラルやグリーン社会の実現に向け、地球環境の保全等、社会の持続可能性確保に努めなければならない。

以上

●裏面は使用しないで下さい。　●裏面に記載された解答案は無効とします。　（YM・鉄道保守会社）24字×75行

論文作成の思考プロセス

風水害による被害　新たな取組みを加えた幅広い対策

被害の防止・軽減への取組み（施策）　何があるか
・流域治水、気候変動の影響による治水計画等の見直し
・防災・減災のまちづくり（住まい方、土地利用）
・人流・物流コントロール（機能確保の事前対策、災害時）
・インフラ老朽化と地域防災力の強化
・安全・安心な避難の準備、わかりやすい情報発信
・防災・減災視点の定着（行政・事業者・国民）
・新技術の活用（防災・減災の高度化・迅速化）　etc
＊参考資料：「いのちとくらしをまもる防災減災（主要施策）」国土交通省

↓

最も重要な課題と複数の解決策をどうするか　設問（2）
・新たな取組みとして挙げるべき解決策　　ソフト対策（避難体制）の充実
①わかりやすい情報発信（特別警報、リアルタイム浸水、SNS 活用）
②共助による避難体制（自治体、地域コミュニティ）
③避難所の整備（既存インフラ有効活用、コロナ対応、安全・安心）
④早期復旧への対応（緊急輸送ルート、国土利用、地域拠点形成）
・これらの解決策が必要となる課題は
情報共有・発信及び避難体制　災害発生避難時の対応（遅れ）　住民への伝達不備

↓

設問（1）3 つの課題（最も重要な課題　①情報共有・発信及び避難体制の対応）
・最も重要な課題のほかに 2 つの課題をどうするか
②全体最適の施策　対策実施機関の連携　対策実施部署
③想定外の風・降雨　気候変動の影響、被害の大きさ

↓

設問（3）で書く内容をどうするか
・新たなリスク　ソフト対策を実行する住民（的確な行動できない）
・それへの対応策　防災・減災意識の定着、地区防災計画、防災教育
地域の防災リーダー、避難行動要支援者への対応

↓

設問（4）で書く内容をどうするか
・技術者としての倫理　公正な分析と判断、公衆の利益（安全・健康・福利）
・社会の持続性　地球環境の保全（カーボンニュートラル・グリーン社会の実現）

［参考文献］：「消防白書　本編 第1章 災害の現状と課題 第5節 風水害対策」総務省消防庁

解答 2

○受験番号、答案使用枚数、選択科目及び専門とする事項の欄は必ず記入すること。

1. 風水害による被害を防止、軽減するための課題

1.1 観点：技術面－多発する想定を超える自然災害

近年、施設能力を超過する風水害が多発している。また、インフラ施設の老朽化が進行しているため、被害の増大が懸念されている。すなわち「想定を超える自然災害への技術的対応」が課題である。

1.2 観点：制度面－被災しない住まい方

土砂災害警戒区域の指定エリアにおける土砂災害が多発している。警戒区域では各種規制を行っているが、こうしたエリアの居住者の移転が進まない。

現行制度では、立地適正化計画や各種規制を実施しているが十分とは言えず、「安全区域への移転を進めること」が課題である。

1.3 観点：人材面－災害対策の担い手・技術者・業者不足

人口減少、少子高齢化により建設業従事者も減少している。また、新たな入職者も少ない状況である。今後、高齢化した技術者、技能者の離職も想定されるため、「将来にわたる担い手の確保」が課題である。

2. 最も重要な課題及び解決策

2.1 最重要課題

最重要課題は、「想定を超える自然災害への技術的対応」である。大雨の頻度の増加や降水量の増大など、強大化する風水害による災害から、何としても国民の生命、財産を守ることが最も重要であると考えるからである。

2.2 解決策

2.2.1 激甚化する風水害への対策

流域治水を推進するとともに、堤防、護岸の嵩上げ、砂防や海岸保全施設の整備、利水ダム容量の有効活用、遊水池や霞堤の機能の保全、市街地内の排水施設の整備等を進めていく。

また、救援ルートや経済活動を停滞させないため、ネットワーク機能のリダンダンシーを確保する。高規格道路と直轄国道とのWネットワーク、法面補強等を進める。

2.2.2 老朽化対策の推進と予防保全への転換

老朽化するインフラ施設について、施設の重要度やストック効果をふまえた優先順位を設定し、集中した老朽化対策を実施する。

また、過疎化が進行する地域については、施設の集約についても検討していく。

以上の老朽化対策と合わせて、インフラ施設の維持管理を事後保全から予防保全に転換し、メンテナンスサイクルの実施が必要である。さらに、点検→診断→措置→記録という一連のプロセスで施設を良好に維持管理する長寿命化が不可欠である。

2.2.3 施策の効率的実施のためのデジタル化の推進

国土強靭化に向けたデジタル施策の推進のため、ICTやAIを活用した業務の支援、新技術の開発が必要である。地方自治体を含め、国土交通データプラットフォームの構築の促進が重要である。さらに、降水予測、線状降水帯の予測精度の向上、ICT活用による避難路探索、被災状況把握、避難伝達の効率化の推進が必要である。

3. 全ての解決策を実行しても生じうるリスクと対応策

3.1 新たに生じうるリスク

災害対応を進めて施設の整備や補強、補修を実施するとハザードの位置が変化し、次に脆弱な箇所が被災するおそれがある。

3.2 それへの対応策

防災施設等の整備状況を踏まえてハザードマップを改訂し、住民へ周知徹底するとともに定期的な避難訓練を実施する。

4. 業務遂行に当たり必要となる要件、留意点

4.1 技術者倫理の観点から必要となる要件、留意点

技術者倫理の観点から必要となる要件は、公衆の安全、健康及び福利の最優先である。留意点は、業務の誠実な履行、中立公正の立場、継続研さんである。

4.2 社会の持続性から必要となる要件、留意点

社会の持続可能性から必要となる要件は、地球環境の保全、SDGsの達成である。留意点は地球の環境保全、廃棄物の削減、環境配慮型の重機使用などである。
以上

●裏面は使用しないで下さい。　●裏面に記載された解答案は無効とします。　（SK・コンサルタント）24字×74行

論文作成の思考プロセス

取り上げるテーマは、「防災・減災で、新たな取組を加えた幅広い対策」である。
　このため、国土交通省の防災・減災に関する新しい政策をふまえた現況と課題、解決策をふまえた構成とする必要がある。
- 問題文冒頭に背景や現状が記載されています。まず、それを読み取って解答の条件を確認する。
- 特に令和3年度の問題では、災害の種類が「風水害」に特定されていることに留意する。

↓

設問（1）新しい取組みを加えた幅広い対策で被害を防止・軽減するための課題と観点をどう記載すべきか？
- 最初に、国土交通省の最新政策から風水害に対する防災・減災対策を拾い出す。
- 観点は、課題の内容から、技術・品質・コスト・人材・制度などの分野と関連させて記載する。
- ハード、ソフト対策について、偏りなくバランスの取れた内容にする。

観点（1）技術面
課題（1）
- 想定を超える自然災害への対応

観点（2）制度面
課題（2）
- 被災しない住まい方

観点（3）人材
課題（3）
- 災害対策を担う人材の不足
- 技術者不足や高齢化
- 施工業者不足

↓

設問（2）の最重要課題を何にするか？また、選定した理由を書いた方が良いのではないか？
- 設問（2）で書く内容は、（1）で挙げた3つの観点及び課題の中から、1つを選ぶ。
  また、選定した理由を書く方が合理的である。
- 複数の解決策を中心に記載することになるので、その解決策に目次項目を付ける。
- 問題の冒頭に記載された「新たな幅広い対策」が解決策に含まれていなければならない。
  （1）激甚化する風水害への対策
  （2）老朽化対策の推進と予防保全への転換
  （3）施策の効率的実施のためのデジタル化の推進

↓

設問（3）の新たに生じるリスクとそれへの対応策は、どのような記載内容とすべきか？
- 全ての解決策を実行して生じる波及効果は、風水害から「国民の生命と暮らし、経済活動が守られる」こと。
- 「新たに生じうるリスク」は、一般的に「ヒト・モノ・カネ」で考えるのが望ましい。
  問題文では、全ての解決策を実行したうえでのリスクとされているので、成果に生じるリスクを考える。
- 対応策については、リスクに整合しているかを確認すること。
- ここでは、ハード、ソフト対策により施設の整備や HM 作成、周知などの対策を進めて脆弱な部分が補強された結果、次に弱いところが被災する恐れが生じてしまうことをリスクとした。
- この対応策としては、防災、減災施設の整備状況等をふまえた HM 等の改訂、住民への周知徹底と避難訓練の実施になる。

↓

設問（4）の業務遂行に当たり必要となる要件はどのような内容で記載すべきか？
- 問題文では業務遂行に当たり必要となる要件として、「技術者倫理」と「社会の持続性」という2つの観点を挙げている。
  技術士に求められるコンピテンシーから、以下の解答内容が考えられる。

（1）技術者倫理の観点では、「公衆の安全、健康及び福利の最優先」
（2）社会の持続性の観点では、「環境の保全」
- （1）は、2023年3月8日に技術士倫理綱領が変更されたことをふまえて簡潔に記載することが望ましい。
- （2）は、環境の保全なので、地球環境の保全、SDGs達成の観点で記載すること。

令和4年度技術士第二次試験問題Ⅰ-1

次の2問題（Ⅰ-1、Ⅰ-2）のうち1問題を選び解答せよ。（解答問題番号を明記し、答案用紙3枚を用いてまとめよ。）

我が国では、技術革新や「新たな日常」の実現など社会経済情勢の激しい変化に対応し、業務そのものや組織、プロセス、組織文化・風土を変革し、競争上の優位性を確立するデジタル・トランスフォーメーション（DX）の推進を図ることが焦眉の急を要する問題となっており、これはインフラ分野においても当てはまるものである。

加えて、インフラ分野ではデジタル社会到来以前に形成された既存の制度・運用が存在する中で、デジタル社会の新たなニーズに的確に対応した施策を一層進めていくことが求められている。

このような状況下、インフラへの国民理解を促進しつつ安全・安心で豊かな生活を実現するため、以下の問いに答えよ。

(1) 社会資本の効率的な整備、維持管理及び利活用に向けてデジタル・トランスフォーメーション（DX）を推進するに当たり、技術者としての立場で多面的な観点から3つ課題を抽出し、それぞれの観点を明記したうえで、課題の内容を示せ。

(2) 前問（1）で抽出した課題のうち、最も重要と考える課題を1つ挙げ、その課題に対する複数の解決策を示せ。

(3) 前問（2）で示したすべての解決策を実行して生じる波及効果と専門技術を踏まえた懸念事項への対応策を示せ。

(4) 前問（1）～（3）を業務として遂行するに当たり、技術者としての倫理、社会の持続性の観点から必要となる要点・留意点を述べよ。

○受験番号、答案使用枚数、選択科目及び専門とする事項の欄は必ず記入すること。

1　インフラ分野のDX推進の課題

1.1　行政手続きのデジタル化（手続き簡素化の観点）

インフラ分野のDX推進のためには、インフラ分野に係る各種手続きのデジタル化の推進が必要である。例えば、WEBを活用した手続きのリモート化、ペーパーレス化、タッチレス化等である。手続きの簡素化の観点から、行政手続きのデジタル化が課題である。

1.2　情報の高度化と活用（3次元データ活用の観点）

関係者間において正確でリアルな情報共有が行える3次元データによるコミュニケーションの推進が必要である。併せて、3次元データの流通、XRの活用、WEB会議システムの活用、インフラデータの公開等が必要である。このように3次元データ活用の観点から、情報の高度化と活用が課題である。

1.3 現場作業の遠隔化及び自動化（現場作業の観点）

インフラ分野のDX推進のためには、建設業の現場における各種作業に対する遠隔化・自動化・自律化の推進が必要不可欠である。また、現場作業の効率化・安全確保の観点からも遠隔化及び自動化が課題である。

2 最も重要と考える課題及びそれに対する解決策

2.1 最も重要と考える課題

私が最も重要と考える課題は、現場作業の遠隔化及び自動化である。その理由は、本課題を解決することにより、現場作業において最も重要な①安全性の確保、②作業の効率性を向上させることができるからである。

2.2 最も重要と考える課題に対する複数の解決策

2.2.1 ロボットやAI等の活用

ロボットやAI等の活用により、技術者が施工現場にいなくても、建設機械が自動・自律施工を行い、出来形・品質検査等も自動化できる。さらに、工事の効率化、確実性や作業精度の向上を図ることができる。

2.2.2 情報通信技術ICTの活用

情報通信技術ICTを活用して、現場の施工管理の効率化・省力化を実現することができる。さらに、夜間の施工や危険な箇所での作業も可能になる。

2.2.3 自動運転技術の活用

既に自動車に導入が進んでいる自動運転技術を施工機械に導入して、施工機械の無人化を図る。また、オペレーターが直接建設機械を操作せずに施工することで、確実かつ精度が確保された施工が可能になる。

3 解決策を実行して生じる波及効果と懸念事項

3.1 全ての解決策を実行して生じる波及効果

全ての解決策を実行して生じる波及効果は、インフラ分野のDXを実現できることである。それが実現できることで、工事費の縮減及び工期の短縮が可能となる。

また、現場作業の自動化及び無人化で労働災害発生リスクを低減できる。さらに、人力作業が削減され、労働災害発生のリスク低減という波及効果がある。

3.2 全ての解決策を実行して生じる懸念事項

　全ての解決策を実行して生じる懸念事項は、工事費の増加及び技術者・技能者の技術力・技能の低下である。

3.3 解決策を実行して生じる懸念事項への対応策

3.3.1 工事費が増加することへの対応策

　工事費が増加することへの対応策は、国や地方公共団体の補助事業やモデル事業を活用することである。

　また、PFIやPPP等の民間資金の活用も考えられる。

3.3.2 技術者・技能者の技術力・技能低下の対応策

　技術者・技能者の技術力・技能が低下することへの対応策は、現場経験の豊富な技術者や技能者の暗黙知である技術力・技能を、ナレッジ・マネジメントを活用して形式知に変換し、技術力・技能の維持継承である。また、現場作業の自動化や無人化の中でOJTを中心とした技術力・技能の維持継承も重要である。

4 業務遂行に当たり必要となる要点及び留意点

4.1 技術者倫理から必要となる要点及び留意点

　技術者倫理の観点から必要となる要点は、技術士倫理綱領を遵守することである。また、留意点は、公衆の安全、健康、及び福利の考慮である。

4.2 社会の持続性から必要となる要点及び留意点

　社会の持続可能性の観点から必要となる要点は、地球環境の保全、将来世代にわたる持続確保等である。

　また、留意点は地域の環境保全、生態系保全、文化的価値の尊重等である。

以上

●裏面は使用しないで下さい。　●裏面に記載された解答案は無効とします。　（SN・特殊法人）24字×74行

論文作成の思考プロセス

取り上げるテーマは、インフラ分野におけるデジタル・トランスフォーメーション（DX）を推進するための課題である。

・DXの推進を考えるためには、国土交通省の「インフラ分野のDXアクションプログラム」に準じて記述しなければならない。

↓

設問（1）のインフラ分野におけるデジタル・トランスフォーメーション（DX）を推進するための課題とその内容をどう表現するべきか？

・最初に、国土交通省の「インフラ分野のDXアクションプログラム」に規程されている重点的な取組みに関する観点を決めよう。観点を決めたら、自ずと課題が表現できる。
・観点は、課題と同時に目次項目の中で、表現すると良いのではないか。目次項目に入れておけば、それを見落とす心配がなくなるので、一石二鳥である。

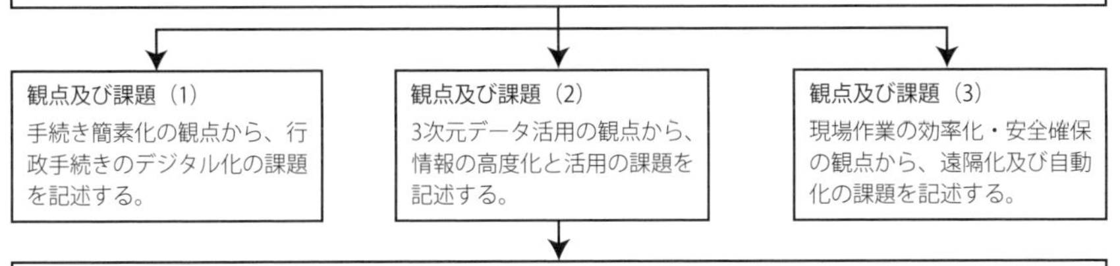

↓

設問（2）の最も重要と考える課題を何にするか？また、選定した理由を記述した方が良いのではないか？

・設問（2）で記述する内容は、設問（1）で挙げた3つの観点及び課題の中から、1つを選定しなければならない。また、選定した理由についても記述する方が合理的であり、高い評価が得られる。
・最も重要と考える課題とそれに対する複数の解決策を記述するので、その解決策を目次項目とすることにする。
・最も重要と考える課題として、課題（3）の現場作業の遠隔化及び自動化を選定しよう。
・課題（3）に対する複数の解決策として、（1）ロボットやAI等の活用、（2）情報通信技術ICTの活用、及び（3）自動運転技術の活用を挙げることにしよう。

↓

設問（3）のすべての解決策を実行して生じる波及効果と専門技術を踏まえた懸念事項への対応策で記述する内容をどうするか？

・全ての解決策を実行して生じる波及効果として、（1）インフラ分野のDXを実現できること、（2）工事費の縮減及び工期の短縮、及び(3)労働災害発生のリスク低減を挙げよう。
・すべての解決策を実行して生じる懸念事項として、（1）工事費の増加及び（2）技術者及び技能者の技術力・技能の低下を挙げよう。
・工事費が増加することへの対応策として、（1）国や地方公共団体の補助事業やモデル事業の活用及び（2）PFIやPPP等の民間資金の活用を挙げよう。
・技術者・技能者の技術力・技能低下の対応策として、（1）ナレッジ・マネジメントの活用及び（2）OJTを中心とした技術力・技能の維持継承を挙げよう。

↓

設問（4）の業務を遂行するに当り、技術者としての倫理、社会の持続性の観点から必要となる要点・留意点で記述する内容をどうするか？

・技術者倫理から必要となる要点として、技術者倫理要項の遵守を挙げよう。また、留意点として、公衆の安全、健康、及び福利の考慮を挙げよう。
・社会の持続性から必要となる要点として、地球環境の保全、将来世代にわたる持続確保等を挙げよう。また、留意点として、地域の環境保全、生態系の保全、文化価値の早朝等を挙げよう。

解答 2

○受験番号、答案使用枚数、選択科目及び専門とする事項の欄は必ず記入すること。

1. 社会資本の整備等に向けてDXを推進する課題

1.1 DXの導入方法：スマートフォンやIoTデバイス等機器が普及し、ビックデータの集積やメモリ処理能力の劇的な向上に伴う機械学習・人工知能（AI）等の適用範囲が急速に拡大した。社会実装の基盤となるデータプラットフォームや大容量・低遅延・多数同時接続の5G通信環境等の整備も整いDXが本格的に推進されている。インフラの観点から、これらDXの新技術をどのように社会資本の整備、維持管理、利活用に導入していくかを検討しなければならない。

1.2 DXの研究開発によるコスト削減：建設に関連する業務では安全、品質、工程そして費用の管理が重要である。それらをさらに向上できるような新たな技術を開発し、その結果としてコスト削減を図る必要がある。研究開発の観点から、現時点のDXに対して研究開発を進め、社会資本の整備、維持管理、利活用に適したものに改良させていかなければならない。

1.3 DXを扱える人材の育成・確保：社会資本に関連する業界は調査・設計・施工・維持管理と多くの部署が連携しており、DXに用いられる新技術の知識は乏しい。人材という観点から、DXの導入に対して新技術に対応できる人材の育成及び確保が重要であり、教育等の実施、他業種からの移行を考えなければならない。

2. 課題に対する解決策

最も重要と考える課題はDXの導入方法である。

2.1 行政手続きのデジタル化：インフラ分野に係る各種手続きは直接赴き行っているが、WEBシステム等による手続きのリモート化、必要な書類等のペーパーレス化等、デジタル化を推進する。不必要に煩雑化したプロセスの簡略化と必要なデータの表示や実際の申請等が即時で可能なものとし、システム上で一元的な処理を行う。一元的なWEBシステム等により、インフラ関係に係る行政手続きをワンストップで実現でき、国民・事業者の利便性の向上、行政手続きの効率化とコストの削減を図る。
2.2情報の高度化と活用：3次元データ（BIM/CIM）の流通、XRの活用、WEB会議システムの活用、インフラデータの公開・活用等を促進して、正確でリアルな情報共有を行い、受発注間や現場の受注者間等の関係者のコミュニケーションを推進する。建設生産プロセス（設計・施工等）において、3次元等のデジタルデータやデバイスの活用によるコミュニケーションを促進することにより、作業の効率化・高度化・省力化や作業員や住民等の安全性や利便性を向上させるとともに、従来よりも理解促進・合意形成の円滑化・効率化が図られる。
2.3現場作業の遠隔化・自動化・自律化：各種技術基準類の標準化や環境・プラットフォームの整備を図り、建設業の現場における各種作業（施工、出来高確認、災害復旧、点検等）に対する遠隔化・自動化・自律化技術の社会実装を推進する。施工現場にいなくても建設機械が自動・自律施工を行い、出来形・品質検査等も自動化、遠隔化を可能とする。
3. 波及効果と懸念事項への対応策
　DXを推進することにより、生産性向上だけでなく現場環境の改善（安全性向上）が図られる。建設従事者の負担軽減、省人化、労働時間の短縮等から建設従事者の働き方を新3K（給与・休暇・希望）に変革させる。さらに建設業界内外がインフラ関連産業として発展し、建設業の業務、組織、プロセス、文化・風土や働き方を変革することができる。
　これによって、今まで以上に社会ニーズや要請に対して時宜にかなった施策の展開や柔軟な対応が求められる。対応策として、施策に関わる国・地方自治体等の発注者・管理者と建設事業者との連携を図り、国民に対して3次元の映像を用いる効果的な広報を行うなど、透明性を示していかなければならない。
4. 遂行するにあたり要点・留意点
　国民の安全・安心、国益を守るという方針を基に、論理的な分析や公正な判断を常に行い、公益確保に努め、公平性と透明性を国民に対して丁寧に説明するこ

と	が	技	術	者	倫	理	と	し	て	必	要	で	あ	る	。	社	会	の	持	続	性	の	観
点	で	は	、	SDGs	に	基	づ	い	て	地	球	温	暖	化	対	策	や	C	O_2	排	出	量	
削	減	等	、	地	球	環	境	に	配	慮	し	た	取	組	み	を	最	優	先	し	、	DX	の
推	進	と	と	も	に	GX	も	推	進	し	な	け	れ	ば	な	ら	な	い	。			以	上

●裏面は使用しないで下さい。　●裏面に記載された解答案は無効とします。　（YM・鉄道保守会社）24字×74行

論文作成の思考プロセス

社会資本の整備、維持管理、利活用にDXはどう利活用されているか

・BIM/CIM等3次元データの活用等による公共事業への理解の浸透
・AR/VRの災害バーチャル体験等による被害の軽減等の実感
・建設機械の遠隔操作等による労働環境の改善
・DX導入による建設現場のイメージアップ（新3Kの実現）
・遠隔現場臨場等による働き方改革（在宅勤務）
・各種データベースの連携等による所掌横断的な対応の実現　etc

＊参考資料：「インフラ分野のDXアクションプラン」国土交通省

↓

最も重要な課題と複数の解決策をどうするか設問(2)最も重要な解決策

・取り組みとして挙げるべき解決策
①行政手続のデジタル化手続のリモート化、ペーパーレス化、タッチレス化
②情報の高度化と活用リアルな情報共有3次元データ（BIM、CIM）の流通
XRの活用、WEB会議システムの活用、インフラデータの公開・活用等
③現場作業の遠隔化・自動化・自律化施工作業・出来高確認・災害復旧・点検に対する技術、
各種技術基準類の標準化、環境・プラットファームの整備
・これらの解決策が必要となる課題は

↓

設問（1）3つの課題　最も重要な課題

①DXの導入方法（インフラへの実務の観点）
・最も重要な課題のほかに2つの課題をどうするか
②DXの研究開発によるコスト削減（研究開発の観点）
③DXを扱える人材の育成・確保（人材の観点）

↓

設問（3）で書く内容をどうするか

・生じる波及効果と懸念事項業務、組織、プロセス、文化・風土、働き方の変革
社会ニーズや要請に対して時宜にかなった施策展開、柔軟な対応
・懸念事項への対応策国・地方自治体等の発注者・管理者と建設事業者等との連携の確保

↓

設問（4）で書く内容をどうするか

・技術者としての倫理公正な分析と判断、公衆の利益（公平性・透明性）
・社会の持続性環境に配慮した取組み（地球環境の保全、SDGs、GX）

［参考文献］：「インフラ分野のDX施策一覧」国土交通省インフラ分野のDX推進本部

令和4年度技術士第二次試験問題Ⅰ-2

次の２問題（Ⅰ-1、Ⅰ-2）のうち１問題を選び解答せよ。（解答問題番号を明記し、答案用紙３枚を用いてまとめよ。）

設問 2

世界の地球温暖化対策目標であるパリ協定の目標を達成するため、日本政府は令和２年10月に、2050年カーボンニュートラルを目指すことを宣言し、新たな削減目標を達成する道筋として、令和３年10月に地球温暖化対策計画を改訂した。また、国土交通省においては、グリーン社会の実現に向けた「国土交通グリーンチャレンジ」を公表するとともに、「国土交通省環境行動計画」を令和３年12月に改定した。

このように、2050年カーボンニュートラル実現のための取組が加速化している状況を踏まえ、以下の問いに答えよ。

(1)　建設分野におけるCO_2排出量削減及びCO_2吸収量増加のための取組を実施するに当たり、技術者としての立場で多面的な観点から３つの課題を抽出し、それぞれ観点を明記したうえで、課題の内容を示せ。

(2)　前問（1）で抽出した課題のうち、最も重要と考える課題を１つ挙げ、その課題に対する複数の解決策を示せ。

(3)　前問（2）で示したすべての解決策を実行しても新たに生じうるリスクとそれへの対応策について述べよ。

(4)　前問（1）～（3）を業務として遂行するに当たり、技術者としての倫理、社会の持続性の観点から必要となる要点・留意点を述べよ。

○受験番号、答案使用枚数、選択科目及び専門とする事項の欄は必ず記入すること。

1　建設分野のCO_2排出量削減の課題

1.1 気候変動適応策強化の課題（気候変動の観点）

建設分野のCO_2排出量を削減するためには、気候変動の対応策に加え適応策を強化することが重要である。具体的には社会資本整備等に気候変動適応を組み込むこと、地域の実情に応じた気候変動適応を推進することなどである。

1.2 自然共生社会形成の課題（生物多様性の観点）

建設分野のCO_2排出量を削減するためには、生物多様性の保全、持続可能な社会資本整備・維持管理が必要である。さらに、インフラ整備に当たっては、自然環境が有する機能を活用したグリーンインフラの社会実装が不可欠である。

1.3循環型社会形成の課題（脱炭素社会の観点）
　建設分野のCO_2排出量を削減するためには、天然資源の消費抑制、環境への負荷を低減する循環型社会の形成が不可欠である。このため地域循環共生圏の形成、廃棄物の適正処理の推進等が重要である。
2最も重要と考える課題及び複数の解決策
2.1最も重要と考える課題
　私が最も重要と考える課題は、1.3循環型社会形成の課題である。その理由は、大量生産・大量消費型の経済社会活動は、大量廃棄型の社会を形成し、環境保全と健全な物質循環を阻害しているからである。こうしたこれまでの経済社会活動を転換し循環型社会を構築していくことがCO_2排出量削減に、効果的であるためである。
2.2最も重要と考える課題に対する複数の解決策
2.2.1 循環経済（サーキュラーエコノミー）の推進
　従来の大量生産・大量消費・大量廃棄のリニアな経済に代わる製品と資源の価値を長く保全・維持し、廃棄物の発生を最小化した経済社会の実現が重要である。併せて、従来の3Rに加え、シェアリング・サブスクリプション等のサーキュラーエコノミーへの移行が必須の要件である。
2.2.2 建設廃棄物及び下水道汚泥の有効活用
　循環型社会の形成に向け、建設廃棄物及び下水汚泥の有効活用、エネルギー源としての資源化が重要である。また、リサイクルポート施策の推進、循環資源利用の推進・強化引き続き取り組む必要がある。
2.2.3 建設リサイクル推進2020の着実な履行
　循環型社会の形成には建設リサイクル推進計画2020を踏まえ、リサイクルの質の向上、付加価値の高い再生材へのリサイクルの促進などリサイクルされた材料の積極的利用等を推進する必要がある。
3解決策を実行して新たに生じうるリスクと対応策
3.1すべての解決策を実行しても生じうるリスク
　すべての解決策を実行しても新たに生じうるリスクは、コストがかかること、専門技術者が不足することである。

3.2 新たに生じうるリスクへの対応策

　コストがかかることの対応策は、公共事業として補助金・助成金を活用すること、PFI/PPP等の民間資金を活用することなどがある。

　また、専門技術者が不足することの対応策は、建設業以外の産業部門からの新規就業者の雇用、団塊世代の技術者の再雇用、女性・外国人等の新規就業者の雇用などがある。

4 業務遂行に当たり必要となる要点・留意点

4.1 技術者倫理から必要となる要点・留意点

　技術者倫理から必要となる要点は、日本技術士会の技術士倫理綱領を遵守することである。

　また、技術者倫理の留意点は、各学会・協会の技術者倫理要項の遵守、自己啓発、技術者継続研鑽（CPD）の実施、若手技術者の教育訓練などである。

4.2 社会の持続可能性から必要となる要点・留意点

　社会の持続可能性からの必要となる要点は、地球環境の保全、気候変動への的確な対策である。

　また、社会の持続可能性からの留意点は、地域環境の保全、野生動植物の保護・保全、生物多様性の保全、建設事業におけるミティゲーション5原則の達成などである。

以上

●裏面は使用しないで下さい。　●裏面に記載された解答案は無効とします。　（KN・コンサルタント）24字×72行

論文作成の思考プロセス

取り上げるテーマは、建設分野におけるCO_2排出量削減・吸収量増加の取組みである。

建設分野におけるCO_2排出量削減を考える場合には、環境行動計画を第一に考える必要がある。

・環境行動計画を考えるには、国土交通省の施策に準じて記述しなければならない。

・国土交通省の環境行動計画の施策としては、「国土交通省環境行動計画」が相応しい。

設問（1）の建設分野におけるCO_2排出量削減の取組みの課題とその内容をどう表現するべきか？

・最初に、CO_2排出量削減に関する観点を決めよう。観点を決めたら、おのずと課題が表現できる。

・観点は、課題と同時に目次項目の中で、表現すると良いのではないか。目次項目に入れておけば、それを見落とす心配がなくなるので、一石二鳥である。

・CO_2排出量削減に関する国土交通省の考え方は、グリーン社会の実現に向けた取組みの加速化であろう。カーボンニュートラルの実現に向けた動向に配慮した観点から記述すれば、良いのではないか。

観点及び課題（1）

・気候変動の観点から、適応策強化の課題を提示する

・社会資本整備に、気候変動適応策を組み込むを説明する

観点及び課題（2）

・生物多様性の保全の観点から自然共生社会の課題を提示

・インフラ整備に当たってのグリーンインフラの社会実装を説明

観点及び課題（3）

・脱炭素社会の観点から循環型社会の形成の課題を提示する

・天然資源の消費抑制、環境への負荷低減を説明

設問（2）の最も重要と考える課題を何にするか？また、選定した理由を書いた方が良いのではないか？

・設問（2）で書く内容は、（1）で挙げた３つの観点及び課題の中から、１つを選定しなければならない。また、選定した理由についても、書く方が合理的であり、得点も高くなる。

・最も重要と考える課題とそれに対する複数の解決策を書くので、その解決策を目次項目とすることにする。

・最も重要と考える課題を、課題3の循環型社会の形成を選定しよう。

・それに対する複数の解決策として、（1）循環経済の推進、（2）建設廃棄物・下水汚泥の有効活用、（3）建設リサイクル推進の着実な履行、を挙げることにしよう。

設問（3）の解決策を実行しても新たに生じうるリスクとそれへの対応策で書く内容をどうするか？

・解決策を実行しても新たに生じうるリスクは、コストがかかること、専門技術者が不足することを挙げよう。

・コストがかかることへの対応策としては、公共事業として補助金や助成金を活用すること、PFI・PPPなど民間資金を活用することを記述しよう。

・専門技術者が不足することへの対応策については、他の業界から人材を雇用すること、現在建設業界で働いていない女性・高齢者・障害者等を積極的に雇用することを記述すれば良いのではないか。

設問（4）の業務として遂行に当たり必要となる要点・留意点で書く内容をどうするか？

・業務として遂行するに当たり必要となる要点・留意点を、（1）技術者倫理の観点から必要となる要点・留意点、(2) 社会の持続可能性の観点から必要となる要点・留意点という２つの観点から書くことにしよう。

・この２つの観点を鮮明にするために、目次項目を作って書いた方が分かり易い論文になるのではないか。

・（1）技術者倫理の観点から必要となる要点・留意点では、要点の方に技術士倫理綱領の遵守をまず記述しよう。紙面に余裕があれば、公益の確保、中立・公正な自己の立場、特定の関係者の利益にとらわれないことを書こう。

・技術者倫理から必要となる留意点には、各学会・協会の技術者倫理要項の遵守、自己啓発、技術者継続研鑽(CPD)の実施などを記述しよう。

・（2）社会の持続可能性の観点から必要となる要点・留意点では、要点の方に地球環境の保全、気候変動への的確な対応を記述しよう。

・社会の持続可能性の観点から必要となる留意点では、野生動植物の保護・保全、生物多様性の保全、建設事業におけるミティゲーション5原則の達成などを記述しよう。

解答 2

○受験番号、答案使用枚数、選択科目及び専門とする事項の欄は必ず記入すること。

1 建設分野におけるCO_2排出量削減等の課題

1.1 省エネ・再エネの拡大（省エネ・再エネの観点）

地球温暖化対策計画は、2050年カーボンニュートラル宣言、2030年度46％削減目標が掲げられている。2013年排出実績と2030年排出量目標の比率では、家庭部門が66％、業務部門は51％の削減が求められている。これらの目標を達成するためには、省エネ・再エネの推進が必要である。

1.2 グリーンインフラ活用（グリーンインフラ観点）

CO_2排出量を削減し、吸収量を増加させるためには、都市緑化の推進が必要である。また、気候変動に伴う災害の激甚化・頻発化に対応した雨水貯留浸透機能の強化、生物多様性保全、生態系サービスの向上等が重要である。さらに、グリーンインフラの社会実装の推進が必要である。

1.3 ライフサイクル脱炭素化の推進（$LCCO_2$の観点）

2050年カーボンニュートラル宣言を達成するために、脱炭素社会の実現、気候変動適応社会・自然共生社会の推進等持続可能で強靭なグリーン社会の実現への取組みが重要である。また、長期間供用されるインフラ分野では、ライフサイクル全体の観点から、インフラ長寿命化によるCO_2排出量の削減、CO_2吸収型コンクリートの活用等、公共調達における低炭素な材料や工法の活用、建設施工における省エネ・再エネ促進及びその技術開発が必要である。

2 最も重要と考える課題とそれに対する複数の解決策

最も重要と考える課題は、省エネ・再エネ拡大である。その理由は、CO_2排出量削減に大きく寄与することができるからである。

2.1 住宅・建築物分野における省エネ基準適合の推進

民生部門からのCO_2排出量は、我が国全体排出量の約3割を占める。そのため、住宅・建築物分野においては、脱炭素社会の実現に向け長く住み続けることができるよう住宅の長寿命化を推進する。さらに、良質な住宅ストックを形成できるよう省エネ基準（ZEH・ZEB基準）を定め住宅等の省エネ性能を拡大する。

2.2 木造建築物の普及拡大

再生産が可能であり炭素を貯蔵できる木材を活用した木造建築物の普及拡大を推進する。我が国の低層住宅の約8割が木造である一方、非住宅や中高層建築物の木造率は1割未満である。このため中高層建築物においても、CLT（直交集成材）を使用するなど新たな部材を活用した工法、木造技術の開発・普及、設計者の育成などを推進する。

2.3 再生可能エネルギーの導入

CO_2排出量を削減するため、インフラ等を活用した太陽光発電、バイオマス発電、小水力発電などの地域再生可能エネルギーの導入を推進する。

3 解決策を実行しても生じうるリスクと対応策

3.1 電源構成に対する国民理解の観点

2050年時点の電源構成に国民の理解が得られないかもしれないこと、国民の負担が増大するのではないかというリスクがある。2019年度の我が国の電源構成は、火力：原子力：再エネが、76：6：18であり、2030年度は、各々56：20：24とされている。しかし、2050年度の電源構成は明示されておらず、国民の理解を得るための説明を果たすことが必要である。

3.2 再生エネルギーのコスト低減の観点

再生エネルギーコストの低減が進まないリスクがある。このため、再生可能エネルギーの発電コストのスピード感を持った低減が必要である。FIT制度における調達価格は年々低減して設定されているが、再生可能エネルギー導入を一層促進するため、エネルギー政策への位置づけ、支援制度の充実等が必要である。

4 業務遂行に当たり必要となる要点・留意点

4.1 技術者倫理の観点から必要となる要点・留意点

技術者倫理の観点から必要となる要点は、公衆の安全、健康及び福利の最優先である。留意点は、中立公正の立場、継続研さん、若手技術者の育成等である。

4.2 社会の持続可能性から必要となる要点・留意点

社会の持続可能性から必要となる要点は、地球環境

保全、SDGsの達成、CO_2排出量の削減等である。留意
点は、地域の環境保全、生態系の保全、地域の歴史・
文化の尊重、DX及びGXの推進等である。　　　以上

●裏面は使用しないで下さい。　●裏面に記載された解答案は無効とします。　（SN・コンサルタント）24字×74行

論文作成の思考プロセス

■設問（1）建設分野におけるCO_2排出量削減等の課題

○課題1：省エネ・再エネの拡大（省エネ・再エネの観点）
・2050年カーボンニュートラル宣言、2030年排出量46%削減目標が掲げられている。
○課題2：グリーンインフラの活用（グリーンインフラの観点）
・都市緑化の推進
・雨水貯留機能の強化
・自然環境の多様な機能を活用
○課題3：ライフサイクル脱炭素化を推進（$LCCO_2$の観点）
・インフラ長寿命化
・CO_2吸収型コンクリートなど低炭素素材や工法の活用

■設問（2）最も重要と考える課題1つ、その課題に対する複数の解決策

※3つの課題のうち、この課題を最も重要と考えた理由を述べておくこと。

「省エネ・再エネの拡大」はCO_2排出量削減に大きく寄与することができる。
①住宅・建築分野における省エネ基準適合の推進
・住宅の長寿命化の推進、省エネ基準（ZEH・ZEB基準）の適合
②木造建築物の普及拡大
・CLT（直交集成材）など新たな部材活用、中高層住宅等への木造技術の普及と設計者の育成。
③再生可能エネルギーの導入
・インフラ等を活用した太陽光発電、下水道バイオマス発電、小水力発電等の地域再生エネの導入。

■設問（3）設問（2）で示した全ての解決策を実行しても新たに生じうるリスクとそれへの対応策

※解答者の問題意識を自分の言葉で述べることができるとよい。論文のオリジナル性や説得力が高まる

①2050年の電源構成比は明示されていない。再生エネや原子力の比率はどうなるか、国民理解は得られるか、というリスクがあり、説明責任を果たすことが必要。
②再生エネのコストのスピード感を持った低減が必要。FIT制度の調達価格は年々低減して設定されているが、支援制度の充実が必要。

■設問（4）設問（1）～（3）を業務で遂行するに当たり、技術者倫理、社会の持続性の観点からの要点・留意点

①技術者倫理の観点からの要点・留意点
・要点　：公衆の安全、健康及び福利の優先
・留意点：中立公正の立場、継続研さん、若手技術者の育成等
②社会の持続性の観点からの要点・留意点
・要点　：地球環境保全、SDGs、CO_2排出量の削減
・留意点：地域の環境保全、生態系ネットワークの保全、DX及びGXの推進等

令和5年度技術士第二次試験問題Ⅰ-1

次の２問題（Ⅰ-1、Ⅰ-2）のうち１問題を選び解答せよ。（解答問題番号を明記し、答案用紙３枚を用いてまとめよ。）

設問 1

今年は1923（大正12）年の関東大震災から100年が経ち、我が国では、その間にも兵庫県南部地震、東北地方太平洋沖地震、熊本地震など巨大地震を多く経験している。これらの災害時には地震による揺れや津波等により、人的被害のみでなく、建築物や社会資本にも大きな被害が生じ復興に多くの時間と費用を要している。そのため、将来発生が想定されている南海トラフ巨大地震、首都直下地震及び日本海溝・千島海溝周辺海溝型地震の被害を最小化するために、国、地方公共団体等ではそれらへの対策計画を立てている。一方で、我が国では少子高齢化が進展する中で限りある建設技術者や対策に要することができる資金の制約があるのが現状である。

このような状況において、これらの巨大地震に対して地震災害に屈しない強靭な社会の構築を実現するための方策について、以下の問いに答えよ。

（1）将来発生しうる巨大地震を想定して建築物、社会資本の整備事業及び都市の防災対策を進めるに当たり、技術者としての立場で多面的な観点から３つ課題を抽出し、それぞれの観点を明記したうえで、課題の内容を示せ。

（2）前問（1）で抽出した課題のうち、最も重要と考える課題を１つ挙げ、その課題に対する複数の解決策を示せ。

（3）前問（2）で示したすべての解決策を実行しても新たに生じうるリスクとそれへの対策について、専門技術を踏まえた考えを示せ。

（4）前問（1）～（3）を業務として遂行するに当たり、技術者としての倫理、社会の持続性の観点から必要となる要点・留意点を述べよ。

解答 1

○受験番号、答案使用枚数、選択科目及び専門とする事項の欄は必ず記入すること。

1. 社会資本整備・都市の防災対策への課題

1.1 社会インフラ・建築物の耐震化の遅れ

　地震規模と被害想定は適宜見直しがされ、それに伴って社会インフラ、建築物の耐震化は行われている。だが、予算や施工能力等の問題から計画の進みは遅い。また社会インフラ等の多くは老朽化も懸念される。構造物の観点から、社会インフラ等、耐震化対策を加速して実施していかなければならない。

1.2 社会インフラ・施設・住民居住地の移転

耐震化を行っても被害を全て免れることはできない。津波による浸水や土砂災害等の危険な地域に居住しており、社会インフラ等の施設がある。まちづくりの観点から、被害を受けにくく、復旧・復興し易いまちづくりを計画的に考えていかなければならない。

1.3 被災後の救援活動等の遅れ

巨大地震の発生後は早期の救援活動が重要である。被災後には通信手段や交通手段も分断され、通常の緊急体制が確保できない。被災後の救援活動の観点から、被災後におけるソフト対策の充実を図っていかなければならない。

2. 最も重要な課題とそれへの解決策

最も重要と考える課題は、被災後の救援活動等の遅れである。人命第一の救援、そして一日も早い復旧を行うための解決策を以下に挙げる。

2.1 救援体制の確保

地域における地震時防災計画は最新の情報を基に防災マップ等、バージョンアップを行うことが重要である。必要資機材・通信環境・備蓄等、防災設備の見直しを行い、対策本部となる庁舎が被災した場合も想定し、被害が少ない代替庁舎の確保も考える。

2.2 災害応急活動（訓練）の実施

防災計画に基づく対応が円滑に行われるよう、市町村だけではなく関係機関の連携を確認するために合同訓練を定期的に実施する。緊急航路啓開の輸送訓練等、海上からの緊急物資輸送を行うなど、防災拠点等応急復旧訓練を海・陸の隔てなく機動力を活かすことも考える。

2.3 被災後の二次災害の抑制

被害後は早急に救援活動が行える状態を確保する。災害時のがれき・土砂撤去は市町村が一括撤去できるスキームを構築し、仮置き場については公園等を活用するように自治体への周知を行うとともに、被災した建築物の倒壊や外壁・窓ガラスの落下等を防止するために危険度の判定を行う。

2.4 サプライチェーンの多元化

救援・復旧のために支援物資供給を確保する。道路を使用可能にするために国土幹線道路ネットワークを構築しており、それを最大限利用するとともに、海上及び航空ネットワークにおける発災時の利用可能性を確認する。緊急物資輸送、救急・救命活動等の拠点機能を確保し、陸海空が連携を図って強靭な物流システム、サプライチェーンの多元化を構築する。

3. 新たなリスクとそれへの対応

新たなリスクは被災時に対応する人材の不足が挙げられる。被災後は人海戦術となるが、地方公共団体では人員の確保が難しい状況である。

対応策はデジタル等の新技術の活用である。初動対応への備えとして、人工衛生、ドローン、AI等を活用し、発災後の道路被害状況や土砂移動箇所の自動判読により土砂災害を早期に効率的に把握する。地震時地震災害推計装置による地盤災害の発生可能性の推計や電子基準点リアルタイム解析システムによる地殻変動量の算出等を用い、迅速な応急対策や復旧・復興支援を推進する。国土交通データプラットフォーム等を活用した防災施策の推進を図る。これらを実行に移すためにも国が中心となって防災・減災プロジェクトを推進しなければならない。

4. 業務遂行にあたり要点・留意点

技術者としての倫理の観点から、国民の安全・安心、財産を守るという方針を基に、論理的な分析や公正な判断を行い公益確保に努めて業務を遂行する。公平性と透明性の確保、国民への丁寧な説明が必要である。社会の持続性の観点から、SDGsの考えに基づき地球温暖化対策としてカーボンニュートラル等、地球環境を第一に考えて業務に取組まなければならない。　以上

●裏面は使用しないで下さい。　●裏面に記載された解答案は無効とします。　（YM・鉄道保守会社）24字×75行

論文作成の思考プロセス

防災・減災プロジェクトとして取り組んでいること

（ハード対策）・住宅・基幹インフラ等の耐震化　・緊急輸送道路、無電柱化
・危険密集市街地の解消　・復興まちづくり計画　・土砂災害対策
・津波避難施設の整備　・国土幹線道路ネットワークの構築
（ソフト対策）・代替庁舎（バックアップ）の確保　・防災マップの作成
・帰宅困難者の発生（受入関連設備の整備促進）　・長周期地震動の影響
・地震被災後の二次的な災害　・被災者向け住宅等の供給体制の整備
・災害時のがれき、土砂撤去の支援　・港湾、空港の業務継続計画
・災害応急活動　サプライチェーンの多元化　等

↓

最も重要な課題と複数の解決策をどうするか　設問（2）最も重要な課題と解決策

・最も重要な課題　「被災後の救援活動等の遅れ」としての解決策
①救援体制の確保　地震時防災計画、防災マップ、防災設備の見直し、代替庁舎
②災害応急活動（訓練）の実施　関係機関の連携、合同訓練、緊急物資輸送
③被災後の二次災害の抑制
がれき・土砂撤去のスキーム、仮置き場、危険度の判定
④サプライチェーンの多元化
国土幹線道路ネットワーク、陸海空の連携、強靭な物流システム

↓

設問（1）3つの課題

①社会インフラ・建築物の耐震化の遅れ（構造物という観点）
②社会インフラ・施設・住民居住地の移転（まちづくりという観点）
③被災後の救援活動等の遅れ（救援活動という観点）　最も重要な課題

↓

設問（3）で書く内容をどうするか

・新たなリスク　被災時の人材不足
・対応策　デジタル等の技術の活用
人工衛星、ドローン、AI等、道路被災状況・土砂移動箇所の自動判別　等

↓

設問（4）で書く内容をどうするか

・技術者としての倫理　論理的な分析と公正な判断、公衆の利益、公平性・透明性
・社会の持続性　SDGsの考え、地球温暖化対策、カーボンニュートラル

［参考文献］『総力戦で挑む防災・減災プロジェクト』　国土交通省

解答 2

○受験番号、答案使用枚数、選択科目及び専門とする事項の欄は必ず記入すること。

1. 巨大地震対策を進めるうえでの課題

1.1 国土強靭化の推進（観点：技術面）

関東大震災時には火災により多くの被害が発生した。大都市をはじめとした密集市街地は空き地が少なく、道路も狭小で老朽化した木造建築物が密集していることから、大規模地震による火災が発生した際には延焼しやすいことと、緊急車両の進入が困難になることなどが懸念されている。

このため、技術面の観点から防災減災を多面的に組み合わせて国土強靭化を推進する必要がある。

1.2 危機管理対策の強化（観点：ソフト面）

災害発生により交通機能が長期にわたり損なわれると社会経済活動に大きな影響が生じることから、交通ネットワークの多重性、代替制の確保など交通や物流機能の確保を図る必要がある。

また、高齢者等の災害弱者を中心に被災するケースがなくならない。災害弱者の増加、防災意識の低下や災害情報の提供遅れなどに対して災害関連情報の高度化（防災情報、災害情報、気象情報など）を推進し、危機管理対策を強化する必要がある。

1.3 限られた財源で対策を推進（観点：コスト面）

人口減少による税収不足や高齢者の増加による社会保障費の増大など、財政は厳しい状況である。このため、生産性向上や新技術活用などによりコスト縮減を図り、限られた財源で対策を推進する必要がある。

2. 最重要課題と解決策

2.1 最重要課題とその理由

最重要課題は、国土強靭化の推進である。その理由は、国民が安心、安全に生活できる社会の形成が最も重要であるためである。

2.2 解決策

2.2.1 地震、津波災害リスクの低減

基幹インフラなどの重要構造物、住宅等の耐震化、液状化対策を推進する。

また、津波対策については、堤防の粘り強い構造化を推進する。

密集市街地の整備改善については、避難路を確保するための道路や公園の整備、老朽建築物などの除却・建て替えなどのハード対策の推進と防災マップの作成などのソフト対策を促進する。

2.2.2 強靭なネットワーク整備

高規格道路のミッシングリンク解消及び4車線化、高規格道路と直轄国道とのダブルネットワーク化、法面対策、無電柱化などを推進する。また、港湾及び空港施設構造物の耐震化、下水道施設の耐震化などを進めていく。

2.2.3 デジタルなどの新技術を活用した防災施策推進

大規模災害時に被害状況の迅速な把握とその冗長化を図るため、新型ドローンの活用、AIによるカメラ画像の自動判読、浸水範囲等の自動抽出ツールの実装など、デジタル技術の積極的な活用を図る。

3．新たに生じうるリスクとそれへの対策

3.1 新たに生じうるリスク

対策の推進に伴い、安全、安心な社会の形成が進むと住民意識が低下し、避難しない住民が生じ被災する恐れがある。

3.2 それへの対策

対策の進捗に合わせてハザードマップなどの改訂を行い、住民への周知を徹底するとともに、避難訓練を実施し、住民意識の維持・向上を図っていく。

4．業務遂行にあたり必要となる要点、留意点

4.1 技術者倫理の観点から必要となる要件、留意点

業務遂行に当たり公益確保の観点から公衆の安全、健康、福利を最優先する。留意点は、基幹インフラなどの施設の整備や耐震化において、長期間安全に利用できるよう適切に維持管理する。

4.2 社会の持続性から必要となる要件、留意点

地球環境の保全など、将来の世代にわたり持続可能な社会の実現に向けて、環境・経済・社会・技術のバランスを考慮した社会資本整備の推進である。

留意点は、現在及び将来世代の利益のために例えば、

イ	ン	フ	ラ	構	造	物	の	長	寿	命	化	と	廃	棄	物	の	減	少	を	図	り	、	環
境	負	荷	の	低	減	に	努	め	る	な	ど	、	予	見	し	う	る	様	々	な	環	境	へ
の	影	響	を	可	能	な	限	り	最	小	化	す	る	こ	と	で	あ	る	。			以	上

●裏面は使用しないで下さい。　●裏面に記載された解答案は無効とします。　（SK・コンサルタント）24字×74行

論文作成の思考プロセス

今回の論文で取り上げるテーマは「巨大地震に屈しない強靭な社会の構築」である。
「総力戦で挑む防災・減災プロジェクト（令和5年6月）」を参考に作成する。

- 現在でも大規模地震災害時に著しく危険な密集市街地が存在しているため整備改善が必要
- 災害からの速やかな復旧・復興には復興事前準備の取組が重要
- 首都圏都市部での災害を中心に帰宅困難者の発生が懸念
- 被害状況把握は現地パトロールなどに頼っているため、大規模災害時の情報収集に課題
- 行政が保管する図面情報の多くがアナログデータであり、災害復旧時の活用に課題
- 目視で把握できない災害リスクが多いため、手法の高度化によるリスクの把握/対策が必要

↓

設問（1）課題（観点）3つ

問題文に記載されている「技術者の立場で多面的な観点」を意識して、幅広い分野から課題を抽出する。
①国土強靭化の推進（観点：技術面）
②危機管理対策の強化（観点：ソフト面）
③限られた財源で対策を推進（観点：コスト面）

↓

設問（2）最重要課題と複数の解決策の考え方：問題文の「巨大地震に対して地震災害に屈しない強靭な社会の構築」を重視して最重要課題と解決策を決める。

- 最重要課題と理由：課題①国土強靭化の推進、理由は安全・安心の確保を記述する。
- 解決策：参考資料に記載された施策から「国土強靭化」に関するものを選択し記述する。
  ①地震、津波災害リスクの低減
  ②強靭なネットワーク整備
  ③デジタル等の新技術を活用した防災施策推進

↓

設問（3）すべての解決策を実行しても新たに生じうるリスクとその対策の考え方

- 新たに生じるリスクは、安全、安心が確保されることによる住民意識低下を取り上げる。
- 対策は専門技術を意識し、ハザードマップ改訂、住民周知、避難訓練等を記述する。

↓

設問（4）技術士倫理綱領（日本技術士会）に基づき記述する。
留意点は、出題内容に関する具体的な取組みにおいて配慮すべきことを記述すること。

- 技術者としての倫理：公益確保、公衆の安全、健康、福利の最優先を記述する。
- 社会の持続性：環境・経済・社会への影響を低減することを記述する。

令和5年度技術士第二次試験問題Ⅰ-2

次の2問題（Ⅰ-1、Ⅰ-2）のうち1問題を選び解答せよ。（解答問題番号を明記し、答案用紙3枚を用いてまとめよ。）

設問 1

我が国の社会資本は多くが高度経済成長期以降に整備され、今後建設から50年以上経過する施設の割合は加速度的に増加する。このような状況を踏まえ、2013（平成25）年に「社会資本の維持管理・更新に関する当面講ずべき措置」が国土交通省から示され、同年が「社会資本メンテナンス元年」と位置づけられた。これ以降これまでの10年間に安心・安全のための社会資本の適正な管理に関する様々な取組が行われ、施設の現況把握や予防保全の重要性が明らかになるなどの成果が得られている。しかし、現状は直ちに措置が必要な施設や事後保全段階の施設が多数存在するものの、人員や予算の不足をはじめとした様々な背景から修繕に着手できていないものがあるなど、予防保全の観点も踏まえた社会資本の管理は未だ道半ばの状態にある。

（1）　これからの社会資本を支える施設のメンテナンスを、上記のようなこれまで10年の取組を踏まえて「第2フェーズ」として位置づけ取組・推進するに当たり、技術者としての立場で多面的な観点から3つ課題を抽出し、それぞれの観点を明記したうえで、課題の内容を示せ。

（2）　前問（1）で抽出した課題のうち、最も重要と考える課題を1つ挙げ、その課題に対する複数の解決策を示せ。

（3）　前問（2）で示したすべての解決策を実行しても新たに生じうるリスクとそれへの対策について、専門技術を踏まえた考えを示せ。

（4）　前問（1）～（3）を業務として遂行するに当たり、技術者としての倫理、社会の持続性の観点から必要となる要点・留意点を述べよ。

解答 1

○受験番号、答案使用枚数、選択科目及び専門とする事項の欄は必ず記入すること。

1. 社会資本メンテナンス第2フェーズの課題

1.1 地域インフラ群再生戦略マネジメントの推進

　地域の将来像遵守の観点から、市区町村が抱える課題や社会情勢の変化を踏まえ、広域的な視点でインフラの機能を検討していくことが、喫緊の課題である。また、複数・多分野の施設を群として捉え、予防保全型管理を確立し実効性を高めていくことが必要である。

1.2 地域インフラ群再生に必要な市区町村体制構築

市区町村の体制整備・構築の観点から、戦略マネジメントの展開に必要な人員や予算を、市区町村に対して支援していくことが必要である。さらに、メンテナンスの生産性の向上を通じてインフラ施設の機能・性能を維持し国民・市民の信頼の獲得が重要である。

1.3 生産性の向上に資する新技術の活用推進

新技術の開発・導入の観点から、複数・広域・多分野のインフラ施設を群として捉える戦略マネジメントの展開が必要である。また、建設業以外の異業種等の参画により、前例がない技術の活用促進、イノベーション、体制構築が必要である。

2. 最も重要と考える課題とそれに対する解決策

2.1 最も重要と考える課題

私が最も重要と考える課題は、生産性の向上に資する新技術の活用推進である。これを、最も重要な課題として考えた理由は、メンテナンスの生産性の向上に繋がり、国民・市民からの信頼を引き続き獲得することができるためである。

2.2 最も重要と考える課題に対する複数の解決策

2.2.1 メンテナンス産業の生産性向上の新技術の活用

従来から実施してきた点検・診断に加え、補修・修繕・更新工事の効率化・高度化のため、新技術の開発・現場での実装促進が必要である。また、構造物の異常を予兆段階から検知する新技術、予防保全に関する研究・開発の推進が必要である。また、新技術開発を通じ更なる定期点検の効率化・高度化が必要である。

2.2.2 AI・新技術等の活用を見据えた体制の構築

オープンイノベーションを通じてニーズに即した研究開発の推進が必要である。さらに、建設業に加えAIやデータ等を扱う企業など建設業以外の異業種や民間団体等様々な主体が参画可能なメンテナンスの実施体制の構築が必要である。

2.2.3 インフラ将来維持管理・更新費の見える化推進

2巡目以降の点検結果を踏まえ、施設整備費用、維持管理費用、劣化予測等を実績値と比較することで、将来の点検・診断の精度を高める施策の展開が必要である。また、予防保全型メンテナンスへの転換、新技術などの導入、将来推計の実施による施策効果の見える化の推進が重要である。

3. 解決策を実行しても新たに生じうるリスクと対策

3.1 解決策を実行しても新たに生じうるリスク

　解決策を実行しても新たに生じうるリスクは、コストがかかること、専門技術者が不足することである。

3.2 解決策を実行しても生じうるリスクへの対策

　コストがかかることへの対策は、補助事業・モデル事業の実施などである。また、ＰＦＩ、ＰＰＰなど民間資金の活用、施策に同意する市民から出資を募るクラウドファンディングなどがある。

　専門技術者が不足することへの対策は、異業種からの人材の新規雇用、退職したベテラン技術者の再雇用、現在建設業界で働いていない女性、外国人、非正規労働者等の新規雇用などである。

4. 業務遂行に当たり必要となる要点・留意点

4.1 技術者倫理の観点から必要となる要点・留意点

　技術者倫理の観点から必要となる要点は、技術士倫理綱領の遵守、安全・健康・福利の優先である。

　技術者倫理の観点から必要となる留意点は、信用の保持、真実性の確保、公正かつ誠実な履行、秘密情報の保護などである。

4.2 社会持続性の観点から必要となる要点・留意点

　社会の持続性の観点から必要となる要点は、地球環境保全、将来世代にわたる持続可能な社会の実現、環境・経済・社会に与える負の影響の低減、地球温暖化防止、ＳＤＧs目標の達成などである。

　社会の持続性の観点から必要となる留意点は、地域の自然環境の保全、地域の歴史・文化の保全、継続研鑽・人材育成などである。　以上

●裏面は使用しないで下さい。　●裏面に記載された解答案は無効とします。　（KN・コンサルタント）24字×75行

論文作成の思考プロセス

取り上げるテーマは、社会資本整備のメンテナンスの第２フェーズの取組・推進である。

社会資本整備における施設メンテナンスの第2フェーズ取組みを考える場合には、国土交通省の施策に準拠する必要がある。

- 国土交通省の施設メンテナンスの第2フェーズ施策は、国土交通省のキーワードを使用して記述しなければならない。
- 国土交通省の施設メンテナンスの第2フェーズ施策は、第１フェーズとの差異を意識して記述する必要がある。

↓

設問（1）の施設メンテナンス第2フェーズの取組み推進の課題とその内容をどう表現するべきか？

- 最初に、第2フェーズに関する観点を考えよう。その観点を目次の中か、文章の最初の部分に記載しよう。
- 観点は、課題と同じようなキーワードにしよう。課題と同じにしておけば、読む人にすぐに理解してもらえる。
- 第2フェーズの取組みについては、国土交通省の「地域インフラ群再生戦略マネジメント」に準拠して記述しよう。
- 具体的な項目は、次の3項目にしよう。

観点及び課題（1）

- 地域の将来像遵守の観点から、地域インフラ群再生戦略マネジメントの推進、の課題を提示しよう。

観点及び課題（2）

- 市区町村の体制整備・構築の観点から、地域インフラ群再生に必要な市区町村体制の構築、の課題を提示しよう。

観点及び課題（3）

- 新技術の開発・導入の観点から、生産性の向上に資する新技術の活用推進、の課題を提示しよう。

設問（2）の最も重要と考える課題を何にするか？また、選定した理由を書いた方が良いのではないか？

- 設問（2）で書く内容は、（1）で挙げた３つの観点及び課題の中から、１つを選定しなければならない。また、選定した理由についても、書く方が合理的であり、得点も高くなる。
- 最も重要と考える課題とそれに対する複数の解決策を書くので、その解決策に目次項目とすることにする。
- 最も重要と考える課題を、課題3の循環型社会の形成を選定しよう。
- それに対する複数の解決策として、（1）循環経済の推進、（2）建設廃棄物・下水汚泥の有効活用、（3）建設リサイクル推進の着実な履行、を挙げることにしよう。

設問（3）の解決策を実行しても新たに生じうるリスクとそれへの対策で書く内容をどうするか？

- 解決策を実行しても新たに生じうるリスクは、コストがかかること、専門技術者が不足することなどを挙げよう。
- コストがかかることへの対策は、公共事業として補助金や助成金を活用すること、PFI・PPPなど民間資金を活用することなどを記述しよう。
- 専門技術者のが不足することへの対策は、他の業界から人材を雇用すること、現在建設業界で働いていない女性・高齢者・障害者等を積極的に雇用することを、記述しよう。

設問（4）の業務として遂行するに当たり必要となる要点・留意点で書く内容をどうするか？

- 業務として遂行するに当たり必要となる要点・留意点を、4.1技術者倫理の観点から必要となる要点・留意点、4.2社会の持続性の観点から必要となる要点・留意点という目次項目を作成して書くことにしよう。
- 必要となる要点・留意点を鮮明にするためには、この順番を守り、この用語を主語にした文章を書いた方が、分かり易く減点が少ない論文になるのではないか。
- 4.1技術者倫理の観点から必要となる要点・留意点では、要点の方に技術士倫理綱領の遵守をまず記述しよう。
- 日本技術士会の技術士倫理綱領は、令和5年3月に改訂され最初の項目に安全・健康・福利が規定されたことに注意しよう。
- 技術者倫理から必要となる留意点には、信用の保持、真実性の確保、公正かつ誠実な履行、秘密情報の保護などを記述しよう。
- 4.2社会持続性の観点から必要となる要点・留意点では、要点の方に、地球環境の保全、将来世代にわたる持続可能な社会の実現、環境・経済・社会に与える負の影響の軽減、地球温暖化防止、ＳＤＧs目標の達成などを記述しよう。
- 社会持続性の観点から必要となる留意点では、地域の自然環境の保全、地域の歴史・文化の保全、継続研さん・人材育成、などを記述しよう。

解答 2

○受験番号、答案使用枚数、選択科目及び専門とする事項の欄は必ず記入すること。

1. 社会資本等の整備事業及び都市防災推進の課題

1.1 防災対策等のコスト縮減（経済性の観点）

将来発生しうる巨大地震を想定して社会資本等の整備事業及び都市防災対策を推進するためには、多くの資金が必要となる。従って、経済性の観点から、これら整備事業及び都市防災対策を着実に推進するためのコスト縮減が課題である。

1.2 熟練技術者雇用拡大の推進（人財確保の観点）

これまで社会資本等の整備事業及び都市の防災対策は、熟練技術者により着実に推進されてきた。熟練技術者が有する防災対策等に関する高度な技術（以下高度化技術と言う）は、熟練技術者によるOJT等により維持継承されてきた。

しかし、多くの熟練技術者は、高齢化に伴い大量に退職している。従って、人財確保の観点から、熟練技術者の雇用拡大の推進が課題である。

1.3 高度化技術の円滑な移行（人的資源管理の観点）

熟練技術者が有する高度化技術は暗黙知であるため、若手技術者への円滑な移行が困難である。従って、人的資源管理の観点から、熟練技術者が有する高度化技術を、円滑に若手技術者へ移行することが課題である。

2. 最も重要な課題及び課題解決策

2.1 最も重要な課題

最も重要と考える課題は、高度化技術の円滑な移行である。その理由は、熟練技術者が有する高度化技術が、社会資本等の整備事業及び都市の防災対策を着実に推進するためには必要不可欠であり、その円滑な移行が喫緊の課題であるからである。

2.2 最も重要と考える課題に対する複数の解決策

（1）熟練技術者の雇用拡大の推進：退職した熟練技術者の再雇用を促進する。さらに、退職した熟練技術者を講師に迎え、若手技術者を技術指導するOJTの場を設け、彼らが有する高度化技術の維持継承を図る。

（2）ナレッジマネジメントの活用と普及：退職した熟

練技術者が有する暗黙知高度化技術を、ナレッジマネジメントを活用して形式知に変換し、若手技術者への円滑な高度化技術の移行を図る。さらに、高度化技術を標準化・マニュアル化した施工標準書を活用して、若手技術者への円滑な高度化技術の移行を図る。
(3) 新技術の開発及び普及：熟練技術者の高度化技術に頼らない、社会資本等の整備事業及び都市の防災対策を着実に推進するために、ICT、AI等の新技術を開発し、これら新技術を、モデル化事業での実装を通して普及させる。

3. 新たに生じうるリスクとそれへの対策

3.1 新たに生じうるリスク

熟練技術者の活用及びナレッジマネジメントの活用による課題解決策は、何れも机上での高度化技術の維持継承である。また、新技術を開発しても、その技術開発や技術開発後の改良のためには、高度化技術が必須である。しかし、本課題解決策を適用した場合、高度化技術の習得や維持継承するための災害現場等が完全に消滅してしまう。従って、新たなリスクとして、最も重要な災害現場等での高度化技術の習得や維持継承が図れないと言うことが挙げられる。

3.2 懸念事項への対策

(1) VRの活用：VRを活用し、若手技術者に仮想空間で災害現場等での経験を体現させる。これにより、災害現場等現場で培われてきた高度化技術を、若手技術者に維持継承させる。
(2) 教育訓練の強化：災害現場等を模擬した訓練施設の構築や3Dプリンタを活用して製作した精密な防災対策等の模型を教材として、若手技術者に災害現場等に近い施設での教育訓練を行う。この教育訓練の強化を通じて、若手技術者の高度化技術の習得や維持継承を図る。

4. 技術者倫理と社会の持続性からの要点・留意点

4.1 技術者としての倫理：本業務を遂行するに当たり、社会全体の便益を第一に考え行動し、併せて常に社会的便益を業務遂行のための判断基準とすることが留意点である。

4.2 社会の持続性：本業務は、社会の持続性の観点から、限りある熟練技術者や対策に要することができる資金の制約がある。従って、業務を効率的及び効果的に推進することが要点である。　以上

●裏面は使用しないで下さい。　●裏面に記載された解答案は無効とします。　(SN・特殊法人) 24字×75行

論文作成の思考プロセス

取り上げるテーマは、将来発生しうる巨大地震を想定して建築物、社会資本の整備事業及び都市の防災対策を推進するための課題である。
- 上記対策の推進を考えるためには、国土交通省の「社会資本重点整備計画」等に準じて記述しなければならない。

↓

設問(1)の社会資本の整備事業及び都市の防災対策を推進するための課題とその内容をどう表現するべきか？
- 最初に、国土交通省の「社会資本重点整備事業」等に規程されている重点的な取組みに関する観点を決めよう。観点を決めたら、自ずと課題が表現できる。
- 観点は、課題と同時に目次項目の中で、表現すると良いのではないか。目次項目に入れておけば、それを見落とす心配がなくなるので、一石二鳥である。

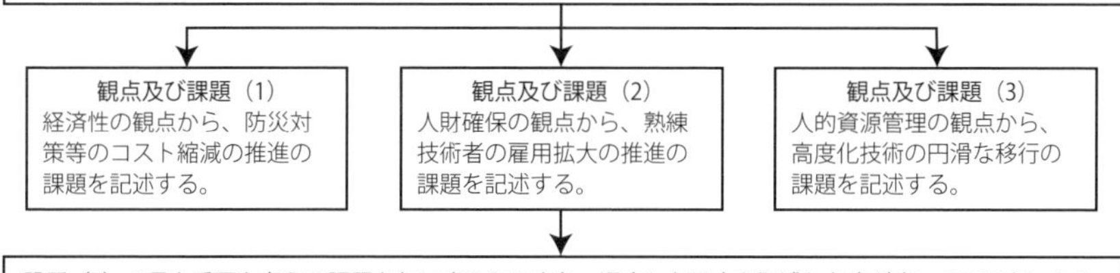

↓

設問 (2) の最も重要と考える課題を何にするか？また、選定した理由を記述した方が良いのではないか？
- 設問 (2) で記述する内容は、設問 (1) で挙げた 3 つの観点及び課題の中から、1 つを選定しなければならない。また、選定した理由についても記述する方が合理的であり、高い評価が得られる。
- 最も重要と考える課題とそれに対する複数の解決策を記述するので、その解決策を目次項目とすることにする。
- 最も重要と考える課題として、課題 (3) の高度化技術の円滑な移行を選定しよう。
- 課題 (3) に対する複数の解決策として、(1) 熟練技術者の雇用拡大の推進、(2) ナレッジマネジメントの活用と普及、及び (3) 新技術の開発及び普及を挙げることにしよう。

↓

設問 (3) のすべての解決策を実行して新たに生じるリスクとそれへの対策を、専門技術を踏まえて記述する内容をどうするか？
- 全ての解決策を実行しても新たに生じるリスクとして、最も重要な災害現場等での高度化技術の習得や維持継承が図れないことを挙げよう。

↓

設問 (4) の業務を遂行するに当り、技術者としての倫理、社会の持続性の観点から必要となる要点・留意点で記述する内容をどうするか？
- 技術者倫理から必要となる留意点として、社会全体の便益を第一に考え行動し、併せて常に社会的便益を業務遂行のための判断基準とすることを挙げよう。
- 社会の持続性から必要となる要点として、限りある熟練技術者や対策に要することができる資金の制約を考慮して、業務を効率的及び効果的に推進することを挙げよう。

予想問題　社会資本整備

設問 1

令和３年５月28日に第５次社会資本整備重点計画が閣議決定された。同計画は、真の豊かさを実感できる社会を構築するため、①防災・減災が主流となる社会の実現、②持続可能なインフラメンテナンス、③持続可能で暮らしやすい地域社会の実現、④経済の好循環を支える基盤整備、⑤インフラ分野のDX、⑥インフラ分野の脱炭素化等による生活の質の向上、という６つの短期的目標を掲げている。

また、当該計画の実効性を確保する方策として、①地方ブロックにおける社会資本整備重点計画の策定、②多様な効果を勘案した公共事業評価等の実姉、③政策間連携、国と地方公共団体の連携の強化、④社会資本整備への多様な主体の参画と透明性・公平性の確保、等が挙げられている。

こうした背景を踏まえて、我が国の社会資本のストック効果の最大化が必要不可欠となっていることを踏まえて、以下の問いに答えよ。

（1）　我が国における社会資本のストック効果の最大化に関して、技術者としての立場で多面的な観点から３つ課題を抽出し、それぞれの観点を明記したうえで、課題の内容を示せ。

（2）　前問（1）で抽出した課題のうち最も重要と考える課題を１つ挙げ、その課題に対する複数の解決策を示せ。

（3）　前問（2）で示したすべての解決策を実行しても新たに生じうるリスクとそれへの対策について、専門技術を踏まえた考えを示せ。

（4）　前問（1）～（3）を業務として遂行するに当たり、技術者としての倫理、社会の持続性の観点から必要となる要点、留意点述べよ。

○受験番号、答案使用枚数、選択科目及び専門とする事項の欄は必ず記入すること。

1 社会資本のストック効果の最大化の観点及び課題

1.1 既存施設の効果等の見える化推進の課題

　既存施設の効果等の見える化の推進の観点から、ストック効果の最大化が重要である。また、既存施設整備等の費用対効果分析の公表、付加施設による効果の増大等の見える化が必要である。併せて老朽化したインフラの補修・補強等予防保全的管理の見える化が、トータルコスト縮減・平準化の観点から重要である。

1.2 既存施設の使い方工夫と運用管理の課題

　既存施設の使い方工夫の観点から、ストック効果の最大化の推進、当該施設の使用状況を再確認し、賢く使う運用管理の推進が必要である。さらに、既存施設を賢く使うため、既存施設の機能の最大化、既存施設の機能強化・高度化・多機能化の推進が重要である。

1.3 社会資本のマネジメントの推進の課題

既存施設のマネジメントの観点から、既存ストック効果の最大化、既存施設の効率的、効果的なマネジメント、選択と集中の推進が必要である。社会資本毎の選択と集中を図るため、施設の使われ方、近隣の施設の分布状況等を明確にしたマネジメントの推進が必要である。

2 最も重要と考える課題及び複数の解決策

私が最も重要と考える観点及び課題は、既存施設の使い方工夫と運用管理である。その理由は、今後の財政上の制約で新設が困難となる中で既存施設の再開発等で、効率的な維持管理が可能となるからである。

2.1 既存施設の見直しと整備効果早期発現の解決策

既存施設の役割や機能を見直すことで、少しの整備で大きな効果を発現することが可能になる。また、既存施設の使い方の工夫、例えば既設の飛行場で飛行形態を見直すことで施設利用率を向上させるなど運用管理の工夫で、大きな効果を上げることが可能である。

2.2 既設ストックの投資効果の早期発現の解決策

既存施設に不足している部分を若干補足することで、整備効果が大幅に向上できる場合がある。例えば、環状道路の未開通区間の早期整備等である。また、長距離輸送で重要港湾への運搬を、短距離の幹線道路整備で輸送費を大幅に縮減できることがある。このように、整備効果を早期に発現できるものから優先的に投資をを行うなどの工夫が重要である。

2.3 既存施設の運用管理等マネジメント推進の解決策

既存施設を効果的かつ効率的に活用し、予防保全的管理の実現のため、ストックマネジメントの推進が必要である。併せて、既存施設の維持管理に当たっては、合理的な判断の下で選択と集中を行い、投資の縮減を図ることが重要である。維持管理における民間資金の活用、民間技術者の活用等の工夫も重要である。

3 解決策を実行しても生じうるリスクとそれへの対策

3.1 解決策を実行しても新たに生じうるリスク

解決策を実行しても新たに生じうるリスクは、コストがかかること、専門技術者が不足することである。

3.2 解決策を実行しても生じうるリスクへの対策

コストがかかることに対する対策は、公共事業として補助事業・モデル事業として実施することなどである。また、PFI、PPPなど民間資金の活用、施策に同意する市民から出資を募るクラウドファンディングなどがある。

専門技術者が不足することに対する対策は、異業種からの人材の新規雇用、退職したベテラン技術者の再雇用、現在建設業界で働いていない女性、外国人、非正規労働者等の新規雇用などである。

4 業務遂行に当たり必要となる要点・留意点

4.1 技術者倫理の観点から必要となる要点・留意点

技術者倫理の観点から必要となる要点は、技術士倫理綱領の遵守、安全・健康・福利の優先である。

技術者倫理の観点から必要となる留意点は、信用の保持、真実性の確保、公正かつ誠実な履行、秘密情報の保護などである。

4.2 社会持続性の観点から必要となる要点・留意点

社会の持続性の観点から必要となる要点は、地球環境保全、持続可能な社会の実現、環境・経済・社会に与える負の影響の低減、地球温暖化防止などである。

社会の持続性の観点から必要となる留意点は、地域の自然環境の保全、地域の歴史・文化の保全、継続研鑽・人材育成などである。

以上

●裏面は使用しないで下さい。　●裏面に記載された解答案は無効とします。　(KN・コンサルタント) 24字×75行

論文作成の思考プロセス

取り上げるテーマは、社会資本ストック効果の最大化である。

ストック効果を考える場合には、既存施設即ち既存インフラの有効利用を第一に考える必要がある。

・既存ストックを含めてインフラのストック効果の最大化は、国土交通省の施策に準じて記述しなければならない。

・具体的には、ストック効果の最大化に向けて（社会資本整備審議会の答申書）に準拠して記述する。

設問（1）のストック効果の最大化の観点、課題とその内容をどう表現するべきか？

・最初に、ストック効果の最大化に関する観点を決めよう。観点を決めたら、おのずと課題が表現できる。

・観点は、課題と同時に目次項目の中で、表現すると良いのではないか。目次項目に入れておけば、それを見落とす心配がなくなる。目次項目に入れられない場合は、文章の最初の方に入れて記述する。

・ストック効果の最大化に関する国土交通省の考え方は、既存施設の効果の見える化推進、既存施設の使い方工夫の推進、社会資本マネジメントの推進、を課題として記述すれば良いのではないか。

・観点は、この3つの課題に含まれるキーワードを選定して、観点として記述すれば良いのではないか。

観点及び課題（1）	観点及び課題（2）	観点及び課題（3）
1.1 既存施設の効果の見える化・見せる化推進の課題	1.2 既存施設の使い方の工夫と運用管理推進の課題	1.3 社会資本のマネジメント推進の課題

設問（2）の最も重要と考える課題を何にするか？また、選定した理由を書いた方が良いのではないか？

・設問（2）で書く内容は、（1）で挙げた3つの観点及び課題の中から、1つを選定しなければならない。また、選定した理由についても、書く方が合理的である。ただし、最も重要と考える課題とそれに対する複数の解決策を中心に書くことになるので、その解決策に目次項目を付けることにする。

・最も重要と考える課題を、1.2 既存施設の使い方の工夫と運用管理推進の課題を挙げよう。

・その場合の複数の解決策として、2.1 既存施設の見直しと整備効果の早期発現の解決策、2.2 既存ストックの投資効果の早期発現の解決策、2.3 既存施設の運用管理等のマネジメントの推進の解決策、を挙げることにしよう。

設問（3）の解決策を実行して生じる波及効果と懸念事項への対応策で書く内容をどうするか？

・解決策を実行しても生じうるリスクと対策について、記述しなければならない。

・解決策を実行しても生じうるリスクとしては、コストがかかること、専門技術者が不足することなどが考えられる。

・リスクを挙げたのだから当然のことであるが、そのリスクへの対策を記述しなければならない。

・コストがかかることへの対策としては、補助事業・モデル事業の活用、PFIなど民間資金の活用などが考えられる。

・専門技術者が不足することの対策としては、建設業界以外の他の業界から人材を雇用すること、女性・高齢者・障害者等の新規雇用が良いのではないか。

設問（4）の業務遂行に当たり必要となる要点・留意点で書く内容をどうするか？

・業務遂行に当たり必要となる要点・留意点を、4.1 技術者倫理の観点から必要となる要点・留意点、4.2 社会の持続性の観点から必要となる要点・留意点、という2つの観点から書かなければならない。

・この2つの観点を鮮明にするために、目次項目を作って書いた方が分かり易い論文になるのではないか。

・4.1 技術者倫理の観点からの必要となる要点・留意点では、技術士倫理綱領に準拠して記述すると良いのではないか。技術士倫理綱領は、令和5年3月に改訂されているので、注意する必要がある。

・要点が重要な点で、例えば、安全・健康・福利の優先をまず記述しなければならない。

・4.2 社会の持続性の観点から必要となる要点・留意点では、最も重要である要点については、地球環境保全、持続可能な社会の実現、環境・経済・社会に与える負の影響の低減などを記述しよう。

・社会の持続性の観点から必要となる留意点については、地域の自然環境の保全、地域の歴史・文化の保全、継続研鑽、人材育成などを記述しよう。

予想問題　社会資本整備

設問 2

自然災害の頻発・激甚化、インフラの老朽化、人口減少・高齢化に加え、新型コロナウイルス感染症の拡大によって、社会生活など新たな生活様式が求められている。さらに、地球温暖化防止への対応は地球規模の喫緊の課題であり、我が国も2050年カーボンニュートラルを目標に掲げている。

そのような中、我が国における社会資本整備のあり方についても新たな取組みが必要であり、検討が進められている。このような状況を踏まえて以下の問いに答えよ。

(1)　今後の社会資本整備のあり方について、技術者としての立場で多面的な観点から3つの課題を抽出し、それぞれの観点を明記したうえで、課題の内容を示せ。

(2)　前問（1）で抽出した課題のうち最も重要と考えられる課題を1つ挙げ、その課題に対する複数の解決策を示せ。

(3)　前問（2）で示したすべての解決策を実行して生じる波及効果と専門技術を踏まえた懸念事項への対応策を示せ。

(4)　前問（1）～（3）の業務遂行に当たり、技術者としての倫理、社会の持続可能性の観点から必要となる要件、留意点を述べよ。

○受験番号、答案使用枚数、選択科目及び専門とする事項の欄は必ず記入すること。

1. 今後の社会資本整備のあり方に対する課題

1.1 持続可能な社会への遅れ：世界全体が脱炭素社会へと移行し、我が国も2050年にカーボンニュートラルという目標を掲げ、企業もこの目標を達成することが存続の条件となっている。地球温暖化の原因である温室効果ガスの排出量を抑えるとともに、環境保全への配慮が求められる。「地球温暖化という観点」から、人々の生活様式も持続可能な社会の実現を再優先とする社会資本整備に変化していかなければならない。

1.2 自然災害の頻発・激甚化：地球温暖化により長時間の集中豪雨、大型台風、高温乾燥、海面上昇等、異常気象が多発している。さらに南海トラフ地震等、大規模地震、それに伴う津波も懸念されている。社会資本整備は国民の命と財産を守るためにあり、現在だけでなく将来の豊かな生活、社会経済活動や競争力の基盤である。「自然災害という観点」から、新たな自然災害の脅威に対して最小限の被害となるよう、社会資本整備の補強や更新等、再整備を行う必要がある。

1.3 老朽化する社会資本：社会インフラは日常生活の維持・向上に向けて長年整備され、特に高度成長期には精力的に実施された。これらの社会インフラが建設から50年を経過し老朽化が進行している。今までの維持管理は劣化が現れてから補修する事後保全であった。「維持管理という観点」から、社会形態の変化に伴い、効率的な維持管理を行わなければならない。

2. 社会資本整備のあり方に対する重要な課題と解決策

社会資本整備を進めるにあたり、最も重要な課題とは、「持続可能な社会」のへの対応を優先することである。地球規模の喫緊の課題である温暖化、脱炭素社会を実現できる社会資本整備を進める。

2.1 持続可能なメンテナンス：社会状況を鑑み、集約・再編等インフラストックの適正化を図る。新技術の導入活用で維持管理の高度化・効率化を進め、インフラが持つ機能を将来に渡って適切に発揮させる。老朽化する社会インフラを効率的に維持管理するためにも予防保全に基づくメンテナンスに転換し、維持管理・更新に係るトータルコストの削減を図っていく。

2.2 グリーン社会の実現：低炭素都市づくり及びグリーンインフラの推進、カーボンニュートラルポートの形成、藻場・干潟等の造成・保全・再生、健全な水循環の維持など、インフラ分野の脱炭素化等を強力に推し進めることでグリーン社会の実現を目指す。これらインフラの機能・空間を多角的・複合的に利活用することにより、インフラのストック効果を最大化して国民の生活の質を向上させる。

2.3 インフラ分野のDX（デジタル・トランスフォーメーション）：新たな日常の実現を見据え、情報技術の利活用、新技術の社会実装を通じた社会資本整備分野のデジタル化・スマート化を行う。インフラや公共サービスを変革し、働き方改革・生産性向上を進めることで環境への負荷を減少させる。

3. 解決策の実行に伴う波及効果と懸念事項への対応策

　波及効果として、自然災害及び老朽化する社会資本への対応も同時に進めることができる。社会資本整備に総力とインフラ経営の視点を導入され、主体・手段・時間軸という3つの総力を挙げ、社会資本整備を深化するとともに、インフラを国民が持つ資産として捉え、その潜在力を引き出して新たな価値を創造する視点を追加することで質の高い社会資本整備となる。

　そのためには政策間連携や国と地方公共団体等の連携強化が重要であるが、縦割り行政や権限移譲の不備による弊害が懸念事項である。対応策としては、多様な主体が役割を越えてお互いに参画できる環境整備を行い、実施段階において国民が納得する透明性と公平性を確保することが必要である。

4. 遂行に必要な要件と留意事項

　技術者としての倫理では、一企業やその部門の利益だけを追求するのではなく、公正な分析と判断による技術的な根拠をもとに常に社会全体における公益確保の観点から業務を遂行しなければならない。

　社会の持続可能性の観点では、将来に渡っても有益となるように安全・安心な社会ストックを構築し、効率的に維持していくことと合わせて、地球環境の保全、SDGs、ESG投資等を最優先に考慮した業務遂行が求められている。

以上

●裏面は使用しないで下さい。　●裏面に記載された解答案は無効とします。　（YM・鉄道保守会社）24字×75行

論文作成の思考プロセス

社会資本整備への重点計画（取組み）　何があるか
- 防災・減災が主流となる社会の実現　流域治水、耐震化、危機管理体制
- 持続可能なインフラメンテナンス　予防保全、新技術の活用、インフラの適正化
- 持続可能で暮らしやすい地域社会の実現　コンパクトシティ、ネットワークの推進
- 経済の好循環を支える基盤整備　物流ネットワーク・DX、観光活性化、民間投資
- インフラ分野のデジタル・トランスフォーメーション　働き方改革、建設現場
- インフラ分野の脱炭素化・インフラ空間の多面的な利活用による生活の質の向上
  グリーン社会、低炭素都市づくり、グリーンインフラ

＊参考資料：「第5次 社会資本整備重点計画」国土交通省

↓

最も重要な課題と複数の解決策をどうするか　設問(2)　最も重要な解決策
- 取り組みとして挙げるべき解決策
  ①持続可能なメンテナンス　集約・再編、適正化、新技術の導入活用、予防保全
  ②グリーン社会の実現　低炭素都市づくり、グリーンインフラ、ストック効果
  ③インフラ分野のDX（デジタル・トランスフォーメーション）
  デジタル化・スマート化、働き方改革・生産性向上、環境負荷
- これらの解決策が必要となる課題は
  持続可能な社会への対応　脱炭素社会、カーボンニュートラル、環境保全

↓

設問(1)　3つの課題（最も重要な課題　①持続可能な社会への遅れ）
- 最も重要な課題のほかに2つの課題をどうするか
  ②自然災害の頻発・激甚化　異常気象、大規模地震
  ③老朽化する社会資本　高度成長期、50年、維持管理

↓

設問(3)で書く内容をどうするか
- 生じる波及効果と懸念事項　他の課題にも対応　総力・インフラ経営
  政策間連携・国と地方公共団体の連携の強化、縦割り行政、権限委譲の不備
- それへの対応策　多様な主体の参画と透明性・公平性の確保

↓

設問(4)で書く内容をどうするか
- 技術者としての倫理　公正な分析と判断、公衆の利益
- 社会の持続性　地球環境の保全、SDGs、ESG投資

［参考文献］：「社会資本整備重点計画」国土交通省

予想問題　国際化（グローバル化）

設問 3

諸外国による国際標準化への戦略的取組においては、先端技術分野を中心とした事前標準の広がり、知的財産を含む国際標準の増加、デジタル化の進展による産業構造の変化など、従来の価値観が革命的変化（パラダイムシフト）を起こしている。このため、建設分野における国際標準の目的や内容にも質的な変化が見られ、国際標準化への取組が急務となっている。

このような状況を踏まえ、以下の問いに答えよ。

（1）建設分野の国際標準化への戦略的取組に関して、技術者としての立場で多面的な観点から３つ課題を抽出し、それぞれの観点を明記したうえで、課題の内容を示せ。

（2）前問（1）で抽出した課題のうち最も重要と考える課題を１つ挙げ、その課題に対する複数の解決策を示せ。

（3）前問（2）で示したすべての解決策を実行しても新たに生じうるリスクとそれへの対策について，専門技術を踏まえた考えを示せ。

（4）前問（1）～（3）の業務として遂行するに当たり、技術者としての倫理、社会の持続可能性の観点から必要となる要点、留意点を述べよ。

○受験番号、答案使用枚数、選択科目及び専門とする事項の欄は必ず記入すること。

1.多面的な観点から示される3つの課題

(1) 国際標準を踏まえた知的財産権の取得推進

[観点] 知恵づくり

[内容] 3次元モデル設計・施工BIM／CIM（標準化組織bSI）など新技術は、市場が立ち上がる前に標準を決める「事前標準」へシフトしつつある。事前標準は、国際標準に含有される新技術（標準必須特許）など知的財産が含まれる可能性が高く、アドバンテージを取得するべく、国際標準を踏まえた知的財産権の早期取得が必要である。

(2) 国際標準に係わる人材育成と多様な交流

[観点] 人づくり

[内容] 国際標準に係わる技術者の人材不足、高齢化を踏まえ、次世代の国際標準に係わる若手の人材を育成し、国際標準に係わる人材間のネットワークを異業種も含め構築する必要がある。また、国際標準は一国

一票の投票で決定されるため、国を超えた人的交流が必要となる。

(3) 国際標準化を踏まえた建設業界の意識改革

［観点］仕組みづくり

［内容］前述のBIM／CIM、アセットマネジメント（ISO55001）、建設機械規格（EMC）、電子データ交換規格（STEP）、積算基準（ICMS）などを意識した、建設業界の意識・構造改革が必要である。企業における国際標準化組織の体制強化、国際標準化アクションプランの策定・実施、業務および経営マネジメント分野における取組み強化などを推進する必要がある。

2. 最重要課題と3つの解決策

最重要課題として、(1) 国際標準を踏まえた知的財産権の取得推進を挙げる。選定理由を以下に示す。

標準必須特許など特許権を含む国際標準が増加する中、各種国際標準に関し、特許のロイヤリティを支払う側となるか、受け取る側となるかでは、市場における競争力において大きな差が生じるからである。

［解決策①］

企業は、BIM／CIMなど新技術の開発において、国際標準化を前提とした「事前標準」を目指し、標準必須特許などの取得を積極的に推進する。

［解決策②］

国際標準化が国内共同研究開発プロジェクトに有効である場合には、研究開発プロジェクトの中に国際標準化を明確に位置づけ、研究開発と国際標準化の取組を一体的に進める。これにより、世界に遅れを取らない国際標準化への早期着手と、国際市場を見据えた効率的かつ効果的な研究開発が可能となる。

［解決策③］

国土交通省や経済産業省が主催する研究会において、研究開発の情報提供や意見交換を行い、国内における標準化案を統一する。また、標準化国際会議に積極的に参画し、国内標準化案を推奨し、我が国の国際標準化への影響力を強化し、アドバンテージを確保する。

3. 新たに生じうるリスクとリスクへの対策

［新たに生じうるリスク］

　自社技術の国際標準化には、自社技術の普及が促進され、国際的な技術革新が加速される反面、当該技術が公表されることにより、非競争領域化する（後発企業の参入が促進される）というトレードオフが存在する。他社により新たな高性能・低コスト技術が開発されると、競争力を失う可能性がある。

［リスクへの対策］

　自社特許を国際標準に組み込むことにより、市場全体の拡大とは別に、他社参入分におけるロイヤルティーの収益を図り、収支のトレードオフをプラス側にバランスをさせることが必要である。

　また、ブラックボックス化が可能な技術であれば、秘匿化して厳密に情報管理した方が得策な場合もある。市場の成長と公益を踏まえて秘匿化の是非を図る。

4. 技術者倫理・社会持続性における要件・留意点

(1) 技術者としての倫理

　技術者倫理に基づき国際標準化について、公益の利益を優先させ積極的に推進する。技術の秘匿化については慎重な対応が求められる。

(2) 社会の持続性

　SDGsに準拠した環境負荷が低く資源効率性が高いシステム構築の国際標準化が重要である。　　以上

●裏面は使用しないで下さい。　●裏面に記載された解答案は無効とします。　（TT・コンサルタント）24字×75行

論文作成の思考プロセス

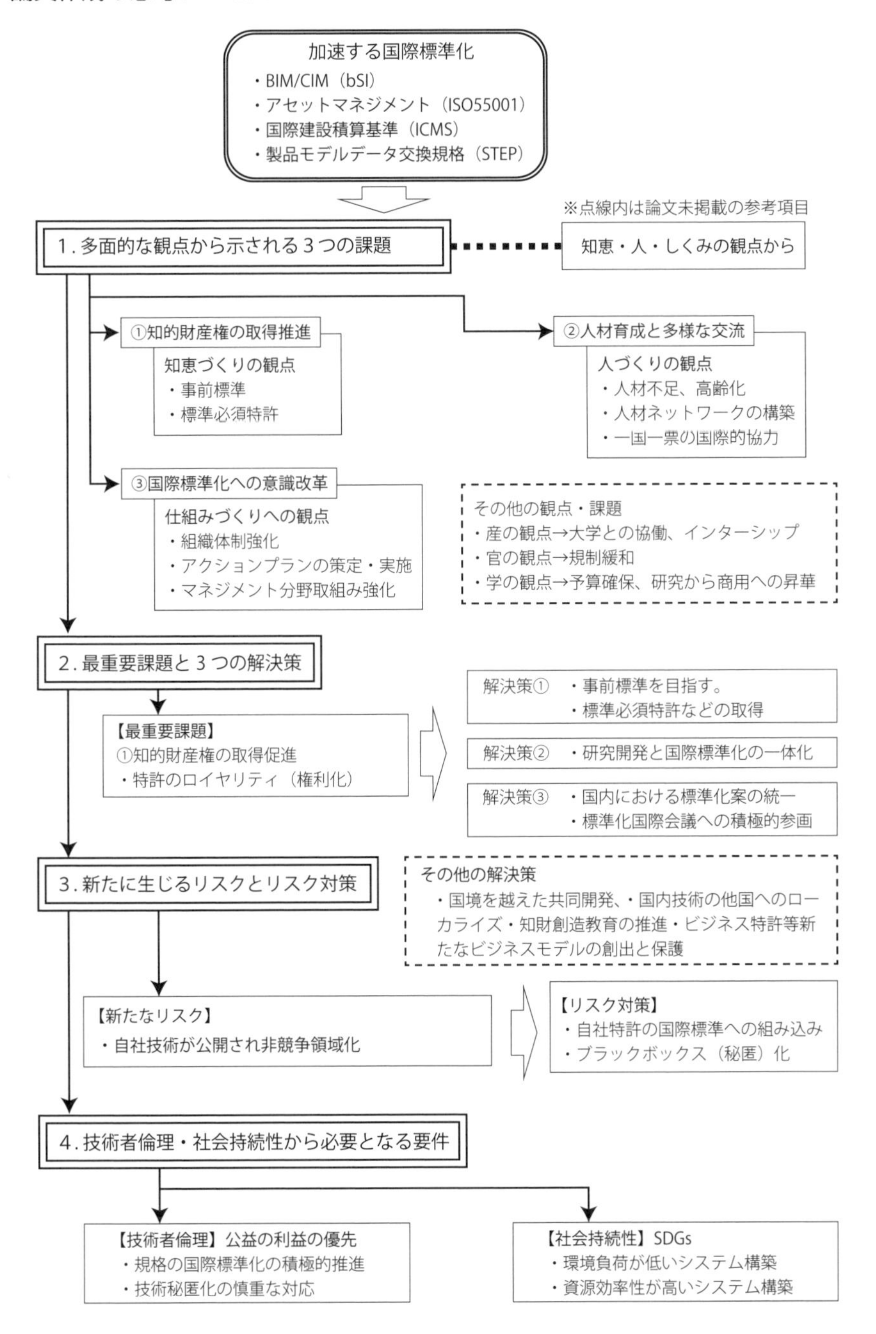

予想問題　国際化（グローバル化）

設問 4

我が国のインフラ受注実績は、平成22（2010）年の約10兆円から平成29（2017）年には約23兆円へと受注額を急激に伸ばしている。特に、国土交通関連分野の交通分野、基盤整備分野（ＫＳ・元特別法人）は、平成22（2010）年の約0.5兆円、約1.0兆円から、平成29（2017）年には約1.7兆円、約2.9兆円に増加しており、全体の伸びと比較しても高い伸びを示している。

国が推進している新たな成長戦略が海外展開を指向するなか、我が国の建設産業にとっても国際市場に参入し競争に打ち勝てる企業群へと成長していくことが喫緊の課題となっている。このような状況を踏まえて、以下の問いに答えよ。

（1）　我が国の建設産業が今後もその使命を果たすべく経営を安定化させ、世界に貢献していくための建設産業の海外展開を推進するに当たり、技術者としての立場で多面的な観点から3つ課題を抽出し、それぞれの観点を明記したうえで、課題の内容を示せ。

（2）　前問（1）で抽出した課題のうち最も重要と考える課題を1つ挙げ、その課題に対する複数の解決策を示せ。

（3）　前問（2）で示したすべての解決策を実行して生じる波及効果と専門技術を踏まえた懸念事項への対応策を示せ。

（4）　前問（1）～（3）の業務遂行に当たり、技術者としての倫理、社会の持続可能性の観点から必要となる要件、留意点を述べよ。

○受験番号、答案使用枚数、選択科目及び専門とする事項の欄は必ず記入すること。

1. 建設産業の海外展開推進の観点及び課題

1.1 国際市場参入への官民連携推進の観点及び課題

　国際市場に参入していくためには、国、地方自治体、民間等の連携強化が必要である。特に、我が国の強みであるインフラの海外への輸出について、政府機関を中心に積極的な売り込みが必要不可欠である。一度、受注に成功すると、その後の運用や維持管理・更新の業務も受注することができる。我が国の建設産業は、海外での建設工事、コンサルティング、マネジメント等に十分対応できる能力と技術を有している。

1.2 海外業務でのリスク管理の観点及び課題

　海外業務では、疫病や食品衛生面等の安全・衛生管理上の問題に加え、テロや治安の悪化等の懸念がある。例えば、平成27年のパリ同時テロ事件、バングラデシュ、スリランカでテロ事件等が発生しており、これらのリスク管理とそれへの対応が重要な課題である。

1.3 人材育成強化推進の観点及び課題

海外事業で建設産業の参加を促進するためには、国際競争力の源泉である人材育成が重要な課題である。海外事業では、多様な分野のインフラ整備の計画から設計・施工・維持管理等の事業実施に限らず、クレーム処理・紛争処理等契約・法務分野の事務等にも対応できる人材の育成・確保が喫緊の課題である。

2. 最も重要と考える課題及び複数の解決策

建設産業の海外展開推進に関して、私が最も重要と考える課題は、「人材育成強化推進の観点及び課題」である。その理由は、開発途上国における事業では、相手国政府やローカルコントラクター技術者への技術移転、当該国の人材教育・育成に関与することが期待されているからである。

2.1 相手国公用語での対応能力向上の解決策

海外業務を円滑に遂行するためには、当該国の公用語、歴史・文化・習慣を理解し、使用することが重要である。そのためには、当該国の公用語によるコミュニケーションが不可欠であり、そのための当該国の語学能力向上が必須の要件である。

2.2 海外業務の経験の蓄積の解決策

海外業務を円滑に推進するためには、海外案件の業務経験が必要である。そのため海外業務の経験がない技術者には、積極的に海外業務を経験させるとともに、OJT等による海外業務の教育・訓練が必要である。

2.3 ベテランから若手への技術継承の解決策

海外業務を円滑に遂行するためには、海外業務を豊富に経験しているベテラン技術者から若手技術者への技術継承が重要である。また、そうすることにより組織として、建設業界として持続性の確保ができる。

3. 解決策実行で生じる波及効果と懸念事項

3.1 解決策の実行で生じる波及効果

解決策の実行で生じる波及効果は、建設産業の幅広い海外展開の実現である。

3.2 解決策の実行で生じる懸念事項及びその対応策

　解決策の実行で新たに生じるリスクは、コストがかかること、専門技術者が必要なことである。
コストがかかることへの対応策は、ＯＤＡ、全日本建設技術協会、建設コンサルタンツ協会等が連携協働して取り組むことがある。さらに、人材育成・教育についても官民が連携した取り組みが重要である。

　専門技術者の確保が必要なことへの対応策は、ＯＤＡ関連業務を中心に積極的に海外業務を受注し、業務執行体制を構築することである。海外業務を受注し、経験する中で担当技術者の経験が深まり、相手国への技術継承、技術者育成にも寄与できるようになる。

4. 業務遂行に当たり必要となる要件・留意点

4.1 技術者倫理からの必要となる要件・留意点

　技術者倫理から必要となる要件は、技術者倫理の尊重、中立公正な立場、相手国の公益の確保、特定の関係者の利益確保にとらわれないことなどである。留意点は、相手国の公用語、歴史・文化・習慣の理解、これらを遵守しつつ、業務を遂行していくことである。

4.2 社会の持続可能性からの必要となる要件・留意点

　社会の持続可能性から必要となる要件は、相手国の自然環境の保全、野生生物や生態系の保全などである。留意点は、相手国の歴史・文化の尊重、地球温暖化防止などである。私は、これらを遵守しつつ業務を遂行していく所存である。

以上

論文作成の思考プロセス

取り上げるテーマは、建設産業の海外展開の推進である。
- 建設産業の海外展開で第一に考えることは、我が国の得意分野であるインフラの輸出である。
- 海外で事業展開をするためには、国内事業とは大きく異なる背景、事情があるので、それを課題の中で表現できれば良いと思う。
- 海外での業務は、まず、言葉の壁が大きい。さらに、契約方式も国内とは大きく異なることが考えられる。

設問（1）の建設産業の海外展開の観点及び課題とその内容をどう表現するべきか？
- 最初に、建設産業の海外展開に関する観点を決めよう。観点を決めたら、おのずと課題が決まってくる。
- 観点は、課題と同時に目次項目の中で、表現すると良いのではないか。目次項目に入れておけば、それを見落とす心配がなくなるので一石二鳥である。
- 海外展開で重要であるのは、国、地方自治体、民間が連携・協働する官民連携の推進であろう。
- 海外展開の観点の二番目は、海外業務のリスクの把握とそれへの対応策であろう。
- 海外展開の観点の三番目は、担当する人材の育成・強化であろう。

観点及び課題（1）
- 官民連携の推進の課題
- 政府によるインフラ整備の売り込み
- 民間はインフラ整備の計画・設計を担当

観点及び課題（2）
- 海外業務でのリスク管理
- 疫病・感染症・食品等の安全・衛生管理が重要
- テロ事件等への対応策

観点及び課題（3）
- 海外業務担当者等の人材育成・確保
- 国内での語学教育・語学検定等の活用

設問（2）の最も重要と考える課題を何にするか？また、選定した理由を書いた方が良いのではないか？
- 設問（2）で書く内容は、（1）で挙げた３つの観点及び課題の中から、１つを選定しなければならない。また、選定した理由についても、書く方が合理的である。ただし、最も重要と考える課題とそれに対する複数の解決策として、３項目程度を挙げることになるので、その解決策に目次項目を付ける。
- 複数の解決策として、（1）相手国の公用語の対応能力の向上、（2）海外業務の経験の蓄積、（3）ベテラン技術者から若手技術者への技術の継承、の３項目を挙げることにする。

設問（3）の解決策を実行して生じる波及効果と懸念事項への対応策で書く内容をどうするか？
- 解決策を実行して生じる波及効果は、当然のことながら、建設産業の海外展開の推進である。それを実現するために、観点と課題、その課題の解決策を考えたのだから、当然である。
- 波及効果は比較的書きやすいが、すべての解決策を実行した際に生じる懸念事項が難しい。
- 懸念事項を挙げたら、当然のことであるが、その懸念事項への対応策も記述した方が良い。
- すべての解決策を実行した際に生じる懸念事項として、コストがかかること、専門技術者を確保しなければならないことを、挙げることが良いと思う。
- コストの確保の対応策としては、公共事業の活用、民間資金の活用、専門技術者の確保の対応策については、他の業界からの人材の雇用、女性・高齢者・障害者等の積極的雇用が適当であろう。

設問（4）の業務遂行に当たり必要となる要件で書く内容をどうするか？
- ここでは、業務遂行に当たり必要となる要件を、（1）技術者倫理から必要となる要件、（2）社会の持続可能性の観点からの必要となる要件、という２つの観点から書くことになる。
- この２つの観点を鮮明にするために、目次項目を作って書いた方が分かり易い論文になるのではないか。
- （1）技術者倫理の観点からの必要となる要件では、公益の確保、中立・公正な自己の立場、特定の関係者の利益にとらわれない態度、さらに技術者倫理を遵守しながら、業務を遂行していくこと、自分がこれから業務を遂行していくときに、これらの事項を遵守することを決意として記述する。
- （2）社会の持続可能性の観点からの必要となる要件では、周辺環境の保全、自然環境・生態系の保全、地域の歴史・文化の尊重、地球温暖化の防止、及び社会の持続可能性に配慮しつつ、自分がこれらの項目を遵守しつつ、業務を遂行していくことを決意として記述する。

予想問題　維持管理

設問 5

我が国では、高度経済成長期以降に整備されたインフラが、今後一斉に老朽化することが懸念されている。このように一斉に老朽化するインフラを、計画的に維持管理・更新することにより、国民の安全・安心の確保、維持管理・更新に係るトータルコストの縮減・平準化等を図ることが可能となる。

わが国のインフラ老朽化に対応し、効率的に維持管理・更新を行っていくことが必須の要件になっている。さらに、国民の生活や産業活動などに必要なインフラが、持続可能なものとして適正に維持管理されていくことが必要不可欠になっている。

このような状況を踏まえて、以下の問いに答えよ。

（1）　我が国のインフラの老朽化に対応するための維持管理・更新に関して、これまで 10 年の取組みを踏まえて「第 2 フェーズ」として取組みを推進していくに当たり、技術者としての立場で多面的な観点から 3 つ課題を抽出し、それぞれの観点を明記したうえで、課題の内容を示せ。

（2）　前問（1）で抽出した課題のうち最も重要と考える課題を 1 つ挙げ、その課題に対する複数の解決策を示せ。

（3）　前問（2）で示したすべての解決策を実行しても新たに生じうるリスクとそれへの対策について、専門技術を踏まえた考えを示せ。

（4）　前問（1）～（3）の業務として遂行に当たり、技術者としての倫理、社会の持続性の観点から必要となる要点、留意点を述べよ。

○受験番号、答案使用枚数、選択科目及び専門とする事項の欄は必ず記入すること。

1. 我が国インフラの維持管理・更新の課題

1.1 地域インフラ群再生戦略マネジメント展開の課題

　地域インフラ群再生の観点から、地域インフラ群の再生戦略マネジメントの展開が必要である。特に維持管理の第2フェーズでは、集約・再編に合わせた機能追加が必要不可欠である。点検・診断には時間、コストがかかり、専門技術者の確保も必要であるため、点検の自動化、省力化が必要不可欠である。

1.2 地域インフラ群再生のための市区町村の体制構築

　地域インフラ群再生戦略マネジメントの観点から、市区町村の体制構築が必要である。そのため、地方公共団体においては必要な組織体制を構築し、求められる技術力を明確化した人材育成が重要である。また、国は市区町村の新技術活用や民間活力の活用状況等を俯瞰し、必要とされる支援の実施が必要である。

1.3 メンテナンスの生産性向上の新技術の活用の課題

　インフラメンテナンスの生産性の観点から、新技術の活用推進が必要である。そのためには、維持管理・更新における新技術の開発・導入の更なる促進が必要不可欠である。さらに、新技術活用促進に必要な体制の構築と取組みを通じた市場の創出、産業の育成が重要である。

2. 私が最も重要と考える課題と解決策

　私が最も重要と考える課題は、1.3メンテナンスの生産性向上の新技術活用の課題である。その理由は、今後財政規模が縮小し、財政基盤が限定される中で、効率的に維持管理を実施するためには、新技術の活用推進が必要不可欠だと考えられるためである。

2.1 計画的な維持管理・点検・診断実施等の解決策

　インフラ老朽化に対応していくためには、計画的に点検・診断を実施し、その費用を縮減していくことが必須の要件である。そのためには、長寿命化計画を策定し、その中で新技術の活用による補修・補強等の優先順位の作成、予防保全的管理の実行が重要である。

2.2 AI・新技術の活用を見据えた体制構築の解決策

　インフラの再生戦略マネジメントに対応していくためには、AI・新技術の活用等による維持管理の省力化・自動化が重要である。また、既存施設が近隣に複数ある箇所では、選択と集中により当該施設の重要度、施設の老朽度等を総合的に勘案し、機能が似た施設の廃止等、戦略的マネジメントの推進が必要である。

2.3 点検・診断の非破壊技術の活用の解決策

　インフラ老朽化に対応していくためには、現在近接目視により点検・診断が実施されているが、これに加えてサーモグラフィー法、電磁誘導法、超音波法等の非破壊検査技術の導入が重要である。さらに、IT技術を活用した自動点検車両の導入、写真を活用した診断・評価方法の導入等のマネジメントが必要である。

3. 解決策を実行しても生じうるリスクとその対策

3.1 解決策を実行しても新たに生じうるリスク

解決策を実行しても新たに生じうるリスクは、コストがかかること、専門技術者が不足することである。

3.2 解決策を実行しても生じうるリスクへの対策

コストがかかることに対する対策は、補助事業・モデル事業として実施することである。また、PFI、PPPなど民間資金の活用、施策に同意する市民から出資を募るクラウドファンディングなどがある。

専門技術者が不足すること対する対策は、異業種からの人材新規雇用、退職したベテラン技術者の再雇用、女性、外国人、非正規労働者等の雇用である。

4. 業務遂行に当たり必要となる要点・留意点

4.1 技術者倫理の観点から必要となる要点・留意点

技術者倫理の観点から必要となる要点は、技術士倫理綱領の遵守、安全・健康・福利の優先である。

技術者倫理の観点から必要となる留意点は、信用の保持、真実性の確保、公正かつ誠実な履行、秘密情報の保護などである。

4.2 社会の持続性の観点から必要となる要点・留意点

社会の持続性の観点から必要となる要点は、地球環境保全、将来世代にわたる持続可能な社会の実現、環境・経済・社会に与える負の影響の低減、地球温暖化防止、SDGs目標の達成などである。

社会の持続性の観点から必要となる留意点は、地域の自然環境の保全、地域の歴史・文化の保全、継続研鑽・人材育成などである。

以上

●裏面は使用しないで下さい。　●裏面に記載された解答案は無効とします。　（KN・コンサルタント）24字×75行

論文作成の思考プロセス

取り上げるテーマは、インフラ老朽化に対応するため「第２フェーズ」の維持管理・更新である。
- 我が国のインフラは、今後、一斉に老朽化することが懸念されている。
- インフラの老朽化に対応していくためには、効率的、効果的な維持管理・更新が不可欠である。
- インフラの維持管理・更新に関して、国土交通省では第２フェーズに入ったとして、施策を公表している。
- 具体的な参考資料として、総力戦で取り組むべき次世代の地域インフラ群再生戦略（インフラメンテナンス第２フェーズへ）が挙げられる。これに準拠して記述することが、不可欠である。

設問（1）のインフラ老朽化に対応するための維持管理・更新の観点と課題、その内容に何を書くべきだろうか？
- 最初に、インフラ老朽化に対応する「第２フェーズ」の維持管理・更新に関する課題を決めよう。課題を決めたら、おのずと観点がが決まってくる。
- 観点は、課題と同時に目次項目の中で、表現すると良いのではないか。目次項目に入れておけば、それを見落とす心配がなくなるので一石二鳥である。目次項目に入れられない場合は、文章の最初に、主語として観点という用語を記述するようにしよう。
- 第２フェーズの維持管理・更新の基本となる用語は、地域インフラ群再生戦略マネジメントである。

観点及び課題（1）	観点及び課題（2）	観点及び課題（3）
1.1 地域インフラ群再生戦略マネジメントの展開の課題	1.2 地域インフラ群再生のための市区町村の体制構築	1.3 メンテナンスの生産性の向上の新技術の活用の課題

設問（2）の最も重要と考える課題を何にするか？また、選定した理由を書いた方が良いのではないか？
- 設問（2）で書く内容は、（1）で挙げた３つの観点及び課題の中から、１つを選定しなければならない。また、選定した理由についても、書く方が合理的である。その次に、最も重要と考える課題を受けてその課題に対する複数の解決策を記述しよう。
- 複数の解決策として、３項目程度を挙げることになるので、その解決策に目次番号・目次項目を付けよう。
- 最も重要と考える課題として、例えば、1.3 メンテナンスの生産性の向上の新技術の活用の課題、を挙げた場合の複数の解決策として、2.1 計画的な維持管理・点検・診断実施等の解決策、2.2AI・新技術の活用を見据えた体制構築の解決策、2.3 点検・診断の非破壊検査技術の活用の解決策、を挙げることにしよう。

設問（3）の解決策を実行しても生じうるリスクとそれへの対策で書く内容をどうするか？
- 3.1 解決策を実行しても新たに生じうるリスクは、当然のことながら、コストがかかること、専門技術者が不足すること、ではなかろうか。ここでは、それを忠実に記述しよう。
- 3.2 解決策を実行しても新たに生じうるリスクへの対策は、当然のことであるが、コストがかかることへの対策、専門技術者が不足することへの対策、という順番で記述しよう。
- コストがかかることへの対策としては、補助事業やモデル事業の活用、PFI・PPP 等民間資金の活用、賛同者から資金調達を行うクラウドファンディング等を記述しよう。
- 専門技術者が不足することへの対策としては、建設業界以外の業界からの人材の雇用、女性・高齢者・障害者等の新規雇用、退職したベテラン技術者の再雇用などを記述しよう。

設問（4）の業務遂行に当たり必要となる要点・留意点で書く内容をどうするか？
- ここでは、業務遂行に当たり必要となる要点・留意点を、4.1 技術者倫理の観点から必要となる要点・留意点、4.2 社会の持続性の観点から必要となる要点・留意点、という２つの目次項目を設定して記述しよう。
- 問題文を注意深く読んで、必要となる要点・留意点であって、必要となる要件・留意点ではないことに注意しよう。
- この２つの観点を鮮明にするために、目次項目を作って書いた方が分かり易い論文になるのではないか。
- 4.1 技術者倫理の観点から必要となる要点・留意点では、技術士倫理綱領に準拠して記述しよう。
- 技術士倫理綱領は、令和５（2023）年３月に改訂されており、用語が新しくなっているので注意しよう。
- 4.1 技術者倫理の観点から必要となる要点には、安全・健康・福利の優先を最初に挙げよう。
- 技術者倫理の観点からの留意点は、信用の保持、真実性の確保、公正・誠実な履行などを記述しよう。
- 4.2 社会の持続性の観点から必要となる要点には、地球環境保全、将来世代にわたる持続可能な社会の実現、環境・経済・社会に与える負の影響の低減、などを記述しよう。
- 2 社会の持続性の観点から必要となる留意点には、地域の自然環境・生態系の保全、値域の歴史・文化の保全、継続研鑽、人材育成などを記述しよう。

予想問題　環境（低炭素社会）

設問 6

我が国の国土は、地形、地質、気象等の面で極めて厳しい条件下にある。全国土の約７割を山地・丘陵地が占めており、世界の主要河川と比べ、標高に対し河口からの距離が短く、急勾配であり、降った雨は山から海へと一気に流下する。このような国土条件において、梅雨や台風により大雨が降ることで、洪水や土砂災害がたびたび発生している。

こうした状況下で、地球温暖化を緩和するための低炭素社会を推進していく必要があることを踏まえて、以下の問いに答えよ。

（1）低炭素社会の実現に向け貢献できると考えられる建設分野の取組を実施するに当たり、技術者としての立場で多面的な観点から３つ課題を抽出し、それぞれ観点を明記したうえで、課題の内容を示せ。

（2）前問（1）で抽出した課題のうち、最も重要と考える課題を１つ挙げ、その課題に対する複数の解決策を示せ。

（3）前問（2）で示したすべての解決策を実行しても新たに生じうるリスクとそれへの対応策について述べよ。

（4）前問（1）～（3）を業務として遂行するに当たり、技術者としての倫理、社会の持続性の観点から必要となる要点・留意点を述べよ。

○受験番号、答案使用枚数、選択科目及び専門とする事項の欄は必ず記入すること。

1. 建設分野の低炭素社会の実現に対する課題
1.1 日本の気温上昇の課題（地球温暖化の観点）
　気象庁では、将来（2076年～2095年）の平均気温は、20世紀末（1980年～1999年）と比べて全国平均で4.5℃上昇すると予測していることが課題である。健康面では、温暖化による熱中症の増加が懸念される。
1.2 自然災害に伴う国民生活への影響の課題（自然災害の観点）
　近年、災害の激甚化・頻発化により、甚大な被害が発生している。2019年度の氾濫危険水位を超過した河川数は、対2014年度比で約５倍に増加するなど、近年、洪水による被害が増加している。今後、気候変動に伴い災害リスクが更に高まっていくことが懸念される。また、台風の勢力が強まることにより、高潮による大規模な浸水被害の発生も懸念される。
1.3 CO_2排出量が多い部門の課題（CO_2排出量の観点）

　我が国は、2030年度に温室効果ガス46％削減（2013年度比）や2050年カーボンニュートラルの実現に向け、消費エネルギーの削減を図ることが課題となっており、我が国の二酸化炭素排出量の約5割を占める民生・運輸部門での対策が急務である。運輸部門では二酸化炭素排出量の大部分が自動車に起因しており、暮らしの脱炭素化に向けた取組みが必要不可欠である。交通・物流（運輸部門）は一層の取組みの推進が求められる。

2. 最も重要と考える課題及び複数の解決策

2.1 最も重要と考える課題

　私が最も重要と考える課題は、1.3に挙げたCO_2排出量が多い部門としての課題である。その理由は、CO_2排出量が、地球温暖化に大きく寄与するからである。

2.2 最も重要と考える課題に対する複数の解決策

2.2.1 公共交通の利活用やモーダルシフトの推進

　LRTなどの輸送システムや交通サービスMaaSの導入推進、モーダルコネクトの強化など、マイカーだけに頼らない移動手段を利活用する。モーダルシフトの推進として、物流DXの推進を通じたサプライチェーン全体の輸送効率化を図り、鉄道及び内航海運の輸送量を増大させる。また、ドローン物流により脱炭素への寄与や災害時の物流手段に活用する。

2.2.2 コンパクトなまちづくりの推進

　これまで大規模店舗、住宅団地などが郊外に立地し、都市域が外延化して過度に自動車に依存するまちづくりが行われてきた。今後は、中心市街地の再整備を行い、公共交通の利用の促進等を図り、自転車や歩いて暮らせる都市のコンパクトなまちづくりを推進する。

2.2.3 建設リサイクルの推進

　建設副産物のリサイクルにより、製造時、輸送時のCO_2発生を抑制することができる。社会資本整備において多量のコンクリートやアスファルトを使用するが、これらの建設副産物をリサイクルすることは、窯業土石業からの製造時のCO_2排出量を抑制することとなる。令和2年9月に策定された「建設リサイクル推進計画2020」を推進する。

3. 解決策を実行して新たに生じうるリスクと対応策

3.1 すべての解決策を実行しても生じうるリスク

　すべての解決策を実行しても新たに生じうるリスクは、社会資本整備及び新技術の利用にコストが掛かることである。

3.2 新たに生じうるリスクへの対応策

　コストが掛かることへの対応策は、公共事業として補助事業制度を活用すること、PFI/PPP等の民間資金を活用することである。また、新技術のコストダウンを図り利用を促進することである。

4. 業務遂行に当たり必要となる要点・留意点

4.1 技術者倫理からの必要となる要点・留意点

　技術者倫理から必要となる要点は、日本技術士会の技術士倫理綱領の遵守である。また、技術者倫理の留意点は、継続的な技術研鑽（CPD）や各種コンプライアンス研修の受講、各種情報セキュリティ研修の受講等である。

4.2 社会の持続可能性から必要となる要点・留意点

　社会の持続可能性から必要となる要点は、地球環境の保全、気候変動への的確な対策である。また、社会の持続可能性からの留意点は、さらなる技術開発を推進し、ゼロエミッションの考えのもと、社会の持続可能性を目指していきたい。

以上

●裏面は使用しないで下さい。　●裏面に記載された解答案は無効とします。　（KK・コンサルタント）24字×75行

論文作成の思考プロセス

国土が厳しい条件下
- 山地
- 丘陵地
- 河川が急勾配
- 梅雨・台風・大雨
- 洪水・土砂災害

(1) 低炭素社会実現に向けた３つの課題抽出及び内容

(a) 日本の気温上昇の課題
- 気象庁では、将来の平均気温が 20 世紀末と比べ 4.5℃上昇すると予測

(b) 自然災害の国民生活への影響の課題
- 近年、災害の激甚化・頻発化
- 今後、気候変動に伴い災害リスクが更に高まっていく

(c) 二酸化炭素排出量多い部門の課題
- 我が国の二酸化炭素排出量の約５割を占める民生・運輸部門の対策が急務

(2) 最も重要と考える課題と複数の解決策

重要な課題：二酸化炭素排出量が多い部門としての課題

(a) 公共交通の利活用やモーダルシフトの推進
- LRT などの輸送システムや交通サービス MaaS の導入推進
- モーダルコネクトの強化
- 物流 DX の推進を通じサプライチェーン全体の輸送効率化
- 鉄道及び内航海運の輸送量を増大
- ドローン物流の増大及び活用

(b) コンパクトなまちづくり
(これまで都市域が外延化し自動車依存)
- 中心市街地の再整備
- 自転車や歩いて暮らせるコンパクトな街づくり

(c) 建設リサイクルの推進
(建設副産物のリサイクル)
(コンクリートやアスファルト)
- 窯業土石業からの製造時の CO_2 排出量を抑制
- 「建設リサイクル推進計画 2020」を推進

(3) 解決策実行後の新たなリスクと対応策

(a) 新たなリスク
- 社会資本整備及び新技術の利用にコストが掛かる

(b) リスクへの対応策
- 補助事業制度を活用、PFI/PPP 等の民間資金を活用
- 新技術のコストダウン

(4) 業務遂行に当たり必要となる要点・留意点

①技術者倫理
- 技術士倫理綱領の遵守
- 技術研鑽、コンプライアンス研修等

②社会の持続可能性
- 地球環境の保全、気候変動対策
- 技術開発を推進、ゼロエミッション

予想問題　技術開発

設問 7

近年は、地球温暖化の影響と考えうる自然災害の発生が多くなってきている。特に2019年は、自然大災害の多い年となった。台風、猛暑、ゲリラ雷雨、大雨等々、数を挙げればきりがないほどの大災害が、北海道から九州・沖縄に至るまで日本全国に発生し多大な被害が発生している。

（1）近年における情報化社会の進化を踏まえ、建設分野ではどのような「技術開発」が求められるのか、技術者としての立場で多面的な観点から3つ課題を抽出し、それぞれ観点を明記したうえで、課題の内容を示せ。

（2）前問（1）で抽出した課題のうち、最も重要と考える課題を1つ挙げ、その課題に対する複数の解決策を示せ。

（3）前問（2）で示したすべての解決策を実行しても新たに生じうるリスクとそれへの対応策について述べよ。

（4）前問（1）～（3）を業務として遂行するに当たり、技術者としての倫理、社会の持続性の観点から必要となる要点・留意点を述べよ。

○受験番号、答案使用枚数、選択科目及び専門とする事項の欄は必ず記入すること。

1　建設分野における技術開発の課題

1.1 地形・地質技術開発の課題（地形・地質の観点）

我が国は、地形が急峻で全国的に脆弱な地質が分布しており、丘陵地や山麓斜面にまで宅地開発が進展した結果、土石流・地すべり・崖崩れ等の災害発生の可能性がある。こうした災害を防止するために、地形・地質に対応し安全を確保できる技術開発が課題である。

1.2 情報の共有化・提供の課題（情報共有化の観点）

地震や自然災害に備えるためには、ハザードマップを作成し住民に広報、配付する必要がある。ハザードマップの情報は、地理空間情報や位置情報を活用して作成された情報である。ハザードマップ作成には、国、地方公共団体、消防・警察、民間企業等の多様な関係者の協働・連携・技術開発が課題である。

1.3 豪雨災害対応技術の課題（豪雨災害対応の観点）

近年の豪雨災害は、山地部河川への大量の土砂・流木の流入、中小河川における浸水被害の発生、洪水時の河川水位等のリアルタイム情報提供の遅れが問題となった。こうした問題に対応するためには、河川水位、氾濫想定等の情報提供・技術開発が課題である。

2 最も重要と考える課題とそれに対する複数の解決策

2.1 最も重要と考える課題

最も重要と考える課題は、豪雨災害対応技術の課題である。その理由は、近年の異常な豪雨により土石流・地すべり等の土砂災害が惹起されるからである。また、これらの土砂災害を防止することが、国民の生命・財産の保全に寄与するためである。

2.2 最も重要と考える課題に対する複数の解決策

2.2.1 G空間社会（地理空間情報高度活用社会）推進

土砂災害の発生を防止するため、ICT技術を用いてG空間社会実現を推進する。産学官の地理空間情報をG空間情報センターにまとめ、誰もが使い易いサービスを提供できる。さらに、G空間情報センターが保有している各種データを、土砂災害発生予測、災害発生時の緊急避難、応急措置、復旧・復興に活用する。

2.2.2 土砂災害に対応する技術開発の推進

広域的な降雨状況を高精度に把握できるレーダ雨量計、監視カメラ、地すべり監視システム等の技術開発を推進する。さらに、大規模な斜面崩壊の発生に対し、迅速な応急復旧対策、的確な警戒避難システムを開発、普及させる。また、土砂災害が発生した際の発生位置・規模等を早期に把握するため、人工衛星を活用した監視システムの研究開発を促進する必要がある。

2.2.3 洪水・浸水に対応する技術開発の推進

河川氾濫・流域監視のため、広域的な豪雨・局所的集中豪雨を監視・把握できるXRAIN（高性能レーダ雨量計ネットワーク）の技術開発、整備を推進する。さらに、最新のIoT、ICT技術を活用し、小型で安価なセンサによる浸水範囲のリアルタイム把握、静止画像を無線で伝送する簡易型河川監視カメラを整備する。

3 全ての解決策を実行しても生じうるリスクと対策

3.1 全ての解決策を実行しても生じうるリスク

解決策を実行しても生じうるリスクは、土砂災害対応技術開発の推進に、コストがかかることである。

3.2 解決策を実行しても生じうるリスクへの対策

解決策を実行しても生じうるリスクへの対策は、民間の技術を公募することである。また、PFI/PPPなど民間資金を活用することである。併せて、新規技術の開発のコストダウンを図るとともに利用を促進することである。

4 業務遂行に当たり必要となる要点・留意点

4.1 技術者倫理から必要となる要点・留意点

技術者倫理の観点から必要となる要点は、技術士倫理綱領の遵守、公衆の安全、健康及び福利の最優先である。留意点は、中立公正の立場、継続研さん、CPDの実施、若手技術者の育成等である。

4.2 社会の持続可能性から必要となる要点・留意点

社会の持続可能性から必要となる要点は、地球環境保全、SDGsの目標達成、野生動植物保護、生態系の保全、CO_2排出量削減等である。留意点は、地域の環境保全、地域の生態系ネットワークの保全、地域の歴史・文化の尊重等である。以上

●裏面は使用しないで下さい。　●裏面に記載された解答案は無効とします。　（KK・コンサルタント）24字×72行

論文作成の思考プロセス

多発する自然災害の発生
・台風　・ゲリラ豪雨
・猛暑　・大雨

(1) 建設分野における技術開発の課題

(a) 地形・地質技術開発の課題
・地形が急峻で脆弱な地質
・丘陵地や山麓斜面にまで宅地開発

(b) 情報の共有化・提供の課題
・ハザードマップ作成には、国、地方公共団体、消防・警察、民間企業等の多様な関係者の協働・連携・技術開発

(c) 豪雨災害対応技術の課題
・山地部河川への大量の土砂・流木の流入
・中小河川における浸水被害の発生
・洪水時の河川水位等のリアルタイム情報提供の遅れ

(2) 最も重要と考える課題と複数の解決策

最も重要な課題：豪雨災害対応技術の課題

(a) G 空間社会推進
・ICT 技術を用いて G 空間社会を実現
・産学官の情報を情報センターに集約
・土砂災害発生予測、災害発生時の緊急避難等に活用

(b) 土砂災害対応
・レーダ雨量計、監視カメラ等の技術開発
・斜面崩壊発生への迅速な応急復旧対策等
・発生位置・規模等を早期に検知する取組

(c) 洪水・浸水対策
・XRAIN による集中豪雨等の把握
・浸水範囲のリアルタイム把握や簡易型河川監視カメラの整備

(3) 解決策を実行しても生じうるリスクと対策

(a) 生じうるリスク
・土砂災害対応技術開発の推進にコストがかかる

(b) リスクへの対応策
・民間の技術を公募し、民間資金を活用
・新技術開発のコストダウン、利用促進

(4) 業務遂行に当たり必要となる要点・留意点

①技術者倫理
・技術士倫理綱領の遵守、公衆の安全
・中立公正の立場、継続研さん等

②社会の持続可能性
・地球環境の保全、SDGs の目標達成等
・地域の環境保全等

予想問題　技術開発

設問 8

新技術が次々に生まれてくる中で、国際競争力を維持・向上し、生活の更なる利便性を確保するため、我が国でもこうした新技術を活用しているところである。建設業従事者の減少と高齢化が進む中で持続可能なインフラメンテナンスを進めていくためには、これまで以上に新技術を活用していくことが急務となっている。

（1）情報通信技術が発達する中、建設分野で技術開発を促進していくため、技術者としての立場で多面的な観点から３つ課題を抽出し、その内容を示せ。

（2）抽出した課題のうち最も重要と考える課題を１つ挙げ、その課題に対する複数の解決策を示せ。

（3）（2）で示した解決策に共通して、新たに生じうるリスクとそれへの対応策について述べよ。

（4）上記事項を業務として遂行するに当たり必要となる要件を、技術者としての倫理、社会の持続可能性の観点から述べよ。

○受験番号、答案使用枚数、選択科目及び専門とする事項の欄は必ず記入すること。

1. 技術開発を進めるための課題

人口減少や高齢化が進む中で、建設業が今後とも社会の安全・安心・快適性の確保を担う地域の守り手であるためには、生産性を向上する技術開発が必要不可欠である。

1.1 現場ニーズへの対応の観点から

構造物点検などの現場では、ドローンやAIなどの計測モニタリング技術が導入されつつある。しかし現場ニーズと開発側シーズが必ずしも一致していない。現場に対応した機器の導入が必要である。

1.2 人材活用の観点から

ＩＣＴの活用により、女性、高齢者、障害者等多様な人材の就業機会の拡大やワーク・ライフ・バランスの実現、現場と事務所の双方向確認など、有用性である。しかし、導入にあたっては莫大な設備投資を要することや活用のための知識が十分でないことから、人材の教育、育成が必要である。

1.3 技術開発の促進・活用の観点から

新材料や新工法（ＦＲＰ緊張材など）の開発が進んでおり、橋梁補修工事へ活用されている。しかし、現行の技術基準には、性能の確認方法が明示されておらず、新材料・新工法を工事に採用する性能の確認を個別に検討しなければならないなど、技術開発を促進・活用する必要がある。

2. 最も重要な課題「技術開発を促進・活用」の解決策

2.1 解決策1「建設DXの推進」

新技術の更なる普及・促進のためには、5G、AI、クラウドなどの革新テクノロジーの導入を進め、無人化施工技術の現場検証や、現場作業員を支援する技術の公募、映像データを活用した監督検査の省力化など発注者も含めた働き方改革に資する取り組みを進める。

また、舗装修繕工など維持修繕分野へのICT施工の拡大、施工プロセスにおける3次元データの部分的活用を認める「簡易型ICT活用工事」の導入、ICT人材の育成等を進め、中小企業や地方公共団体などへの裾野拡大を図る。

2.2 解決策2「技術の事後評価の実施」

本格運用後に活用した技術に対して事後評価が少ないため、事後評価件数を増加させる。事後評価を増加させるには、事後評価の実施に必要な活用効果調査表の回収率を上げる。活用効果調査表の周知・徹底に取り込み、計画的に事後評価を実施し評価情報を増加させる、さらに申請者（開発者）への周知は欠かせない。

2.3 解決策3「公共工事等における新技術活用システムの構築」

民間事業者等により開発された有用な新技術を公共工事等において積極的に活用・評価していく。そのシステムとして、「技術の開発・実用化」、「新技術データベース（NETIS）」（登録・事前審査・活用・事後評価）の活用、「更なる技術の開発・改良」と技術のスパイラルアップを構築することが効果的である。

3. 新たに生じるリスクとそれへの対応策

3.1 新たに生じるリスク

BIM/CIMやドローンなど最新技術を活用するためには、機材の導入やそれを動かせる技術者の育成が必要である。大企業は、資金も人材も豊富であり設備投資が可能であるが、零細企業では資金も乏しく導入できない企業が淘汰される可能性がある。これら零細企業でも使えるようにしなければ導入効果は乏しくなる。

3.2 解決策

個々の対応では限界がある。そのために行政主導にて以下の支援が有効と考える。

①財政支援：機材等を購入に向けて低利子での助成金の貸し出しを行う。

②人的支援：協会などで機材の使い方講習会、研修会などを実施し「使える技術者」業界として育成する。

③技術支援：機材の貸与、サポート体制の充実を行う。

4. 業務遂行のための技術者としての必要要件

技術者の高齢化が進む業界の中で新技術開発・導入は喫緊の課題であるが、技術開発者の知的財産の保護と社会貢献への取り組み姿勢が求められる。

①技術者倫理の観点からの要件として、コンプライアンス順守／公共工事の品質確保促進に関する法律順守。

②社会持続性として、コスト縮減、利益だけでなく広域的な観点、自然環境に配慮する。

以上

●裏面は使用しないで下さい。　●裏面に記載された解答案は無効とします。　（TO・コンサルタント）24字×75行

論文作成の思考プロセス

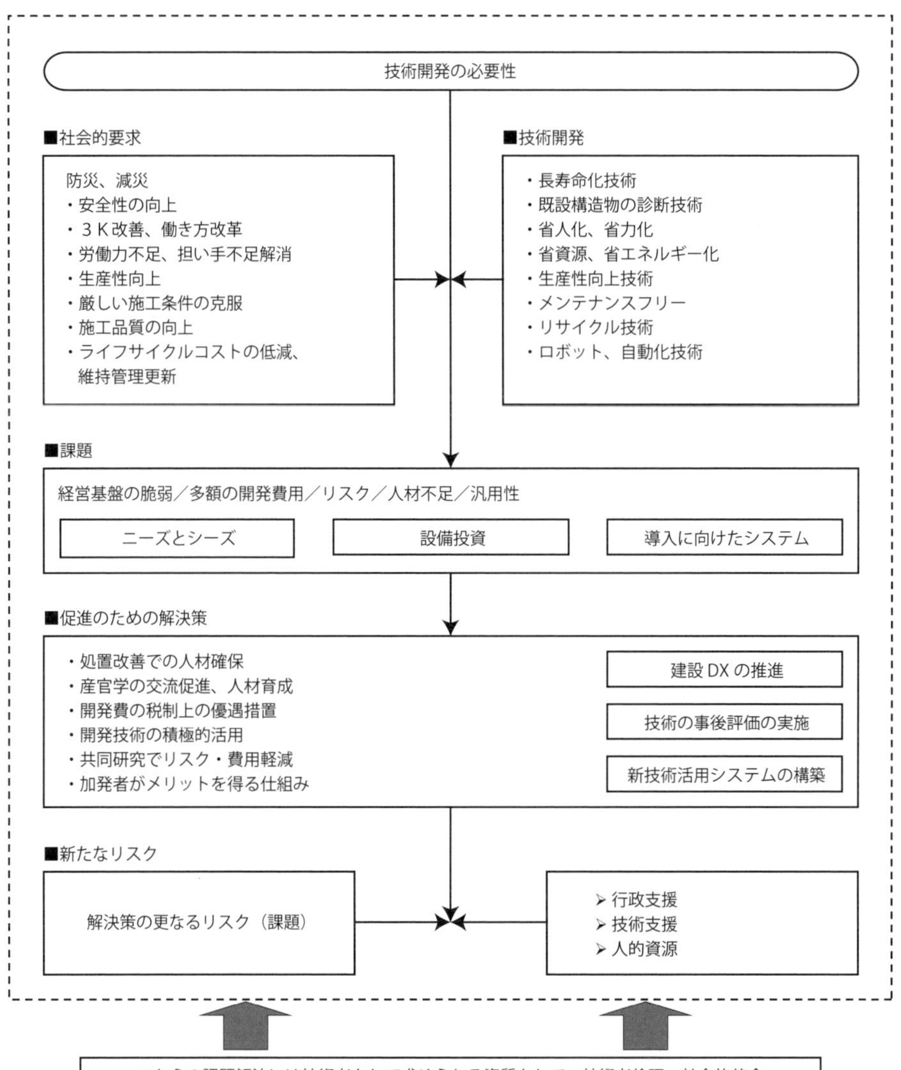

予想問題　防災・減災

設問 9

我が国の国土は、気象、地形、地質等が極めて厳しい状況下にあり、毎年のように地震、津波、風水害・土砂災害等の自然災害が発生している。令和元年は、山形県沖を震源とする地震、8月の前線に伴う大雨、令和元年房総半島台風による暴風と大雨、令和元年東日本台風による暴風と大雨、10月の低気圧等による大雨など、各地で自然災害が相次いだ。また、令和2年は、7月の前線に伴う大雨（令和2年7月豪雨）、令和2年台風第10号による暴風と大雨など、各地で自然災害が相次いだ。特に、令和2年7月豪雨では、西日本から東日本、東北地方の広い範囲で大雨が発生し、多くの地点で記録的な大雨となった。この豪雨によって各地で国管理河川を含む河川の堤防が決壊し、浸水被害が生じるとともに、過去最大クラスの広域での土砂災害が発生した。

また、気候変動の影響による水害・土砂災害の頻発・激甚化、南海トラフ巨大地震・首都直下地震等の巨大地震の発生等も懸念されることから、自然災害対策の重要性はますます高まっている。こうした背景を踏まえ、以下の問いに答えよ。

（1）　我が国における自然災害の総合的な防災・減災対策に関して、技術者としての立場で、多面的な観点から3つ課題を抽出し、それぞれの観点を明記したうえで、課題の内容を示せ。

（2）　前問（1）で抽出した課題のうち最も重要と考える課題を1つ挙げ、その課題に対する複数の解決策を示せ。

（3）　前問（2）で示したすべての解決策を実行しても新たに生じうるリスクとそれへの対策について、専門技術を踏まえた考えを示せ。

（4）　前問（1）～（3）を業務として遂行するに当たり、技術者としての倫理、社会の持続性の観点から必要となる要点、留意点を述べよ。

○受験番号、答案使用枚数、選択科目及び専門とする事項の欄は必ず記入すること。

1 自然災害の総合的な防災・減災対策推進の課題

1.1 防災意識社会への転換の課題（防災意識の観点）

　近年発生した数多くの災害の教訓を踏まえ、自然災害の総合的な防災対策の推進には、行政・住民・企業の全ての主体が災害リスクに関する知識と心構えを共有し、様々な災害に備える防災意識社会への転換が課題である。さらに、整備効果の高いハード対策と住民目線のソフト対策を総動員することが必要である。

1.2 総合的治水対策推進の課題（総合治水対策観点）

流域の市街化の進展による不浸透域の拡大に伴う洪水時の河川への流出量の増大、近年の豪雨の頻発・激甚化等に対応するため、河川の整備に加えて流域の持つ保水・遊水機能の確保、災害発生のおそれが高い地域での土地利用の誘導、警戒避難体制の確立等総合的な治水対策推進が課題である。さらに、雨水貯留浸透施設の整備など雨水の流出抑制、民間による被害軽減対策等関係主体が一体となった対策推進が必要である。

1.3 根幹的土砂災害対策の課題（土砂災害対策観点）

近年、豪雨等による大規模な土砂流出により、市街地や道路・鉄道等の重要な公共施設に甚大な被害が発生している。土石流や土砂・洪水氾濫等の大規模な土砂流出から人命・財産・公共施設を保全するため、土砂災害防止施設整備が課題である。併せて、土砂災害等が生じた地域において、再度災害を防止する土砂災害防止施設の集中的な整備推進が必要である。

2 最も重要と考える課題及び複数の解決策

2.1 私が最も重要と考える課題

私が最も重要と考える課題は、総合的な治水対策の推進である。その理由は、近年、短時間の局地的な大雨等により浸水被害が多発していることから、計画を超えるような局地的な大雨に対しても住民が安心して暮らせる浸水被害の軽減対策が必要なためである。

2.2 最も重要と考える課題に対する複数の解決策

2.2.1 局地的な大雨への治水対策推進の解決策

計画を超えるような局地的な大雨に対して住民が安心して暮らせるよう、河川と下水道の整備推進が解決策である。さらに、住民や民間企業等の参画の下、「100mm/h安心プラン」の登録等浸水被害の軽減対策を推進する取組みの実施が解決策である。

2.2.2 土地利用と一体となった治水対策推進の解決策

近年、浸水被害が著しい地域で土地利用状況等によっては連続した堤防を整備することに比べ、輪中堤の整備や災害危険区域の指定等の方が、効率的かつ効果的な場合もある。こうした土地利用規制や土地利用と一体となった治水対策の推進が解決策である。

2.2.3 水防体制の強化による解決策

水防管理団体等と連携し、出水期前に洪水に対しリスクの高い区間の共同点検の実施、水防技術講習会、水防演習の実施等による水防技術の普及が、安全で安心できる解決策である。

3 解決策を実行しても新たに生じうるリスクと対策

3.1 解決策を実行しても新たに生じうるリスク

解決策を実行しても新たに生じうるリスクは、コストがかかること、専門技術者が不足することである。

3.2 新たに生じうるリスクへの対策

コストがかかることの対策は、補助事業・モデル事業として実施することなどである。また、PFI、PPPなど民間資金の活用、施策に同意する市民から出資を募るクラウドファンディングなどがある。

専門技術者が不足することの対策は、異業種からの人材の新規雇用、退職したベテラン技術者の再雇用、女性、外国人、非正規労働者等の新規雇用などである。

4 業務遂行に当たり必要となる要点・留意点

4.1 技術者倫理の観点から必要となる要点・留意点

技術者倫理の観点から必要となる要点は、技術士倫理綱領の遵守、安全・健康・福利の優先である。
技術者倫理の観点から必要となる留意点は、信用の保持、真実性の確保、公正かつ誠実な履行などである。

4.2 社会持続性の観点から必要となる要点・留意点

社会の持続性の観点から必要となる要点は、地球環境保全、将来世代にわたる持続可能な社会の実現、環境・経済への負の影響低減、地球温暖化防止等である。

社会の持続性の観点から必要となる留意点は、地域の自然環境の保全、地域の歴史・文化の保全、継続研鑽・人材育成などである。

以上

●裏面は使用しないで下さい。　●裏面に記載された解答案は無効とします。　（KN・コンサルタント）24字×75行

論文作成の思考プロセス

取り上げるテーマは、自然災害の総合的な防災・減災対策推進の課題である。
- 防災・減災対策を考える場合には、国土交通省の安全・安心社会の構築、自然災害対策を第一に考える必要がある。
- 自然災害対策の基本である「防災・減災が主流となる社会の実現」について、国土交通省の施策や国土交通白書に準拠して記述しなければならない。
- 参考資料として、総力戦で挑む防災・減災プロジェクト（令和2年9月　国土交通省）などがある。

↓

設問（1）自然災害の総合的な防災・減災対策の推進の課題、観点、内容をどう表現するか？
- 最初に、防災・減災が主流となる社会の実現の観点を決めよう。観点を決めたら、おのずと課題が表現できる。
- 観点は、課題と同時に目次項目の中で、表現すると良いのではないか。目次項目に入れておけば、それを見落とす心配がなくなるので一石二鳥である。
- 自然災害の総合的な防災・減災対策の推進の課題として、国土交通省の施策、国土交通白書に準拠し、1.1 防災意識社会への転換の課題、1.2 総合的な治水対策の推進の課題、1.3 根幹的な土砂災害対策の推進の課題、という3つの課題を記述すれば、良いのではないか。
- なお、観点は上記の 3 つの課題の中に表記されているキーワードに注目し、選定して記述することにしよう。

観点及び課題（1）	観点及び課題（2）	観点及び課題（3）
1.1 防災意識社会への転換の課題 ・ハード対策やソフト対策を総動員した自然災害対策	1.2 総合的な治水対策の推進の課題 ・流域の持つ保水・遊水機能の最大限の発揮	1.3 根幹的な土砂災害対策の推進の課題 ・土砂災害防止施設の整備 ・再度災害防止対策施設の整備

設問（2）の最も重要と考える課題を何にするか？また、選定した理由を書いた方が良いのではないか？
- 設問（2）で書く内容は、（1）で挙げた3つの観点及び課題の中から、最も重要と考える課題1つを選定しなければならない。
- また、選定した理由についても、書く方が合理的であり、ストーリー性の伴った論文にすることができるのではないか。
- 最も重要と考える課題に対する複数の解決策は、3項目を記述することになるので、その解決策ごとに目次番号や目次項目を付けることが、分かり易い論文となる。
- 最も重要と考える課題を、例えば、1.2 総合的な治水対策の推進の課題を挙げた場合、その複数の決策として、

2.2.1 局地的な大雨に対する治水対策推進の解決策、2.2.2 土地利用と一体となった治水対策推進の解決策、2.2.3 水防体制の強化による解決策、の3項目を挙げることにしよう。

↓

設問（3）の解決策を実行しても新たに生じうるリスクとそれへの対策で書く内容をどうするか？
- 解決策を実行しても新たに生じうるリスクと対策では、3.1 解決策を実行しても新たに生じうるリスク、3.2 解決策を実行しても生じうるリスクへの対策、という目次項目を設定して記述することが必要ではないだろうか。
- 3.1 解決策を実行しても新たに生じうるリスクとして、コストがかかること、専門技術者が不足することが考えられる。
- 3.2 解決策を実行しても生じうるリスクへの対策について、コストがかかることへの対策としては、補助事業・モデル事業の活用、PFI・PPP 等民間資金の活用、クラウドファンディングなどが考えられる。
- 専門技術者が不足することへの対策については、建設業界以外の業界からの新規雇用、女性・高齢者・非正規就業者等の雇用、退職したベテラン技術者の再雇用等が考えられる。

↓

設問（4）の業務遂行に当たり必要となる要点・留意点で書く内容をどうするか？
- 業務遂行に当たり必要となる要点・留意点を、4.1 技術者倫理の観点から必要となる要点・留意点、4.2 社会の持続性の観点からの必要となる要点・留意点、という2つの目次項目を設定して記述すると分かり易い。
- 問題文は、必要となる要点・留意点となっていて、必要となる要件ではないので、正しい用語を使用する。
- 4.1 技術者倫理の観点から必要となる要点・留意点では、技術士倫理綱領に準拠して記述する。
- 技術士倫理綱領は、令和 5（2023）年 3 月に改訂されているので、改訂された新しい用語を使用して記述する。
- 4.14.1 技術者倫理の観点から必要となる要点・留意点のうち、要点は安全・健康・福利の優先、をまず記述する。
- 技術者倫理の観点から必要となる留意点については、信用の保持、真実性の確保、公正かつ誠実な履行などを記述する。
- 4.2 社会の持続性の観点から必要となる要点・留意点では、重要項目の要点について、地球環境の保全、将来世代にわたる持続可能な社会の実現、環境・経済・社会への負の影響の低減、などを記述しよう。
- 社会の持続性の観点から必要となる留意点については、地域の自然環境の保全、地域の歴史・文化の保全、継続研鑽・人材育成などを記述しょう。

予想問題　防災・減災

設問 10

我が国の国土は、世界的にみて特異的な地理条件にあって地形や地質、あるいは特徴的な気象等の条件下にある。また、近年では社会的状況の変化や、暴風、豪雨、豪雪、洪水、高潮、地震、津波、噴火及びその他の異常な自然現象に起因する自然災害に繰り返しさいなまれるようになってきている。自然災害への対策については、レベル２地震度をもつ巨大地震発生の可能性の高まり、気候変動の影響による水災害、土砂災害の多発性から、防災・減災の重要性が高まっており、自然災害から国民の安全や生活を守ることがより一層求められていることを踏まえて、以下の問いに答えよ。

（1）自然災害から国民の安全や生活を守る取組を実施するに当たり、技術者立場の多角的な視野と観点から、３つの課題を抽出し、各々の観点を明記したうえで、課題の内容を示せ。

（2）（1）で抽出した課題のうちから、もっとも重要であると位置づける１つの課題を挙げて、②この複数の解決策を示せ。

（3）（2）で示した複数の解決策を実行しても、新たに生じうるリスクとそれへの対応策について述べよ。

（4）（1）～（3）を業務として遂行するに当たり、技術者としての倫理、社会の持続性の観点から必要となる要点・留意点を述べよ。

○受験番号、答案使用枚数、選択科目及び専門とする事項の欄は必ず記入すること。

1. 安全・安心な国民生活を守り取組むときの課題

　19世紀末と21世紀初め、明治三陸沖地震／津波（1896）、東日本大震災／津波（2011）があった。技術革新が起きた20世紀100年を挟む２つのL2地震、マグニチュード／被災地域居住人口の違いがあり、100年以上の隔たりがありながら、両地震で約２万人の生命が失われた。我々は無力感に襲われざるを得ない。巨大自然力作用により被災し奪われる生命が多過ぎる。

①少子高齢化、人口急減少や感染症脅威の中で、次のL2地震・津波襲来における犠牲者が多数発生する懸念。

②被災種類、規模及び態様は様々あり、予測、防災・減災化対策が難しい。

③地勢的・人文地理的条件、社会経済状況が様々である。自然災害の人的・物的被災度を劇的に低減させ、救護・復旧／復興に関する適正化・最小化を図る取り

組みは、極限まで多種多様分野に関わってくる。

2.最重要課題抽出とリスク・対策法

　ヒトは、地球の営みである気象変動性や地殻活動等から生ずる巨大自然外力作用を日々受ける。我が国は稀なる地理的環境から、これを頻度高く、強度高く被災経験則として重ねる。これらから免れようと図るとき、有事前にまんべんなくコストを掛け、労力を惜しまず投入せねばならないことを知った。また、予想・想定と異なり、未曾有の危機が襲来する場合の「構え」と「備え」の様が功を奏すとは限らないことが多々起こり得ることについても周知した。今後は超高齢社会化が手伝い、被災関連死者数が高まると考えられる。

　関東大震災から1世紀、阪神・淡路大震災から四半世紀、東日本大震災から10年、熊本地震から5年経つ現在、改めて今後の防災・減災について見つめ直す節目にある。遠くない将来或いは直近で、我々は様々な地学的条件により起こり得るL2地震により、大規模災害発生・被災を受けるだろう。近年の気候変動性等から豪雨、台風災害等の激甚・頻発化も懸念せねばならない。我々は、あらゆる災害から大切な生命を守ることを最優先にする防災・減災実現を図らねばならない。

2.2複数解決策の列挙

　全ての国民が災害から自らの生命を守ることができるよう図るには、災害時の国民一人一人のとる適切行動が重要且つ有効になる。2023年4月に改正された災害対策基本法では避難情報の分かり易さ向上、避難行動要支援者対策充実化等、被災時の国民の円滑・迅速な避難確保の仕組み強化が挙げられている。防災・減災並びに国土強靱化する新時代では、生命を守り抜けるよう、防災を実現させせる防災教育力を興すことが求められる。義務教育機関による防災知識の教示、実践的防災教育と避難訓練の実施は、災害から生命を守る自主行動がとれる社会実現化を推進することができる。

　地震・風水害・火山等の災害が頻発化・激甚化する災害大国の我が国では、AI×データ時代における必要災害関連データの取得機会が他国に比べて圧倒的に多くある。また、世界最先端のデジタル・防災技術を先駆的に研究・開発を行い、普及と社会実装を果たしておりˋ災害対応と進歩履歴がデジタル技術導入の歴史をつくっている。ピンチをチャンスに変え、世界貢献できる分野になる。如何に有用・高品位データの取得を図り、如何にこれらを有用に操り、防災・減災の場に役立てられるかが国際競争力の鍵である。データ分析解析技術を輸出することで、被災脅威や被害を軽減化し、世界のヒトの生命を守り貢献できる。防災・減災に関する多様な組織議論を重ねて、多様なる視点検討を進める。これは、労働人口減少・生産能力低下への対策に貢献し、高能率・省力化を手伝う。

3. 技術者倫理、持続的社会に関する要点・留意点

防災教育、災害対応技術に関し、子どもの心を揺さぶる生命教育や他者へ貢献する行動実践を図るよう心掛けねばならない。主体的・内発的な防災意識、避難行動がとれて非認知能力が向上し、助け合い心を育むことができ、地域の大人たちの防災意識も変えてゆく。やり抜く力、回復力、リーダーシップ、主体性、社会性、共感力、想像力、自己肯定感及び他者への配慮並びに論理的思考力等、人間力・生きる力が育まれる。故に、課題解決方法を考えさせる防災教育は、社会問題解決方法をデザインする力を鍛え（STEAM教育）、防災・減災に貢献するものと考える。　以上

●裏面は使用しないで下さい。　●裏面に記載された解答案は無効とします。　（TS・自営）24字×75行

論文作成の思考プロセス

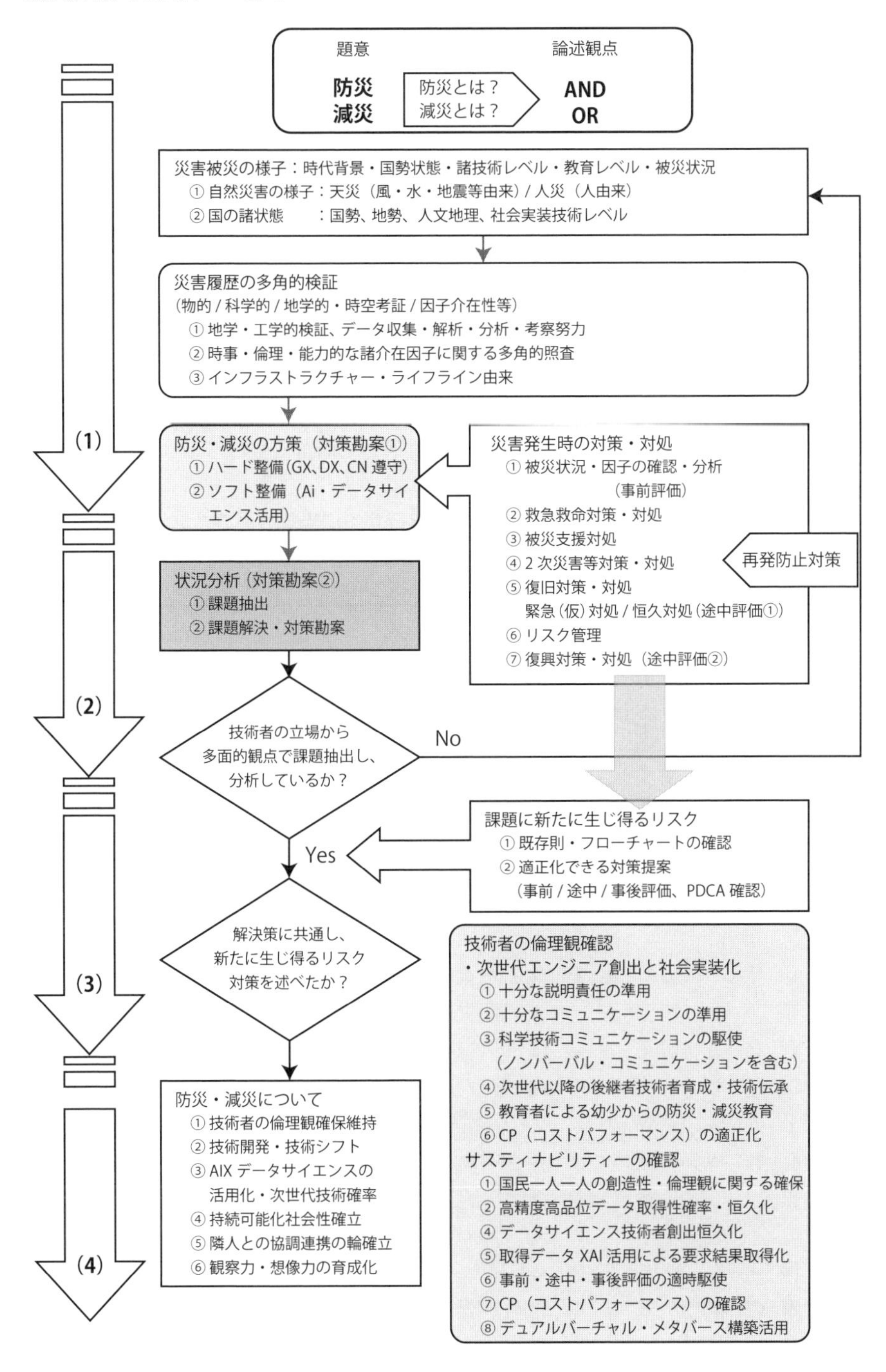

予想問題　工事の品質

設問 11

技術士倫理綱領には、「技術士は、科学技術が社会や環境に重大な影響を与えることを十分に認識し、業務の履行を通して持続可能な社会の実現に貢献する。技術士は、その使命を全うするため、技術士としての品位の向上に努め、技術の研さんに励み、国際的な視野に立ってこの倫理綱領を遵守し、公正・誠実に行動する。」とある。

しかしながら工事品質が軽んじられている現状を踏まえ、土木技術者として以下の問いに答えよ。

（1）建設工事で発生している工事品質の問題点を踏まえ、品質確保策の課題を３つ抽出し、その内容を示せ。

（2）（1）で抽出した課題のうち最も重要と考える課題を１つ挙げ、その課題に対する複数の解決策を示せ。

（3）（2）で提示した解決策に共通して新たに生じうるリスクとそれへの対策について述べよ。

（4）（1）～（3）を業務として遂行するに当たり必要となる要件を、組織と技術者の立場で倫理の観点から述べよ。

○受験番号、答案使用枚数、選択科目及び専門とする事項の欄は必ず記入すること。

1. 建設分野における品質向上の課題

近年、日本企業の品質検査不正が頻発している。鉄鋼、自動車に続き、油圧機器メーカーの免震装置で検査不正を公表した。また、羽田空港などの地盤改良工事で発生した施工不良、マンション耐震、基礎杭長さの不備など、多くの施工不良、不正が発生している。これらの問題が何故発生するのか、その原因と対処すべき課題について以下のように考える。

1.1 担い手不足、高齢化（人的資源の観点）

人手不足は深刻な問題で、1996年から2016年にかけて全産業の就業者数はほぼ横ばいであるのに対し、建設業は年々減少の一途をたどっている。さらに、その後の公共事業縮小により建設業界の就業者数はさらに減少し、特に建設業界へ就業する若者の減少は、高齢化を招いている。今後、高齢者層の引退に伴い若年労働者の不足はさらに進行していくと予想され、担い手を確保することが求められる。

1.2 工事の年度末集中化（発注者側の観点）

単年度予算消化制度により、工期が年度末に集中することが多く、納期に追われて丁寧さが欠け検査が十分に行われない案件が出ている。余裕を持った工事の平準化が求められる。

1.3 建設業界の元請け下請け構造（産業構造上の観点）

建設業界の元請け、下請け、孫請けのピラミッド構造にも問題がある。品質確保のための設備や人員の手当てなど、品質確保に対する認識のズレも想定される。

2. 最重要課題とその解決策

2.1 最重要課題

品質問題で最も重要な課題は担い手確保と考える。建設業は、他の産業と比較して労働集約的な要素が強く、機械化の進歩によっても人の手に頼らざるを得ない部分が大きい。建設業界を魅力ある業界として若者の就業者を確保しなければならない。そのために、3Kといわれる職場環境を改善することである。

2.2 担い手不足の解決策

1）給与体制の革新として、週休二日制を徹底し、休みが増えても手取りが下がらない仕組みにしていく。

2）専門教育を受けた優秀な人材を積極的に招き入れ、彼らにとって魅力的な業界へと変える。

3）女性や高齢者を迎え入れる。更衣室やトイレ、シャワー室などの用意、セクハラを抑えるための管理体制を確立する。また、経験豊富な70歳以上の高齢者・準高齢者を継続的な労働力として迎え入れる。

4）積極的に新技術、新工法を取り入れ、品質向上と効率化を目指すために、建設DXを推進する。

3. 課題解決策における新たなリスクと対策

少子高齢化社会において人材を確保するということは、必ずしも優秀な人材が確保できるわけではない。①効率化（省力化を図りながらこれまでの技術を活かす）、②情報セキュリティの確保という新たなリスク対応が求められる。そのために、過度に個々の能力に依存するのではなく技術革新を業界全体で取り組む必要がある。

対策1：人材育成として、個々の企業だけでなく、関係団体などが研修会や講習会を実施し、技術の充実を図っていく。大学や研究機関との連携や調査研究事業を通じて最先端の技術や情報を集積していく。
対策2：設計や製図についてはコンピュータ化が主流になりつつあり、現在では情報機器の効果的な利用が確実に必要とされている。国土交通省は、情報化を前提とした新基準「i-Construction」を2016年度より導入した。このように多くの業務において情報化が進みつつある状況を踏まえ、更なる効率化を図っていく。
対策3：組織として情報セキュリティ対策の方針と規則を定める。すべての社員や職員が情報セキュリティポリシーに沿った行動が実行されるよう、意識の向上を促す。

4. 業務遂行のために倫理観点

　業務を円滑に遂行するためには、公衆の安寧および社会の発展を常に念頭におき、専門的知識および経験を活用して、総合的見地から公共的諸課題を解決し、社会に貢献する企業及び技術者の配置が重要と考える。
①企業、管理技術者として同種業務実績を有する。
②技術士や施工管理技士など専門有資格者を配置する。
③必要CPD時間を確保している技術者とする。　以上

●裏面は使用しないで下さい。　●裏面に記載された解答案は無効とします。　（TO・コンサルタント）24字×75行

論文作成の思考プロセス

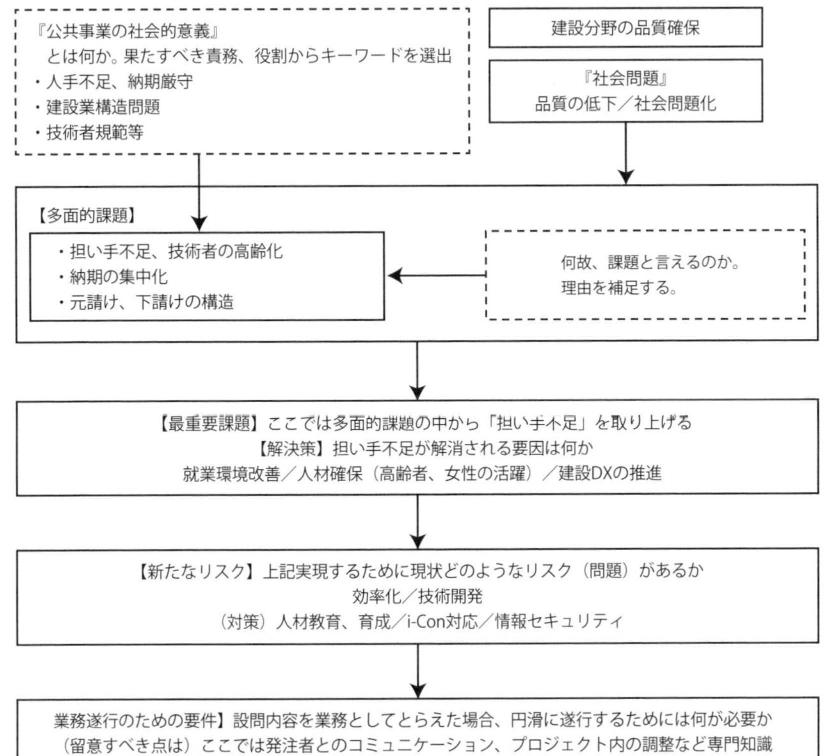

予想問題　工事の品質

設問 12

建設業は、我が国の経済成長を牽引する基幹作業であり、地域の暮らしの安全・安心を支える守り手と言われている。その一方で、建設業の労働環境や処遇の改善などの働き方改革の推進が求められている。

このような現状を踏まえ、公共事業の品質確保に対する、土木技術者として以下の問いに答えよ。

(1) 建設分野において工事品質の確保を実現するために、技術者としての立場で多面的な観点から3つの課題を抽出しそれぞれの観点を明記した上で、課題の内容を示せ。

(2) (1)で抽出した課題のうち最も重要と考える課題を1つ挙げ、その課題に対する複数の解決策を示せ。

(3) (2)で提示したすべての解決策を実行しても新たに生じるリスクとそれへの対応策について、専門技術を踏まえた考えを示せ。

(4) (1)～(3)の業務遂行に当たり、技術者としての倫理、社会の持続可能性の観点から必要となる要件、留意点を述べよ。

○受験番号、答案使用枚数、選択科目及び専門とする事項の欄は必ず記入すること。

1　建設分野における品質向上の観点と課題

1.1 建設業の労働環境・処遇の改善（労働者の観点）

建設業は、全産業平均に比べると年間300時間以上の長時間労働となっている。加えて建設業生産労働者の賃金は、依然として製造業よりも低い水準にある。さらに、他産業では当然となっている週休2日も取れていない現状があり、労働環境や処遇の改善を図ることが喫緊の課題となっている。

1.2 若手入植者の確保・技術継承（経営の観点）

我が国の少子高齢化に伴う労働人口減少に連動して、建設技能労働者のうち、60歳以上の高齢者は依然として多く、今後の経年とともに大量離職は避けられない。一方でそれを補う若手入職者数は十分とは言えず、高度な技能を有する労働者が減少するばかりではなく、技能が伝承されないことが懸念される。よって、将来の担い手として、若手入職者の雇用促進を図ることが必要である。

1.3 発注者の技術力向上・体制強化（発注者の観点）

公共工事の調達において、工事の仕様書に基づく価格競争だけでなく、入札参加者の技術提案や技術力を評価して最も優れた入札者を落札者とする総合評価落札方式が増加している。これを促進していくためには、発注者が適切な技術的評価を行える技術力を備える必要がある。

2 最も重要と考える課題とそれに対する複数の解決策

2.1 最も重要と考える課題

　最も重要と考える課題は、建設業の労働環境・処遇の改善である。その理由は、建設業は技能労働者に頼らざるを得ない面があり、技能労働者を確保するためには、労働環境・処遇の改善が重要だからである。

2.2 建設業の労働生産性の向上

　建設分野で担い手不足を解消し若手入職者を増員していくためには、処遇・労働環境等の改善が重要である。具体的には、週休2日の確実な実施など労働時間の短縮が必要であり、そのためICT施工、建設分野でのDXの開発・導入を積極的に行い、公共事業における労働生産性の向上を図ることが必要不可欠である。

2.3 労働者へのインセンティブの付与

　労働者に、生産性向上、新たなアイデアによって品質向上が図られた場合には、インセンティブを付与することが適正である。このインセンティブが付与されることで、労働者の品質確保に対するモチベーションの高揚につながる。このような体制や仕組み作りが必要である。

2.4 建設業の労働環境の改善

　建設分野では、近年女性や若年層の雇用が増加してきている。こうした女性の雇用を促進するために、労働環境の改善や週休2日の確実な実施が必要である。さらに、休暇を取りやすくする社内環境の醸成、品質確保に対する全社的な取組み体制整備が必要である。

3 全ての解決策を実行しても生じうるリスクと対策

　解決策を実行しても生じうるリスクは、コストがかかること、専門技術者が不足することである。

　このうち、コストがかかることへの対策は、公共事業の採択を受けること、PFI/PPP等の民間資金を活用することである。

専門技術者不足への対策は、建設業界以外の業界から労働者を雇用すること、女性・外国人技能者などを雇用すること、退職高齢技術者の再雇用などである。

4 業務遂行に当たり必要となる要点・留意点

4.1 技術者倫理から必要となる要点・留意点

技術者倫理の観点から必要となる要点は、技術士倫理綱領の遵守、公衆の安全、健康及び福利の最優先である。

留意点は、中立公正の立場、継続研さん、CPDの実施、若手技術者の育成等である。

4.2 社会の持続可能性から必要となる要点・留意点

社会の持続可能性から必要となる要点は、地球環境保全、SDGsの目標達成、野生動植物保護、生態系の保全、CO_2排出量削減等である。

留意点は、地域の環境保全、地域の動植物の保全、地域の歴史・文化の尊重等である。

以上

●裏面は使用しないで下さい。　●裏面に記載された解答案は無効とします。　（SO・団体職員）24字×72行

論文作成の思考プロセス

今回の論文で取り上げるテーマは「建設分野の品質確保」である。
・建設工事は１品生産であり、長時間労働の常態化、低賃金、生産性が低い
・建設労働者・技術者の高齢化、新規入職者の減少などから、担い手や技術の継承が懸念
・発注側においても技術提案などの評価を適切に行うことができる技術者の育成が必要

↓

設問（1）課題（観点）３つ
問題文に記載されている「技術者の立場で多面的な観点」を意識して、幅広い分野から課題を抽出する。
①建設業の労働環境・処遇の改善（観点：労働者）
②若手入職者の確保・技術継承（観点：経営）
③発注者の技術力向上・体制強化（観点：発注者）

↓

設問（2）最重要課題と複数の解決策の考え方
問題文の「地域の暮らしの安全・安心を支える守り手、働き方改革の推進」を重視して最重要課題と解決策を決める。
・最重要課題と理由：課題①建設業の労働環境・処遇の改善を記述する。
・解決策：国土交通白書（令和５年版）に掲載されている「担い手不足の解消に資する生産性向上・働き方改革の促進」、国土交通省不動産・建設経済局「建設産業における担い手の確保・育成（令和２年９月１４日）」資料から解決策に関するものを選択し記述する。
①建設業の労働生産性の向上
②労働者へのインセンティブ付与
③建設業の労働環境の改善

↓

設問（3）すべての解決策を実行しても新たに生じうるリスクとその対策の考え方
・新たに生じるリスクについては、コスト増、専門技術者不足を取り上げる。
・コスト増：公共事業と民間資金の活用（PPP/PFI等）
・専門技術者不足：他業界及び女性や外国人の雇用、退職者の再雇用など

↓

設問（4）技術士倫理綱領（日本技術士会）に基づき記述する。
・技術者倫理：公益確保、公衆の安全、健康、福利の最優先を記述する。
・社会の持続性：地球環境保全、SDGｓなどを記述する。

第二次試験（選択科目）
記述式試験の対策

記述式問題の傾向と対策（全 11 分野）

令和元年度試験問題の論文解答例（全 11 分野）

4. 選択科目の対策

4.1　選択科目の分析

選択科目の要求事項を以下に示す。Ⅲについては、令和元（2019）年度より試験方法の改定により、若干の変更がなされたため留意する。

表1　選択科目要求事項

要求事項	備　考
Ⅱ-1　専門知識	1枚以内
※概要と留意点	複数項目の概説の場合もある
Ⅱ-2　応用能力	2枚以内
(1) 調査、検討すべき事項と事項の内容 (2) 業務を進める手順 (3) 関係者との調整方策	重要事項とその内容 実施フロー（留意点、要工夫点） 効率的・効果的
Ⅲ　問題解決能力及び課題遂行能力	3枚以内
(1) 多面的観点からの課題の抽出 (2) 最重要課題とその解決策（複数） (3) 新たに生じうるリスクとそれへの対策 (3)' 波及効果と専門技術を踏まえた懸念事項	課題は3つ、各観点を明記 課題はひとつ選ぶ、抽出理由記載 (3) は選択科目によっては2通り 専門技術用語・専門技術に注目

4.2　解答論文の構成・章立て

解答論文の構成・章立ては、必須科目と同様に、設問の問いに連動するように構成する。設問はおおむね**表1**のように設定される。したがって、原則として、設問番号（1）（2）（3）と解答の章番号1. 2. 3. は一致させ、試験官が読みやすく採点しやすくするべきである。すなわち、プロポーザル等の技術提案書と同じである。従来の「はじめに」、「おわりに」は指定がなければ特に必要ない（書いても採点の対象とならない場合があり、「おわりに」でキーワードを追記する場合以外は推奨しない。）。なお、解答用紙の制限枚数を遵守するとともに、特に空白が多い場合は、論文の最後は「以上」で結び、論文が完成したことを示すとよい。

4.3　選択科目の対応

(1) 選択科目Ⅱ-1（専門知識）

選択科目Ⅱ-1では、専門用語の概説として、キーワード集を作成する。専門用語は、過去問題・専門書・技術雑誌などから抽出し、その内容については、専門書・インターネットから収集し整理する。また、内容は、背景・概要・留意点（得失）・原理・対策等に整理して記載するとよい。備考については、学習優先度（要注意等）、出題年次、関連項目等を記載する。**表2**に例を示す。

設問によっては、対象構造物の種類など、条件等の設定を要求されることもあるため、問題文をよく読み、要求事項を見落とさないようにする。

表2　選択科目Ⅱ-1　専門知識の整理例（キーワード集）

キーワード	内　容	備　考
総合設計制度	500㎡以上の敷地内に一定割合以上の空地を有する建築物………………	●既出 H26 年 ●関連事項　①一団地認定制度

(2) 選択科目Ⅱ-2（応用能力）

［選択科目Ⅱ-2の対応対策］

選択科目Ⅱ-2では、「2. 業務を進める手順」が重要となる。まずは、ここ数年のトレンドとなる計画や設計等の手順を収集し、予想問題を想定し、「1. 調査、検討すべき事項と事項の内容」、「3. 関係者との調整方策」をまとめる。

本論文は、解答用紙2枚以内で作成するため、項目ごとに解答用紙3分の2枚を割り当てることとなるが、「2. 業務を進める手順」については、記載の割合が増えることとなる。なお、「鋼構造及びコンクリート」では、「鋼構造」、「コンクリート」いずれかの立場の記載を求められる場合があるので留意する（令和2（2020）年度）。

表3　選択科目Ⅱ-2の取りまとめ要領

問題の内容・タイトル・区分
過去問や想定される予想問題を記載 また、予想問題の背景・設定・概要・効果等を記載してもよい。
1. 調査、検討すべき事項と事項の内容
「2. 業務を進める手順」を踏まえ、想定される調査・検討等の概要を列挙する。
2. 業務を進める手順
この問題の核となる部分である。シートの作成としては、他の部分は空欄にし、まずは手順から整理してもよい。ここ数年のトレンドを、専門知識の対応と同様に抽出し、収集・整理する。特に、法改正や新制度、計画・設計等ガイドラインの手順（業務実施フロー）に注目し、各段階における留意点・工夫を要する点を踏まえ整理する。具体的にはインターネット等から画像のフローをコピーし、それをテキストとして再構成しノートとしてまとめる。その場合は、A4 シート1枚にこだわらなくても良い。なお、新事業については、実際の業務の特記仕様書や業務計画書、積算歩掛なども参考となる。
3. 関係者との調整方策（効率的・効果的）
「1. 調査、検討すべき事項と事項の内容」、「2. 業務を進める手順」を踏まえ、関係者との調整方策を効率・効果の視点から整理する。 関係者としては、①行政（発注者・施設管理者・関係省庁）、②管理者、③事業者、④地域住民、⑤ NPO 等非営利団体等、⑥施設利用者（エンドユーザー）、⑦社会的弱者・災害的弱者（外国人・障害者等）などが考えられる。
※参考資料等
参考とした文献、法律、計画、示方書、基準等を記載する。

具体的な予想問題の想定と整理を以下に示す。

表４　選択科目Ⅱ-2の整理シート例（コンクリート・維持管理）

問題Ⅱ-2-1　鉄筋コンクリート構造物における剥離・鉄筋露出		維持管理
経年劣化によるかぶりコンクリートの剥離・剥落で鉄筋が露出したコンクリート構造物において、補修対策を行うものとして、以下の問いに答えよ。 ※鋼構造及びコンクリート　平成27年（2015）度問題を修正		
1. 調査・検討すべき事項と事項の内容		
調査・検討項目	**内　容**	
① 架設年・架設環境・交通量（大型車）	架設年代→塩化物イオン・アルカリ総量規制 交通量→疲労の可能性	
② 履歴調査	完成図面・構造計算書・工事記録・既往点検調書・補修履歴 →対象構造物の損傷要因、施工由来・既知の要因	
③ 現地詳細調査	ひび割れ・うき・鉄筋腐食等の損傷の範囲の記録・要因推定 目視要因推定困難な場合→コンクリート試料採取・試験	
④ 損傷要因の検討	損傷促進要因（塩害・中性化・ASR・床版疲労・外力・コンクリート圧縮強度不足等）を推定	
⑤ 補修工法の検討	専門書・示方書・学会論文等から最新の補修工法を入手 近隣の補修工法実績	
2. 手順　（留意点・工夫点を含めて）		
手　順	**留意点・工夫点**	
① 業務計画立案	・業務全体の概略計画を立案する。	
② 調査計画立案	・現地踏査を実施（損傷実態を把握。現地の交通量・作業ヤード・占有物件・近接調査手段等を確認） ・調査工程、橋梁点検車等調査機材、コンクリート試験、交通規制等検討 ・交通規制、道路・河川専用が必要な場合は関係機関協議実施	
③ 現地調査実施	・現状調査：完成図を基に橋長・幅員等主要寸法が正しいか確認する。完成図がない場合は必要に応じて測量を実施する。 ・外観調査：近接目視・打音検査による行い、ひび割れ・うき等の損傷範囲を変状図として記録する。 ・コンクリート調査：コア試料採取、試験を実施する。	
④ 補修対策工法立案	・劣化要因を明確しひび割れ補修工・断面修復工・表面保護工等、経済的で劣化抑制・因子阻害効果の高い工法を選定 ・電気化学的防食工法は一般的に高価（LCC等の検証） ・鉄筋腐食が著しい場合は補強実施（継手定着長確保）	
3. 関係者との調整方策（効率的・効果的）		
関係者	**調整方策**	**効率・効果**
① 施設管理者	対象橋梁の損傷要因・補修内容・今後の維持管理方針（LCC予測を含む）を協議	維持管理の持続性確保
② 道路・河川管理者・警察署	調査時・補修工事時に道路・河川等占用のため占用・使用許可を協議	遅延なき現地調査の実施
③ 施工会社	設計図面以外の重要事項（施工時の留意点・必要追加調査等）を申し送り事項として協議	工事の確実化、施工ミスの防止
④ 地質調査会社	橋台変位など、橋台・橋脚基礎に問題がある場合は、調査を検討	構造物の健全性向上
⑤ エンドユーザー	調査時・補修工事時に通行規制が必要となる場合は周知	エンドユーザーの利便性確保
※　参考文献		
①「コンクリート診断技術」（各年度版、日本コンクリート工学会） ②『2018年制定　コンクリート標準示方書［維持管理編］』土木学会、2018年／2022年		

(3)　選択科目Ⅲ（問題解決能力及び課題遂行能力論文）

［選択科目Ⅲの対応対策］

選択科目Ⅲは、「2. 最重要課題とそれに対する複数の解決策」と「3. 新たに生じうるリスクとリスク対策」（波及効果と専門技術を踏まえた懸念事項の場合もある。）が重要である。

「2. 最重要課題とそれに対する複数の解決策」における複数の解決策は、「3. 新たに生じうるリスクとリスク対策」における新たなリスク（すべての解決策を実行しても発生するリスク）を記述する必要がある。したがって、最重要課題～複数の解決策～新たなリスクの流れを一連に組み立てる必要がある。そのためには、論文の骨子を考える上で、最初に最重要課題とリスクを想定しておく。なお、2. では専門技術用語を交えて、3. では専門技術を踏まえて論ずるように明記されたため、留意が必要である。

令和 3（2021）年度より、「1. 多面的な観点からの課題抽出」について、各々の観点を明記する様になり、「観点」の記載がより明確化された。ここでいう観点とは、建設系でいう「視点」・「立場」・「方向性」・「分野」等と同義と考えてよい。狭義の「観点」とは目に見えない対象（概念等）への視点の意である。

表 5　選択科目Ⅲの取りまとめ要領

問題の内容・タイトル・区分
ここ数年の建設部門のトレンドや重要課題等を自分の受験する選択科目に掘り下げて具体的な予想問題を設定する。
1. 多面的観点からの課題の抽出
「2. 最重要課題とそれに対する複数の解決策」の最重要課題を意識して、想定される課題を多面的観点から列挙する。各々の課題がどの様な観点から記載されたものか、文頭等に記載する。課題数が指定される場合があるため留意する（令和 5（2023）年度は課題を 3 つ抽出）。
2. 最重要課題とそれに対する複数の解決策（専門技術用語を交えて）
「1. 多面的観点からの課題の抽出」の分析より最重要課題を抽出し、最重要課題に対する解決策を複数記載する。解決策は、3. における懸念事項（新たなリスク）を踏まえ記述する。
3. 新たに生じうるリスクとリスク対策（専門技術を踏まえて）または、"専門技術を踏まえた"波及効果と懸念事項
上記の 2 パターンが存在するので対応できるようにしておく。 「波及効果」→「懸念事項」≒「新たなリスク」→「リスク対策」と三段式に整理してもよい。波及効果は実現すべき目標や理想像などを踏まえ選別する。懸念事項（新たなリスク）については、選択科目や科学技術に係るキーワードを含めて、負のリスクを記載する。リスク対策は、リスク規模と発生確率（例：リスク規模大×発生確率低）、4 つの対策（保有・低減・回避・移転）を記載してもよい。
※参考資料等
参考とした文献、法律、計画、示方書、基準等を記載する。

本論文は、解答用紙 3 枚以内で作成するため、項目ごとに解答用紙 1 枚を割り当てることとなる。なお、「鋼構造及びコンクリート」では、選択科目Ⅱ-2 と同様に「鋼構造」、「コンクリート」いずれかの立場の記載を求められる場合があるので留意する。

表6　選択科目Ⅲの整理シート例（道路・物流ネットワーク）

<table>
<tr><td>問題　Ⅲ-1　高速道路が物流に果たす役割と効果</td><td>区分：物流ネットワーク</td></tr>
<tr><td colspan="2">産業競争力の強化、豊かな国民生活の実現や地方創生を支えるため、高速道路が強い物流機能を発揮し、経済活動等を支えていくことが国家的課題である。</td></tr>
<tr><td colspan="2">1. 多面的観点からの課題の抽出・分析（3つ以上※できるだけ多く記載）</td></tr>
<tr><td colspan="2">メ　モ　（背景・課題等を列挙）
・高速道路ネットワークの整備は、地方都市間の交流と連携を活性化
・移動時間が大幅に短縮され、地域連携の強化や地域経済の発展に寄与
・沿線の工業立地が進み地域産業活性化・雇用機会創出など地域経済発展に寄与
・災害時に高速道路の一部が通行止めとなっても、周辺の高速道路機能を確保することで人の流れ・物流を支援し輸送機能低下を防止。被災地早期復興を支援</td></tr>
<tr><td>①骨格的放射状環状ネットワーク形成</td><td>②ミッシングリンクの解消</td></tr>
<tr><td>観点：物流の質の観点
大型貨物車に対応した骨格的な放射状環状ネットワークが未整備</td><td>観点：物流の連続性の観点
近くに自動車専用道路がなくアクセス困難、ネットワークとして未完成で不便</td></tr>
<tr><td>③インターチェンジ（IC）利便性向上</td><td>④地域高規格道路整備※</td></tr>
<tr><td>観点：物流の活性化の観点
IC 間は平均 10km、市街地から離れて機動性、物流拠点とのアクセスが悪い。</td><td>観点：空白地ゼロの観点
高速道路を補完する地域高規格道路を整備し、自車専用ネットワークを構築</td></tr>
<tr><td colspan="2">2. 最重要課題とそれに対する複数の解決策（課題は1つ　専門技術用語）</td></tr>
<tr><td colspan="2">最重要課題：①骨格的放射状環状ネットワーク形成
抽出理由：輸送効率化、国際海上コンテナ輸送対応など大型貨物車ニーズが高い。</td></tr>
<tr><td>解決策①　物流拠点の立地に基づき、大型貨物車の効率的走行ルートニーズ分析</td><td>解決策②　大型貨物車未対応の骨格ネットワークを計画的・集中的整備</td></tr>
<tr><td>解決策③　大型貨物車の走行ルート整備を前提に、環状道路内流入規制や走行ルート指定を検討</td><td>解決策④　郊外部や臨海部において大規模で広域的な物流拠点の整備を促進
（例：圏央道と関連した整備）</td></tr>
<tr><td colspan="2">3. 専門技術を踏まえた新たに生じうるリスクとリスク対策または、専門技術を踏まえた波及効果と懸念事項</td></tr>
<tr><td colspan="2">波及効果
①移動時間が大幅に短縮。物流が活発化し地方都市間の交流と連携が活性化
②沿線の地域産業活性化・雇用機会創出など地域経済発展に寄与</td></tr>
<tr><td colspan="2">懸念事項・新たなリスク
①土地利用等道路による区域の分断など都市構造との不整合
②住宅地・公園等良好な都市環境に悪影響</td></tr>
<tr><td colspan="2">リスク対策
①都市構造・環境との整合（低減）
②都市部等において都市環境の観点から大型車通過走行規制検討（低減・回避）</td></tr>
<tr><td colspan="2">※参考文献</td></tr>
<tr><td colspan="2">①「総合物流施策大綱（2017 年度 -2020 年度）」2017 年、国土交通省
②「総合物流施策大綱」に関する有識者検討会の提言</td></tr>
</table>

※令和5年度の「1. 多面的観点からの課題の抽出・分析」では課題は3つだが、事前準備としては、可能な限り多く検討しておくと良い。

[必須科目Ⅰと選択科目Ⅲとの関連性]

選択科目Ⅲ（問題解決能力及び課題遂行能力論文）は、必須問題（Ⅰ）と類似している。したがって、選択科目Ⅲの過去問を研究するとともに、必須科目Ⅰの過去問や本書の予想問題が、自分の選択科目で出題された場合を想定し（例えば、建設部門をコンクリートに読み替える）、予想解答を整理する。

表7は必須科目Ⅰの令和元（2019）年～5（2023）年度の出題傾向と本書の予想問題、**表8**は選択科目Ⅲについての過去問のテーマを整理したものである。**表7、表8**を見ると、同じテーマが年度を変えながら繰り返し出題されていることがわかる。なお、テーマにより①共通の話題（カーボンニュートラル、With コロナ、建設業完全週休2日化）、②時事問題（道路・河川・都市計画法等関連法改正、空港施設橋梁の漂流タンカー衝突、造成地斜面崩壊、ICT、BIM/CIM、新・担い手三法、豪雪対策等社会問題）③科目独自のテーマ（道路構造・ヒートアイランド現象、都市のスポンジ化、生態系ネットワーク）に区分される。

表7　必須科目Ⅰ　令和元（2019）年～5（2023）年度出題傾向と本書の予想問題

区分	テーマ	備考（関連事項等）
令和元（2019）年度出題	①生産性向上	働き方改革
	②国土強靱化	ナショナル・レジリエンス
令和2（2020）年度出題	①地方中小建設産業の担い手問題	まち・ひと・しごと創生
	②戦略的なインフラメンテナンス	インフラメンテナンス2.0
令和3（2021）年度出題	①建設廃棄物と循環型社会の構築	循環型・低（脱）炭素・自然共生
	②風水害対策	異常気象、安全・安心社会
令和4（2022）年度出題	①デジタルトランスフォーメーション（DX）	社会資本整備・維持管理・利活用
	②国土交通省環境行動計画（2050年カーボンニュートラル）	国土交通グリーンチェンジ
令和5（2023）年度出題	①巨大地震に対する国土強靭化	関東大震災100年
	②社会資本メンテナンス	国土交通グリーンチェンジ
社会資本整備	①社会資本のストック効果	社会資本整備重点計画 管理マネジメントの実施
	②コロナ後の新しい社会資本整備	地球温暖化　グリーンインフラカーボンニュートラル
国際化（グローバル化）	③国際標準化への戦略的取組	知的財産権　標準必須特許
	④建設産業の海外展開	インフラ輸出 ローカルコンストラクター 人材育成 語学研修
維持管理	⑤インフラの老朽化	予防保全的管理　インフラ長寿命化計画　AI・新技術　非破壊技術
	⑥低炭素・脱炭素社会における維持管理	異常気象・地球温暖化　コンパクトシティ　建設リサイクル
技術開発	⑦情報化社会と技術革新	多発する自然災害
	⑧新技術の開発と活用	少子高齢化社会　建設DX
防災・減災	⑨自然災害の総合的防災・減災対策	防災意識社会 総合治水対策　土地利用一体整備 100mm/h安心プラン
	⑩脆弱な国土に対する気象災害対策	国土強靭化・グローバル化対応
工事の品質	⑪工事品質の問題点	技術者倫理
	⑫工事品質の確保	働き方改革、処遇改善

表８　選択科目Ⅲについての過去問のテーマ

選択科目	令和５（2023）年度	令和４（2022）年度	令和３（2021）年度
土質基礎	※地盤構造物の新設・改修における豪雨、洪水等の災害被害の低減	※技術者不足における土質基礎分野生産性向上	◎カーボンニュートラル・建設副産物低減
	※環境負荷低減の地盤構造物の新設・改修	※災害時既設地盤構造物のリスク評価	※地盤構造物の災害リスク
鋼構造及びコンクリート	◎継続的な技術・技能の伝承と次世代を担う技術者の育成	※老朽化対策における優先順位決定手法（トリアージ）	新材料・新工法活用における課題
	◎省力化や働き方改革等業務効率化の取組と課題	※サプライチェーンマネジメント（生産性向上・資材高騰）	予防型メンテナンス推進における課題
都市及び地方計画	※地方都市の中心市街地における空き家対策	駅まち空間の再構築（コンパクトシティー・プラスネットワーク）	◎ With コロナと都市政策
	地球温暖化対策推進、Well-being による緑の基本計画改定	※持続可能住宅団地（住宅団地陳腐化対策）	※伝建・歴建が立地する都市公園の保全
河川、砂防・海岸海洋	※気候変動による頻発化・激甚化する水害の既存ストック有効活用	※水災害リスクを踏まえた防災まちづくり	◎ With コロナにおける水防災対策施設の遠隔化
	※水災害時の住民避難行動に結び付く災害情報の提供・共有方法	※水災害に対する防災対策事業の事業評価	地震・津波等水防災施設の被災状況把握とセンシング情報活用
港湾・空港	※パンデミックや地政学的リスクを踏まえた港湾・空港のグローバルサプライチェーン	※アフターコロナ時代の地域振興と港湾空港のありかた（物流・人流）	地方活性化のための農産品輸出拡大における港湾・空港の役割
	◎港湾・空港の工事における生産性を向上	※港湾・空港における護岸等の耐震化（調査・改良）	◎脱炭素化・カーボンニュートラルの取組み
電力土木	電力施設を建設するための土木工事に関わる技術の維持継承	◎気候変動を踏まえた電力土木施設の維持管理	電力土木技術者人材育成の課題
	電力システム改革など電力事業を取り巻く環境変化に対する対応	※再生エネルギー導入と地域社会との合意形成	河川・道路・トンネル等近接構造物の留意点
道路	道路における交通安全に係る現状と取組	道路ニーズの多様化	※豪雪時の車両滞留対策
	SA、PA の社会的ニーズの変化に対応した進化・改良	◎２巡目定期点検を踏まえた高速道路の持続的な維持管理	高速道路暫定２車線の課題
鉄道	大都市圏中心部での鉄道建設	※豪雨災害等の鉄道河川橋りょう被災メカニズムとその対策	◎鉄道工事における深夜作業等働き方改革
	コンクリート橋のコンクリート・モルタル片の剥落対策	※人口・人流減少時代の鉄道工事コスト縮減	地域鉄道の脱線事故防止と軌道・土木構造物維持管理
トンネル	山岳部トンネルの完成後の外力による変状の抑制・改修	山岳トンネル工事の配慮すべき周辺環境対応	山岳トンネルにおける特殊地山
	トンネルの耐震性能を踏まえた構造計画	用途によらない都市部トンネルの作用内容	開削またはシールドトンネルの使用性照査
施工計画・積算	◎構造物整備から供用後の各過程のカーボンニュートラルへの取組	※応急復旧工事における施工・積算の課題	◎働き方改革における施工計画（週休二日）
	建設現場での週休２日の実現	※建設生産プロセスの課題（持続的社会資本）	※ダンピング受注防止と施工計画・積算
建設環境	市街地が拡散した都市構造が抱える二酸化炭素排出量の増加の課題	※河川を基軸とした生態系ネットワーク	生態系ネットワーク形成の取り組み
	治水事業の整備内容に応じた河川環境の保全や影響緩和の検討	※アフターコロナ時代の CO_2 抑制対策（在宅・外出自粛時代）	◎カーボンニュートラル、交通・エネルギー・みどりの課題

◎　：各科目での共通の課題（国の重大施策など必須科目Ⅰに準ずる話題）
※◎：以外の時事問題・課題（重大事故・災害、法令改正など）
無印：上記以外の選択科目に特化した専門技術

なお、近年社会情勢では、「コロナ禍・ロシアのウクライナ侵攻における物資の高騰」「災害等による公共交通・通信障害問題」「プロポーザル支援やスポンサー契約をめぐるコンプライアンス違反」「重大な交通事故」「違法性の高い土砂災害」が発生している。これらの関連分野については注視しておく。令和5（2023）年度は、水災害対策、生産性向上、技術継承、パンデミック・地政学的リスク（グローバルサプライチェーン）などが出題された。

令和3（2021）年10月から、岸田文雄内閣が発足した。新内閣では、「成長と分配の好循環」と「コロナ後の新しい社会の開拓」をコンセプトとした「新しい資本主義を実現」が掲げられ、以下の3つの基本方針が示されている。

①スタートアップの創出　②地方における官民のデジタル投資倍増 ③気候変動問題への対応（エネルギー・脱炭素など）

また、令和5（2023）年9月の経済対策としては、「成長の成果還元」として、以下の5本の柱を掲げている。

①物価高から国民生活を守る　②持続的賃上げ、所得向上と地方の成長 ③成長力につながる国内投資促進　④人口減少を乗り越え、変化を力にする社会変革 ⑤国土強靭化など国民の安心・安全

これらを踏まえ、多面的観点・課題、波及効果、リスクと対策、メリット・デメリットを整理する。

なお、**表9**は、内閣官房組織図における建設関係の対策室・推進室等である。国の重要施策については、内閣が直接組織化を行っているため、必須問題Ⅰも踏まえて注目しておきたい

表9　内閣官房組織図における対策室・推進室等（建設部門関連）

◎新しい資本主義実現本部事務局	
全　般	◎新しい資本主義実現本部事務局
国土強靭化	・国土強靱化推進室　◎船舶活用医療推進本部設立準備室（災害時船舶活用） ◎デジタル田園都市国家構想実現会議事務局（①と関連）
DX・ デジタル化	◎GX実行推進室　・デジタル市場競争本部事務局 ・地理空間情報活用推進室
国際化	◎グローバル・スタートアップ・キャンパス構想推進室（②と関連） ・TPP等政府対策本部　◎海外ビジネス投資支援室
感染症対策	（新型コロナウイルス感染症（等）対策本部事務局・対策室）
観光・ インバウンド	・産業遺産の世界遺産登録推進室　・観光立国推進室 ◎特定複合観光施設区域整備推進室　◎国際博覧会推進本部事務局
人的資源	・就職氷河期世代支援推進室
その他	（小型無人機等対策推進室）・水循環政策本部事務局

出典：内閣官房ウェブサイト ◎は注目すべき組織・内容
括弧内は過去に存在した事務局等　https://www.cas.go.jp/jp/gaiyou/pdf/230901_sosikizu.pdf

選択科目［土質及び基礎］記述式問題の傾向と対策

(1) 過去5カ年（令和元～5（2019～2023）年度）の出題内容

平成25（2013）年度から導入された新試験制度では、Ⅱ-1は主に専門知識を問う問題が4問、Ⅱ-2は応用能力を問う問題が2問、Ⅲは課題解決能力を問う問題が2問出題され、回答数は各2問、1問、1問である。令和元年度から令和5年度までの5年間では全く同様な形式で出題されており、出題内容は下表「過去問題の出題分野」に示すとおりで出題分野は広範囲にわたる。

Ⅱ-1の出題内容は、締固め、せん断試験、圧密、液状化、土構造物（堤防、盛土、地山補強土、アンカー工、擁壁等）、直接基礎・支持力、ヒービング・盤ぶくれ・ボイリング、杭基礎・矢板、地すべり等に対する用語説明やメカニズム、発生原理を問うものであり、幅広く専門的な知識に重点が置かれている。

Ⅱ-1　「専門知識を問う問題」過去問題の出題分野

出題分野		令和元	令和2	令和3	令和4	令和5
Ⅱ-1-1	堤防・盛土の浸透破壊メカニズム	1				
	圧密沈下のメカニズム、盛土沈下の影響と対策工		1			
	擁壁の変状・損傷の発生形態と原因			1		
	地盤剛性のひずみ依存性・室内土質試験及び原位置試験方法				1	
	杭基礎の施工法、対象地盤に関する留意点					1
Ⅱ-1-2	地下水位低下工法・格子状地中壁工法の対策原理と留意点	1				
	地すべり対策工法の抑制工と抑止工		1			
	支持力公式の考え方、支持力不足対策			1		
	盛土施工時の管理基準・適用上の留意点				1	
	液状化の地形区分（旧河道、埋立地）、地盤改良工法の原理					1
Ⅱ-1-3	地山補強土工・アンカー工の対策原理と留意点	1				
	F_L値の説明と室内土質試験、F_LとP_Lの違い		1			
	強度増加率の三軸試験による求め方と利用の際の留意点			1		
	軟弱地盤上の盛土の短・中長期的な沈下と変形・対策工法と原理				1	
	軟弱地盤上の盛土の圧密沈下量予測、安定検討、地盤調査、動態観測					1
Ⅱ-1-4	ヒービング、盤ぶくれ、ボイリングの発生原理と地盤改良方法	1				
	親杭横矢板壁の特徴、点検時の留意点と措置すべき変状事象		1			
	液状化発生のメカニズム、固結工法以外の工法			1		
	軟弱地盤上の橋台・杭基礎の技術的課題とその対策方法				1	
	地すべり対策の抑止工の対策原理、選定時の留意点					1
合　計		4	4	4	4	4

Ⅱ-2の出題内容は、技術者が日常業務においてよく遭遇する内容であり、実施計画の策定、課題の解決に関して検討すべき事項の整理、解決策の実施手順、リスク要因の分析とそれへの回避・削減策などに留意すれば、的確に応用能力を発揮することができる問題である。また、令和元年度より2問とも関係者との調整方策に関する問いが加わったことが特徴的であり、令和5年度も同様であった。

Ⅱ-2 「応用能力を問う問題」過去問題の出題分野

出題分野		令和元	令和2	令和3	令和4	令和5
Ⅱ-2-1	道路橋橋脚の傾倒に伴う変状原因の究明と対策、調整方策	1				
	軟弱地盤上の道路盛土に対する調査、業務手順、調整方策		1			
	沢埋め高盛土（スレーキング材）の調査・検討事項、業務手順、調整方策			1		
	切土法面崩壊に対する調査・検討事項、業務手順、調整方策				1	
	造成地の谷部盛土の崩壊に対する調査・検討事項、業務手順、調整方策					1
Ⅱ-2-2	軟弱地盤上の道路盛土の拡幅計画の設計と対策工検討、調整方策	1				
	設備建屋に隣接するタンク計画に対する調査、業務手順、調整方策		1			
	マンション近接の山留掘削工事に対する調査、業務手順、調整方策			1		
	杭基礎構造物の耐震補強に対する調査、業務手順、調整方策				1	
	民家・洞道に近接する開削トンネルに対する調査、業務手順、調整方策					1
合　計		2	2	2	2	2

Ⅲの具体的な出題内容は、令和元年度は「耐久性や修復性が異なる地盤構造物の点検・維持管理の課題及び解決策と新たに生じるリスク対策」及び「不確実性を有する地盤構造物の計画及び建設における課題及び解決策と新たなリスク対策」、令和2年度は「地盤構造物の維持管理へのICT技術導入に当たっての課題・観点、重要課題と解決策、新たなリスク対策」及び「大規模自然災害へのハード・ソフト対策立案時における調査・設計・施工上の課題・観点、重要課題と解決策、新たなリスク対策」、令和3年度は「持続可能でより良い社会の実現に向けての新技術の導入・開発に当たっての課題、重要課題と解決策、新たなリスク対策」及び「老朽化した地盤構造物の維持管理・アセットマネジメントにおける課題、重要課題と解決策、リスク対策」、令和4年度は「就業者数の減少に伴う生産性向上の課題、重要課題と解決策、新たなリスク対策」及び「既設地盤構造物の災害リスク評価の課題、重要課題と解決策、新たなリスク対策」、令和5年度は「豪雨、洪水等に起因する災害被害の軽減に向けた地盤構造物の課題、重要課題と解決策、新たなリスク対策」及び「環境負荷低減に向けた地盤構造物の課題、重要課題と解決策、新たなリスク対策」について問われた問題であった。このⅢの課題解決能力を問う問題の内容は、専門知識や最新の技術力、経験などを要求していると共に、社会資本整備に関する総合的な見識、施策について

の理解度を問う問題として出題されている。

Ⅲ 「課題解決能力を問う問題」過去問題の出題分野

出題分野		令和元	令和2	令和3	令和4	令和5
Ⅲ−1	地盤構造物の点検・維持管理の課題及び解決策とリスク対策	1				
	地盤構造物の維持管理へのICT技術導入に当たっての課題、重要課題と解決策、リスク対策		1			
	環境危機を背景とした持続可能でより良い社会の実現に向けての新技術の導入・開発の課題、重要課題と解決策、リスク対策			1		
	就業者数の減少に伴う生産性向上の課題、重要課題と解決策、リスク対策				1	
	豪雨、洪水等に起因する災害被害の軽減に向けた地盤構造物の課題、重要課題と解決策、リスク対策					1
Ⅲ−2	地盤構造物の計画及び建設における課題及び解決策とリスク対策	1				
	大規模自然災害へのハード・ソフト対策立案時における調査・設計・施工上の課題、重要課題と解決策、リスク対策		1			
	老朽化した地盤構造物の維持管理・アセットマネジメントにおける課題、重要課題と解決策、リスク対策			1		
	既設地盤構造物の災害リスク評価の課題、重要課題と解決策、リスク対策				1	
	環境負荷低減に向けた地盤構造物の課題、重要課題と解決策、リスク対策					1
合計		2	2	2	2	2

(2) 令和6（2024）年度の出題内容の予想

令和5年度も過去5カ年間と同じ形式で出題されていることから、令和6年度も同様の形式で出題されると想定される。

Ⅱ-1の出題傾向は、広範囲に専門知識を問う問題が予想されることから、日常業務を遂行する上で専門的な知識を積み重ねておく心掛けが大切である。

Ⅱ-2の出題傾向は、調査設計から施工に関する問題や事業・業務の効率化に資する関係者との調整方策等、相互に関連した内容で応用能力を問う問題が出題されている。内容としては実務レベルの問題であり、平素業務で諸問題をキーワード形式で系統付けて整理し、論文形式にまとめておくと役に立つと思われる。

Ⅲの出題傾向は地盤構造物の品質管理、地盤技術者が有する工学的判断及びその活用方策の出題に加え、社会資本の点検及び維持管理、大規模災害に対する予防保全、長寿命化などの観点から出題されている。キーワードは、近年の自然災害の頻発・激甚化、建設ストックの老朽化・維持管理、持続可能な開発目標（SDGs）、防災・減災、安全・安心、少子高齢化・人手不足・働き方改革・技術継承・人材育成、技術者倫理、新型コロナ対策・アフターコロナ、ICT・AI・BIM/CIM等を含めた建設DX（高度化・自動化・機械化・省力化等）、資材単価の高騰等に関連した技術開発や生産性向上等であり、日頃からの情報収集とそれらの整理が必要である。

[土質及び基礎]　Ⅱ-1　専門知識

設問 1

地すべり対策工の抑止工として、杭工及びグラウンドアンカー工がある。杭工及びグラウンドアンカー工について、対策原理を踏まえた工法の概要を述べよ。また、各工法を選定する際の工法の特徴に着目した留意点をそれぞれ述べよ。

○受験番号、答案使用枚数、選択科目及び専門とする事項の欄は必ず記入すること。

1. 対策原理を踏まえた工法の概要

・杭工：すべり面以深まで鉛直に削孔したボーリング孔に、鋼管やH鋼等を挿入し、充填グラウトにより地盤に密着させて、すべり力に抵抗する工法である。

・グラウンドアンカー工：ボーリング孔に高強度の鋼材等の引張り材を挿入し、これを基盤内に定着させて緊張力を導入し、鋼材の引張り強さを利用することですべり力に抵抗する工法である。

2. 工法選定時の留意点

2.1 杭工

・杭の種類は曲げ杭（くさび杭、抑え杭）、せん断杭に大別され、設置位置は、谷側移動層の有効抵抗力、山側の受動破壊による跳ね上げ等を考慮して設定する。一般に谷側の地盤反力を見込むことで経済的となるくさび杭の選定が望ましい。

・谷側の前面すべりの発生に留意する。必要に応じて谷側斜面への対策工の検討が必要である。

2.2 グラウンドアンカー工

・斜面凹凸が著しい場合は、打設面及び平面的な打設角度の確保のため不陸整正が必要である。

・斜面勾配が緩い場合は、受圧板の上方すべりの発生防止及び打設傾角の確保を目的に地山掘削による打設面の確保が必要である。

・将来的な緊張力管理等の維持管理に配慮したアンカー材（頭部定着方式含む）の選定が必要。　以上

●裏面は使用しないで下さい。　●裏面に記載された解答案は無効とします。

（KK・コンサルタント）24字×25行

[土質及び基礎]　Ⅱ-2　専門知識

設問 2

模式図に示すように約 50 年前に造成された工場用地のうち、谷部に施工された盛土（以下、谷部盛土）が、集中豪雨によって崩落した。盛土のり面には植生工が施されており、崩落跡からは湧水が確認されている。谷部盛土を含む工場用地は、工場を所有する民間企業が所有しており、崩落箇所へのシート養生等の応急対策はすでに完了している。谷部盛土上には建屋等はなく、谷部盛土全体を撤去することも可能である。この谷部盛土を復旧するに当たり、BCP の観点から耐震性も向上させることとなった。今後、谷部盛土の復旧・補強計画を進めるに当たり、調査・設計・施工の複数の段階において、土質及び基礎を専門とする技術者の立場から下記の内容について記述せよ。

（1）　調査・設計・施工の段階のうち、2 つ以上の段階において検討すべき事項をそれぞれ挙げて説明せよ。

（2）　復旧・補強計画の業務を進める手順を列挙して、それぞれの項目ごとに留意すべき点、工夫を要する点を述べよ。

（3）　本業務を効率的、効果的に進めるための関係者との調整方策について述べよ。

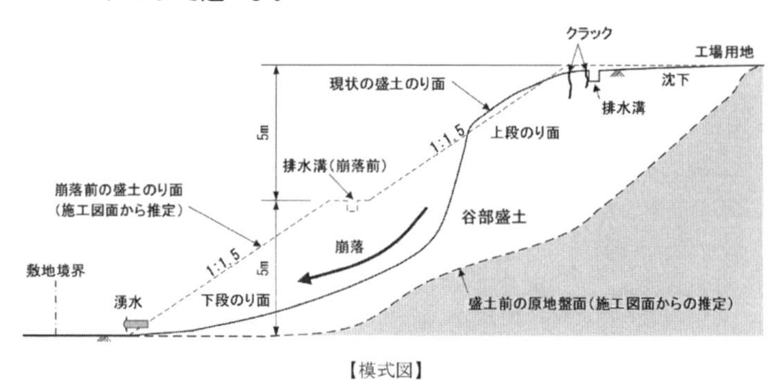

【模式図】

○受験番号、答案使用枚数、選択科目及び専門とする事項の欄は必ず記入すること。

1. 検討すべき事項

1.1 盛土材料特性と地下水位の調査（調査段階）

　集中豪雨による地下水の上昇に伴い、盛土材料の強度低下が想定される。そのため、ボーリング・室内試験で盛土材料特性と地下水位を検討する必要がある。

1.2 排水対策（設計段階）

　盛土内外の排水施設の経年劣化に伴い、排水機能が低下し、盛土内水位の上昇が想定される。そのため、盛土復旧にあたり、排水対策を検討する必要がある。

1.3 施工管理方法と施工速度（施工段階）

盛土の締固め不足による崩落の可能性が考えられる。そのため、現場密度試験等による締固めの施工管理方法と盛土施工速度の検討を行う必要がある。

2. 業務を進める手順、留意すべき点・工夫する点

2.1 地質調査計画の立案と実施

盛土材料特性や原地盤の不均質さ及び不陸の有無を把握するため、地質調査計画を立案する。崩落の要因に地下水の影響が想定されるため、地下水位の把握に留意する。そのため、ボーリング孔を利用した地下水位観測など調査手法を工夫する。

2.2 常時における盛土の安定解析

盛土復旧計画断面形状と地質調査結果をもとに、常時における盛土の安定解析を行う。崩落の要因と想定される地下水位の設定に留意する。そのため、地下水位観測結果に加えて崩落時の地下水位を再現するなど解析条件を工夫する。

2.3 盛土の耐震性能の評価

地震の影響を考慮した円弧すべり面法で盛土の耐震性能を評価し、盛土補強工法を検討する。盛土厚さに応じて、盛土の耐震性能を評価するための地表面の加速度が異なることに留意する。そのため、地震応答解析で地表面の加速度を確認するなど検討手法を工夫する。

2.4 盛土補強効果の検証

盛土補強効果を検証するため、動態観測を計画する。動態観測において、豪雨など異常気象時における観測時の安全対策に留意する。そのため、無線式の変状センサーの設置など観測手法を工夫する。

3. 関係者との調整方策

3.1 事業関係者との調整方策

発注者、調査・設計・施工業者の情報共有を円滑にするため、盛土復旧協議会を設置する。そして、合同会議を開催し、進捗や条件、リスク等を共有し、効率的な事業推進を図る。

3.2 第三者との調整方策

事	業	を	円	滑	に	推	進	す	る	た	め	、	地	元	住	民	、	自	治	体	、	工
場	関	係	者	に	対	し	て	意	見	交	換	会	を	実	施	し	、	合	意	形	成	を	図
る	。	第	三	者	か	ら	の	意	見	に	つ	い	て	は	、	施	工	計	画	へ	の	反	映
を	検	討	し	、	良	好	な	関	係	を	維	持	・	構	築	す	る	。				以	上

●裏面は使用しないで下さい。　●裏面に記載された解答案は無効とします。　（NT・コンサルタント）24字×49行

［土質及び基礎］ Ⅲ　問題解決能力及び問題遂行能力

設問 3

近年、我が国では地球温暖化の影響により気温が上昇するなど気候変動が顕著となっており、気候変動に伴う豪雨・洪水等の災害の激甚化・頻発化が予測されている。国民の安全・安心を確保するためには豪雨、洪水等に起因する土砂災害や浸水被害の低減が強く求められている。一方、資材費や燃料費の高騰、少子高齢化の進展による労働者不足といった近年表面化している社会問題への適切な対応も重要である。このような中、地盤構造物（盛土・切土、擁壁、構造物基礎等）の新設又は改修に当たって、地盤構造物は水の作用によりその機能が損なわれ災害に至る事例が多いことを踏まえて、土質及び基礎を専門とする技術者の立場から以下の設問に答えよ。

（1）豪雨、洪水等に起因する災害被害の低減について、新設又は改修する地盤構造物の計画・調査、設計及び施工に関し、多面的な観点から３つ以上の技術的な課題を抽出し、それぞれの観点を明記したうえで課題の内容を示せ。

（2）前問（1）で抽出した課題のうち最も重要と考える課題を１つ挙げ、その課題に対する複数の解決策を、専門技術用語を交えて示せ。

（3）前問（2）で示したすべての解決策を実行しても新たに生じうるリスクとそれへの対策について、専門技術を踏まえた考えを示せ。

○受験番号、答案使用枚数、選択科目及び専門とする事項の欄は必ず記入すること。

1. 新設・改修する地盤構造物の課題

1.1 地盤構造物の高度化（不確実性の観点）

地盤構造物は、豪雨・洪水等に起因する外力の影響により機能低下を受けやすく、コンクリート構造物と比較して一様に評価できない。加えて、地盤は不均質で不可視なため、弱部や劣化状況を把握することが難しい。したがって、地盤の不確実性の観点から地盤構造物の高度化が課題である。

1.2 地盤構造物改修の効率化（効率性の観点）

地盤構造物は、安価な材料で建設できるため、ストックが膨大にある。加えて、河川堤防や道路盛土は長大であることから、改修には時間とコストを要する。そのため、補修・補強が適切に進められず、豪雨・洪水等の災害が発生した際に、重大な損傷が発生する恐れがある。したがって、効率性の観点から、地盤構造物改修の効率化が課題である。

1.3 技術の継承（技術力維持の観点）

地盤は不均質・不確実なため、地盤を評価するために経験的な知識や判断を要することが多い。加えて、熟練技術者の大量退職に伴い技術者が減少し、体制が確保できない問題が顕在化してきた。そのため、熟練技術者のノウハウが継承されず、業界全体の技術力低下が懸念される。したがって、技術力維持の観点から熟練技術者の技術継承が課題である。

2. 最も重要と考える課題と解決策

2.1 最も重要と考える課題

「地盤構造物の高度化」を最も重要な課題として挙げる。なぜなら、地盤構造物の整備を高度に進めることは、人命や財産の保護に直結するからである。

2.2 最も重要と考える課題に対する複数の解決策

2.2.1 探査技術の活用

災害対策を行うには、正確に地盤情報を把握する必要がある。しかし、地盤情報は、ボーリングやサウンディングなどの点の調査で取得される。そのため、調査地点間の情報は経験工学的な推定で評価されている。そこで、探査技術の活用を推進する。例えば、比抵抗探査などの物理探査手法を活用し、地層の不陸や不均質さを連続的に把握する。この手法により、地盤構造物の新設・改修の高度化が期待できると評価する。

2.2.2 地盤情報の三次元化

二次元の地盤情報は、地層の不陸や弱部を空間的に把握しづらいので、潜在的なリスクの見落としが懸念される。そこで、地盤情報の三次元化を推進する。それにより、地盤の不確実性を可視化することができる。さらに、三次元データを国土交通データプラットフォームで運用することで、関係者との地盤情報の共有を効率的に行うことができる。この手法により、地盤構造物の品質向上の効果が期待できると評価する。

2.2.3 ICT建設機械の活用

建設機械による施工は、熟練の技術による操縦が必須とされてきた。そこで、ICT建設機械の活用を推進する。例えば、自動制御が可能なICT建設機械の利用により、若手技術者や外国人労働者でも施工の正確性が確保できる。さらに、一元管理できるため、施工品質の高度化が期待できると評価する。

3. 新たに生じるリスクと解決策

3.1 新たに生じるリスク

　災害被害を低減する地盤構造物の整備が進み、安全性が高まるほど、住民の防災意識が低下するリスクが生じる。そのため、防災意識の低下により、住民の避難行動が遅れる懸念がある。

3.2 解決策

3.2.1 継続的な意識啓発

　継続的に防災活動を行う仕組みや日常に防災を取り入れる仕組みを構築する。例えば、まるごとまちごとハザードマップを整備し、リスクの見える化を図る。それにより、日常から防災を意識させ、迅速な避難を促すことが可能となる。

3.2.2 共助の促進

　住民の避難を促すために共助の促進は、有効な手段である。例えば、自治体・企業・住民の協同による防災訓練の実施や災害図上訓練の実施を挙げる。それにより、災害発生時の行動が明確化され、迅速な避難が可能となる。

以上

●裏面は使用しないで下さい。　●裏面に記載された解答案は無効とします。　（NT・コンサルタント）24字×74行

選択科目［鋼構造］記述式問題の傾向と対策

(1) 過去5カ年（令和元～5年度）の出題内容

Ⅱ-1の問題は、令和3（2021）年度からコンクリート分野と共通で出題されるようになった。また、「設計に関するもの」、「品質管理を含めた施工に関するもの」が、近年の維持管理問題とからめて、バランスよく出題されている。

出題傾向は、基礎知識を中心として、出題分野のキーワードに関連してバランスよく問われている。勉強する際には、キーワードに関し、端的に説明できる箇条書きを主として、短い文章で説明できるようにする。大切なことは出題問題の要求事項を満足するように、効率的なまとめ方をすることである。

Ⅱ-1 「専門知識を問う問題」過去問題の出題分野

出題分野（キーワード）	令和元	令和2	令和3	令和4	令和5
構造用鋼材、材料、構造力学		1	1	1	
設計、施工、耐震設計、耐震性能	1	1	1		1
環境、安全、コスト縮減					1
維持管理、疲労、長寿命化					1
製作、架設、継手、溶接	1	1	1	1	
鋼構造物の劣化・損傷、性能確保	1	1	1	1	
点検・評価、健全度評価					1
塗装、防錆・防食、補修・補強	1			1	
合　　計	4	4	4	4	4

Ⅱ-2の問題は、令和3（2021）年度からコンクリート分野と共通で出題されるようになった。出題はこの応用能力を要求する問題である。「設計に関するもの」と「品質管理を含める施工に関するもの」など2問が出題されている。Ⅱ-2は、自らの経験を反映させ、結びまでを導き論文とする必要がある。Ⅱ-1の専門知識を記述することと異なることに注意が必要である。解答論文の作成に当たっては、論述に必要となるキーワード群を頭に浮かべながら、それらを巧みに組合せて構文を記述する訓練と、要求事項に関する説明を箇条書きにまとめ、短い文節で効率的にまとめる訓練をする。

Ⅱ-2 「応用能力を問う問題」過去問題の出題分野

出題分野（キーワード）	令和元	令和２	令和３	令和４	令和５
構造用鋼材、材料、構造力学					
設計、施工、耐震設計、耐震性能	1	1	1	1	1
環境、安全、コスト縮減	1				
維持管理、疲労、長寿命化					
製作、架設、継手、溶接		1			
鋼構造物の劣化・損傷、性能確保			1	1	
点検・評価、健全度評価					1
塗装、防錆・防食、補修・補強					
合　計	2	2	2	2	2

Ⅲの問題は、令和３（2021）年度からコンクリート分野と共通で出題されるようになった。このⅢの問題は、課題解決能力について設問される。基本的に、建設部門必須科目Ⅰの出題と同様、建設部門に関するマクロ的視野をもって、幅広い分野から出題されている。また、構造物の施工・維持管理に関し、使用する材料の如何に拠らず、技術者として幅広い視点を保有しているかについても問われている。このため、建設分野全体を俯瞰しつつ、固有の専門分野の垣根を越えるような資質、能力と技量をアピールできるような解答論文が必要である。勉強方法は、課題解決能力について問われている点を意識しながら、起承転結をもった論文構成とし、記述できるように努めることである。

現在から将来に関わる克服すべき諸問題・課題について広く概説し、自らの専門分野及びその周辺から技術的課題を挙げ、それに対する解決策を提案する。その効果・実行リスク等を持ち、建設部門全般の視野から論述することが求められている。また、我が国の特性を広く知る専門技術者として、問題解決能力を発揮し業務を遂行できるように多角的所見から論述することも必要である。このとき、我が国独特の臨床的事例経験則を踏まえ、国土交通白書、専門書などを熟読しておき、短文のパーツとして準備しておくとよいかもしれない。例えば、PDCA（観察・調査・分析、考察、判断・判定、将来展望・計画・実施等）式の考え方、思考・施策、実務における背景、動向などについて、再考・整理しておくことが大切になる。建設部門に係る情報収集を図り、それらを要約しながら、解答論文を作成することが大切である。出題問題に対しては、多角的視野をもち、自らが培った技量をもって広く建設分野を見据え、思考しながら解答論文を記述できるように準備する。

Ⅲ「課題解決能力を問う問題」過去問題の出題分野

出題分野（キーワード）	令和元	令和2	令和3	令和4	令和5
持続可能な国土・国土の強靱化					
国土デザイン、国土政策					
ストック増加、インフラ老朽化、インフラ整備				1	
先進技術、グローバル競争力強化、戦略的取組					
生産性向上、技術課題、技術提案、ICT 技術	1		1	1	1
基準整備			1		
建設業界の動向、労働者の不足		1			1
人口減少、社会経済変化					
自然災害、想定外被災	1	1			
合　　計	2	2	2	2	2

(2) 令和6（2024）年度の出題内容の予想

Ⅱ-1、Ⅱ-2、Ⅲの各問題とも、令和6年度の予想問題は、令和3年度以降にみられる出題内容に類似したものになると考えられる。令和3年度以降は、従前と比較すると、より実践的に設計と施工、新設時の品質管理と維持管理が、幅広くボーダレスに問われる様になった。すなわち、我が国の現状と将来動向について出題されようになった。

Ⅱ-1は、規定文字数が少ないことに注意して記述すべき設問である。出題傾向は、令和3年度以降と同様と考えて良い。キーワードを効果的に使い、効率良く散りばめ簡潔に表現できる構文として論述することが大切である。箇条書き形式を用いた論述方法でもよい。我が国の社会経済情勢や社会問題にまで踏み込んで、広い視野で問う出題問題へと変遷している。我が国特有の自然災害被災率の高さ、社会資本ストックの膨大さ、疲労損傷性の高さ、老朽化した社会資本の増加に対応した、維持管理、点検・診断の問題が継続的に出題される。これに鑑み、基礎的専門知識の整理・再確認を行っていただきたい。教科書的な基礎知識習得に加えて、恒久的な事項、近年のトピックス事項まで、バランスよく出題が図られるものと考えられる。

Ⅱ-2の令和6年度の予想問題は、Ⅱ-1と同様、計画・設計・施工・品質管理・維持管理・更新に関して出題されると想定される。そこで、業務遂行において得られた知識・知恵、学術的情報・技量を効率的に組合せながら、設問に合致する解答論文を作成すべきである。出題傾向や要求事項に対応できるよう注意を払いながら勉強する必要がある。近年、「構造健全性の持続化・点検・保守システム構築」、「高メンテナンスに関する構造の提案」等について出題されている。これらのトピックス的な出題にも注意が必要である。

Ⅲの令和6年度の予想問題は、自らの技術者たる専門性と考え方などが問われる問題が出題されると考えられる。例えば、「道路機能を満足させる鋼橋の意義の再認識、有効性及び責務」、「少子高齢化、鋼構造エンジニアの減少と技術継承」、「国の施策と社会情勢及び世界情勢の間にあって技術体系の変遷、将来像」、「ボーダレス・グローバルな世界への貢献と飛躍」等に関する出題がなされてきている。専門的基礎知識に業務の遂行によって獲得した経験等を加えながら、広い見識をもって、個性のある問題解決能力を提示しながら論述していただきたい。Ⅲではこのほか、「保守・点検、補修・補強、構造再生或いは更新に関するノウハウ・手法」、「基礎研究、技術開発」等についても出題されている。

Ⅱ-1、Ⅱ-2にみられるような切り口を変えながら設問する出題傾向と比べ、Ⅲは、我が国の経済社会、建設分野全体を広く俯瞰しながら、記述させるような出題傾向であることに注意をしていただきたい。

「鋼構造」は、著しい天変地異や政策転換がなければ、さほど変化がみられない専門分野であると考えられる。しかしながら、カーボンフリー社会構築、GX化の世界的な動向の始動などによって、社会環境の革新や規定整備化の推進などに大きな変革がみられるとも考えられる。そのため世界的視野をもって、技術動向、環境・エネルギー施策等についても注意しながら、新技術、新工法の動向を踏まえて記述することが重要になる。

（3）鋼構造の参考図書

・2016年制定　鋼・合成構造標準示方書［総則編・構造計画編・設計編］　土木学会
・2018年制定　鋼・合成構造標準示方書［耐震設計編］　土木学会
・2018年制定　鋼・合成構造標準示方書［施工編］　土木学会
・2019年制定　鋼・合成構造標準示方書［維持管理編］　土木学会
・2022年制定　鋼・合成構造標準示方書［総則編・構造計画編・設計編］　土木学会
・道路橋示方書・同解説　Ⅰ共通編　平成29年版　日本道路協会
・道路橋示方書・同解説　Ⅱ鋼橋・鋼部材編　平成29年版　日本道路協会
・道路橋示方書・同解説　Ⅴ耐震設計編　平成29年版　日本道路協会
・鋼道路橋設計便覧　令和2年版　日本道路協会
・鋼道路橋施工便覧　令和2年版　日本道路協会
・鋼道路橋疲労設計便覧　令和2年版　日本道路協会
・土木鋼構造物の点検・診断・対策技術　令和5年版　日本鋼構造協会
・雑誌　JSSC会誌「日本鋼構造協会誌」　日本鋼構造協会
・JSSC論文集「日本鋼構造協会論文集」　日本鋼構造協会
・JSSC年次論文報告集「鋼構造シンポジウム発表論文集」　日本鋼構造協会

［鋼構造］　Ⅱ-1　専門知識

設問 1

供用期間中の鋼部材に生じるき裂の部位と種類を１つ示し、それを検出するための非破壊検査について、浸透探傷試験、磁粉探傷試験、渦流探傷試験、超音波探傷試験の中から２つを選択し概要と特徴を述べよ。

○受験番号、答案使用枚数、選択科目及び専門とする事項の欄は必ず記入すること。

1. 対傾構取付部の垂直補剛材上端に生ずるき裂損傷

　対傾構の荷重分配作用による力が外力作用して、補剛材に面内および面外の曲げを生じさせ、局部的応力を生む。或いは、床版たわみにより主桁に生ずる横倒れを対傾構が拘束し、上フランジ近傍に首振り現象を起こす。これらは疲労き裂を多発生させる。

1.1 検出する非破壊検査2つの概要と特徴

1.1.1 浸透探傷試験（PT：Penetrant testing）

　LPTとも呼ばれ、染色探傷検査ともいう。溶接部表面に開口した割れ、欠陥などを検出するために浸透液を検査物表面に塗る。不連続部に浸透させ、後にこの浸透液を適当な物質で表面に吸い出させ、欠陥の有無を調べる方法である。本方法は、さほど訓練や装置を必要としないので一般に良く用いられる。き裂の深さや鋼材内部のきれつを測定することはできない。

1.1.2 超音波探傷試験（UT：Ultrasonic testing）

　超音波探傷法を大別すると反射法と透過法とがあり、反射法が多く利用される。反射法は、超音波を探触子つかい材料表面から送込み、欠陥で反射或いは透過阻害されたりする超音波の量を探触子で受け、これを電気的に増幅し画像等で可視化し観測する方法である。比較的滑らかな鋼材部のひび割れ、鋼部材厚さ測定し、断面欠損状態の詳細、溶接、多孔性、空隙、不純物、腐食、ひび割れ、その他不連続性の検出などに応用される。複合構造の場合の鉄筋に注意する。以上

●裏面は使用しないで下さい。　●裏面に記載された解答案は無効とします。　（TS・自営）24字×25行

［鋼構造］　Ⅱ-2　応用能力

設問 2

老朽化した地上構造物の健全性を評価するに当たり、点検困難部の損傷程度を推定することになった。ここで、点検困難部とは、接近し肉眼で点検できない狭隘部（足場を設置すれば損傷を直接目視できるなど容易に点検できる箇所や部材を除く）や直接目視では損傷を点検できない密閉部、表面被覆された部材などの不可視部をいう。この業務を担当責任者として進めるに当たり、下記の内容について記述せよ。

（1）点検困難部の具体事例と想定される損傷を挙げ、その損傷程度を推定し、地上構造物の健全性を評価するために調査、検討すべき事項とその内容について説明せよ。

（2）業務を進める手順を列挙して、それぞれの項目ごとに留意すべき点、工夫を要する点を述べよ。

（3）業務を効率的、効果的に進めるための関係者との調整方策について述べよ。

○受験番号、答案使用枚数、選択科目及び専門とする事項の欄は必ず記入すること。

1. 点検困難部の具体事例、想定される損傷例

1.1 点検困難部の具体的事例

　供用後30年経過の鋼単純合成RC床版多主桁橋、道路橋示方書（平成８年）により耐震化が図られ、桁端部位：機能分散型変位制限装置・段差防止装置等の密集後付設置、不可視部。（道路管理者：地方自治体）

1.2 その損傷程度の推定

　塗膜劣化し点錆発生する主構、レベル２地震履歴有り。橋座に土砂堆積等、橋面から漏水跡有り。想定される損傷種類：支承機能不全化、桁残留変位発生有無、支点補剛材疲労劣化、発錆腐食及び変形等。

1.3 健全性評価を図るための調査、検討すべき事項

　不明瞭なカルテ履歴情報、踏査時に抱いた経験則から、供用継続を図るためには、目視以外の何らかの方法：点検ツールを勘案・開発・使用し、予防保全行為を含む損傷判断判定を図る必要ありと判断。（協議者：地方自治体）①点検方法、②点検ツール、③診断方法、④保守ツール、⑤補修必須の場合の概念、補修方法勘案・実施等の検討を要する。

2. 業務遂行手順

　橋梁の健全性確保を図るには、維持管理の点検・診断・措置・記録というメンテナンスサイクルが必要である。これが業務遂行手順である。

2.1 項目ごとの留意すべき点、工夫を要する点

我が国の少子高齢化、労働人口／技術者高齢化・減少、生産性減少化の様子からGX、DX化は必須、1.3で述べた事項（点検方法・点検ツールなど）と同様である。

3. 効率効果的業務遂行のための関係者との調整方策

3.1 ニーズ・シーズに応ずる目的提案

従前技術での困難行為をアプローチツールの使用、点検箇所情報の正確付加により、適切に維持できる利便的点検記録システム開発を図る。ブレのない要求性能追求と達成を図る。例えば、計測・観測等機器積替式多関節型マニュプレータをツールとして考える。例えば、①この軌跡追従動作から、不可視狭隘部内でのツール操作可能化、前点検時動作記録再生から2回目以降の自動操作化等の操作簡素化、②位置情報の自動的紐付け、同一点検箇所劣化状況の時系列比較化を可能化。③搭載点検機器アタッチメント化のユーティリティ性の付帯化、④ツールの機械的組成、連携する点検記録システムの相関的技術開発。画像記録装置、レーザースキャナ、センサー等搭載可能化、⑤既存点検ツール（橋梁点検車等）とのシステマティックなハイブリッド可能化などを推進する。

3.2 業務に効率・効果的な関係者との調整方法

発注者である地方自治体とのミスマッチ防止のため、業務開始時、業務遂行途中時に点検補修意義・意図に関する綿密協議を行う。途中段階での確認、関係機関打ち合わせ作業の上、重み付けなど、良好な協調的品質管理体制化の構築を図ることができる。　　　以上

●裏面は使用しないで下さい。　●裏面に記載された解答案は無効とします。　（TS・自営）24字×50行

［鋼構造］　Ⅲ　問題解決能力及び課題遂行能力

設問 3

建設分野では建設技術者の不足や高齢化が深刻な課題であり、業務の効率化が進められている。また、長時間労働是正に向けた働き方改革を進めるうえでも業務の効率化が求められる。このような状況を踏まえ、次の問いに答えよ。

（1）　省力化や働き方改革等に向けた鋼構造物又はコンクリート構造物の調査、設計、製作、施工、維持管理の業務効率化の取組みにおける技術的課題を、技術者として多面的な観点から3つ抽出し、それぞれの観点を明記したうえで、その課題の内容を示せ。

（2）　前問（1）で抽出した課題のうち最も重要と考える課題1つを挙げ、これを最も重要とした理由を述べよ。その課題に対する複数の解決策を、専門技術用語を交えて示せ。

（3）　前問（2）で示した解決策に関連して新たに浮かび上がってくる将来的な懸念事項とそれへの対策について、専門技術を踏まえた考えを示せ。

○受験番号、答案使用枚数、選択科目及び専門とする事項の欄は必ず記入すること。

1. 鋼道路橋の設計・製作に関わる業務効率化の課題
1.1 継続的技術・技能伝承及び次世代技術者育成
(1) 対象とする業務上課題
　我が国は世界的にも少子高齢化傾向にあり、全地球環境危機下で気象変動の様に直面する。グローバルな社会・経済システムとも深く関わるが、技術者・後継者ともに現時点で実務従事者が足らず将来が危うい。
(2) 観点と内容
　今後図る設計は、環境基盤を見守る維持、環境成長に好ましく循環実現化を図らねばならない。従前からある必要性能を追求する概念の刷新も必要である。
1.2 多面的な観点から抽出する課題
(1) 現状で図る業務手法の抱える問題
　我が国で供用劣化損傷する橋梁の多くは、定期的点検補修等維持管理行為により、しゅん工から100年以上経過し尚問題なく利用できるよう図られる。しかしながら、近年、鋼橋は法令点検実施して尚、重度の腐食を主因とし、落橋事故・事件等の維持管理上問題に至る事例が頻度高く報告され、技術力低下がみられる。

(2) 技術者能力低下性と持てる倫理観

例えば上記事柄は、思慮深く冗長性ある設計が当初なされたか否かの設計構想性に関連因子を有す。製作・架設時、維持管理における構造構築確保手段等の見守りの適切性、処置実施適時性要素もあるのだが、予防的措置勘案等を記すカルテ・シナリオ作成に巧みさを欠いたことが因子として大きい。計画～維持管理は、鋼橋の一生を決める相関図の中にあり、一元的ストーリ性をつくることを改めて鑑みる必要がある。

(3) 温故知新の上にある新技術者創生と社会実装化

鋼橋の場合、他材料でつくる橋梁に比し、部材数多く変形性能に富む。計画～維持管理まで複雑な構造特性をもつ。供用時系列上に構造工学的専門知識の多くを用い、現場主体で維持管理する実務の特異性がある。業界は過去の談合問題から破綻し整理淘汰され、残存専門技術者の高齢化・生産性低下、離職者大量化も進む。今後、鋼橋の専門技術者の育成・増強化、技術継承・伝承化並びに専門技術的保全に関し、従前の方策は妥当でなく間に合わない。世界情勢の不安定化、病理的の不可抗力作用による産業活動低下が手伝い、エネルギー費・原材料費の高騰化が起きている。IoT化、DX・GX化なしに、利便的社会を将来に繋ぐのは難しい。ここに、エネルギー効率向上、環境保全・3Rに対する勘案も加え進めねばならない。

2. 最重要課題及びそれに対する複数解決策

2.1 最も重要な課題

性能は、従前で主に構造性能や耐久性能についてであった。近年、CO_2排出量等の環境負荷性の指標判断則に委ねるものへ思考変遷が起きている。傷んだ橋梁の維持管理費用・更新費用についてLCM（ライフサイクルマネージメント）を活用する。計画・設計～供用～維持管理～更新の流れのなかにある必要性能（時々都度の要求性能）と、必要費用を適切化し管理する。今後、供用履歴に伴う性能のシフト感と維持費用算出値の適切な方法選択を図る要となる。一般的に、橋梁の劣化速度は、初期品質と供用実環境に大きく影響を受け、劣化損傷の種類が多く補修費用の算出も複雑になる。このことが事前シナリオの用意を困難とする。
そこで、従前より業務上蓄積したデータを利便的に解析活用できる技術力があり、鋼橋専門性をもつデータサイエンティストを次世代以降の専門技術者として創出するように図る。同時に、この新たな試みを活かす技術開発、高品位データの取得化に励む。

2.3 将来不確的事項発生に関する懸念事項

我が国の場合、LCMによる鋼橋生涯ストーリには、上述した通りのバラツキが生じる。これを抑え込み、都度修正・適正化し、精度を高める努力を要す。一方、社会基盤構造物の使用形態は、都度の社会変化に倣う。将来交通形態予測は人口動態や土地利用状況変遷性を有することに気が付いていなければならない。

3. 将来的懸念事項と対策

データ活用化は、将来に向ける状況改善提案・手段の一つになる。画像処理に向くAIをつかい、データ分析如何による有効的工学統計処理結果を得て活用化する。データ取得方法、質量をエンジニアリングし、経験則からデータ分析型へ変遷変換させる。　以上

●裏面は使用しないで下さい。　●裏面に記載された解答案は無効とします。　（TS・自営）24字×75行

専門科目［コンクリート］記述式問題の傾向と対策

(1) 過去5カ年（令和元～5年度）の出題内容

令和元～5年度の過去5年間のⅡ-1の出題内容であるが、施工分野より4問と多く出題されている。また、材料分野より3問、耐久性・維持管理分野より3問、設計分野より2問、各種コンクリート分野より1問出題されている。最近では、令和4年度に、各種セメント、施工時の充填不良が、令和5年度に、プレキャスト工法、寒中コンクリートが出題された。

Ⅱ-1の最近5年間の出題傾向を見ると、混和剤他コンクリート材料、各種施工条件、塩害その他の劣化、調査・点検などが出題されている。この出題傾向は、今後とも大きな変動はないと考えられる。

Ⅱ-1 「専門知識を問う問題」の過去5年間の出題分野

出題分野	令和元	令和2	令和3	令和4	令和5
（材　料）					
化学混和剤2種類の目的・機構・留意点	1				
JIS A 5308のコンクリートの特色・効果と留意点		1			
高炉セメントB種・フライアッシュセメントB種の特徴				1	
（設　計）					
鋼とコンクリートの複合構造の構造形式及び留意点	1				
プレキャスト工法を用いた構造物の設計上の留意点・対策					1
（施　工）					
機械式接手工法の生産性向上効果・設計施工の留意点		1			
暑中コンクリートの品質を確保する上での留意点	1				
施工時の充填不良の発生原因・留意事項・理由・対策				1	
寒中コンクリートの品質を確保する上での留意点					1
（耐久性・維持管理）					
ASR・塩害・中性化・凍害の劣化メカニズム・留意点		1			
塩害の4ステージ、鋼材を発錆させない対策	1				
求める情報と非破壊検査の組合せ・計測原理と留意点			1		
（各種コンクリート）					
鉄筋・コンクリート高強度材料の性質、設計施工の留意点			1		
合　　計	4	3	2	2	2

令和元～5年度の過去5年間のⅡ-2の出題内容であるが、構造物の耐震補強対策が2問出題されている。最近では令和4年度が、各段階での工期短縮、突発的な作用を受けた構造物が、令和5年度が、自然災害の超過外力に対する対策、点検困難部の健全性の評価が出題された。

Ⅱ-2の問題は、問題文で自分が果たすべき役割や立場が指定され、これを踏まえて調査、検討すべき事項、業務を進める手順、関係者との調整方策を記述することが大切である。また、このⅡ-2の問題は、問題文が3つの小項目に分けて記述されているため、各々の項目の文章量がほぼ均等になるように記述する必要がある。

Ⅱ-2「応用能力を問う問題」の過去5年間の出題分野

出題分野	令和元	令和2	令和3	令和4	令和5
構造物の耐震補強対策	1		1		
錆汁を伴うひびわれ、剥落した構造物の補修計画、対策	1				
厳しい施工上の制約条件下で調査・検討すべき事項		1			
各段階における技術的工夫による工期短縮				1	
自然災害の超過外力に対する冗長性確保や復旧性の考慮					1
構造物を使用中の補修・補強時の調査・検討すべき事項		1			
接合部・打継ぎ部の不具合の調査検討・手順・調整方策			1		
突発的な作用による変状を受けた構造物の再利用調査				1	
点検困難部の健全性を評価するための調査・検討					1
合　　計	2	2	2	2	2

令和元年～5年度の過去5年間のⅢの出題内容であるが、生産性向上、老朽化対策が各々2問出題された。

最新では令和4年度が、老朽化対策、サプライチェーンマネジメントが、令和5年度が、熟練技術者の技術伝承、生産性向上が出題された。

Ⅲの試験の評価項目は、技術士に求められる資質能力（コンピテンシー）のうち、専門的学識、問題解決能力、評価能力、コミュニケーション能力のほか、専門知識や応用能力に加え、問題解決能力及び課題遂行能力の保有についても評価される。

注意しなければならない点は、解決策を実行して新たに生じうるリスクとそれへの対策、もしくは解決策を実行して生じる波及効果と懸念事項への対応策である。この要求事項に対応するためには、複数の解決策に共通するリスクとその対策、もしくは懸念事項への対応策を適正に記述することである。

Ⅲ 「課題解決能力を問う問題」の過去5年間の出題分野

出題分野	令和元	令和2	令和3	令和4	令和5
生産性向上のための課題・解決策		1			1
構造物からの二酸化炭素量削減のための課題・解決策	1				
建設・維持管理における新技術・新工法の課題・解決策			1		
老朽化対策の課題・解決策			1	1	
減少する熟練技術者の技術伝承の課題・解決策					1
海外インフラ整備の課題・解決策	1				
設計・施工における性能規定化推進の課題・解決策		1			
サプライチェーンマネジメント推進の課題・解決策				1	
合　計	2	2	2	2	2

(2) 令和6年度の出題内容の予想

令和6年度のⅡ-1の出題予想については、令和元年～令和5年度までとほぼ同様の出題傾向であることが考えられる。令和6年度の出題予想であるが、令和5年度に出題されたプレキャスト工法、施工時の環境条件などに加え、ひび割れのメカニズム、各種混和剤及びセメント、鋼とコンクリートの複合構造、鉄筋の継ぎ手、各種コンクリート、各種劣化要因のメカニズム、調査・点検で利用する試験の原理等の出題が想定される。

令和6年度のⅡ-2の出題予想については、令和5年度に出題された自然災害の超過外力対応、点検困難部の健全性評価に加えて、構造物の耐震補強対策、構造物の補修・補強計画・対策、施工上の制約条件下で調査、打継ぎ部の不具合の調査検討、構造物のプレキャスト化、ポンプ圧送等に関する出題が想定される。

令和6年度のⅢの出題予想については、令和5年度に出題された生産性向上、熟練技術者の技術伝承を中心に、老朽化対策、構造物からの二酸化炭素量削減、新技術・新工法、防災・減災対策、海外のインフラ整備、性能規定化の推進等の出題が想定される。

また、最近の国土交通省の施策に関連し、具体的な出題内容として考えられるものとして、AI・IoT、オープンデータ化、i-Construction、BIM/CIM、予防保全型メンテナンスサイクル、施設長寿命化修繕計画、施設撤去計画、建設部門のDX等の出題が考えられるため、これらに備えておくことが必要である。

(3) コンクリートの参考図書

- 2022年制定　コンクリート標準示方書[基本原則編]　土木学会
- 2022年制定　コンクリート標準示方書[設計編]　土木学会
- 2023年制定　コンクリート標準示方書[施工編]　土木学会
- 2022年制定　コンクリート標準示方書[維持管理編]　土木学会
- 2023年制定　コンクリート標準示方書[ダムコンクリート編]　土木学会
- 2023年制定　コンクリート標準示方書[規準編]　土木学会
- 2022年制定　鋼・合成構造標準示方書[総則編・構造計画編・設計編]　土木学会
- 2018年制定　鋼・合成構造標準示方書[耐震設計編]　土木学会
- 2018年制定　鋼・合成構造標準示方書[施工編]　土木学会
- 2019年制定　鋼・合成構造標準示方書[維持管理編]　土木学会
- 道路橋示方書・同解説（Ⅰ～Ⅴ）2017年11月　日本道路協会
- (月刊誌) コンクリート工学　日本コンクリート工学会
- (月刊誌) セメント・コンクリート　セメント協会

［コンクリート］　Ⅱ-1　専門知識

設問 1

プレキャスト工法を用いたコンクリート構造物の事例を１つ挙げ、設計上の留意点を２つ示し、それぞれについて対策を述べよ。ただし、事例として側溝等の小型コンクリート構造物は除くものとする。

○受験番号、答案使用枚数、選択科目及び専門とする事項の欄は必ず記入すること。

※事例：道路用プレキャスト製ボックスカルバート

1. 留意点1（部材分割・割付）

(1) 留意点：経済的で搬入等施工が可能な部材分割・割付を採用する。

(2) 対策：プレキャスト部材は、経済性を配慮し、なるべく同じ形状のものを採用するように工夫する。特殊な形状・開口、プレキャスト部材の搬入が困難な部分については、部分的に現場打ち鉄筋コンクリート構造・鋼構造・合成構造、混合構造等とする検討を行う。また、プレキャスト部材は分割運送となるため、部材単体による積込み・仮置き時についても耐力の検討を行い、公道の大型車両輸送となるため、サイズ・重量制限を受けるため留意する。

2. 留意点2（継手構造）

(1) 留意点：部材間の接合においては、外力、地盤条件等を踏まえ、適正な継手構造を採用する。

(2) 対策：継手構造については、①鉄筋のプレキャスト部材への定着（重ね継手・ループ継手）、②鉄筋同士の結合（溶接接手・機械式継手）、③プレキャスト部材同士の専用金具等による直接結合（コッタ式継手）などがある。①は部材間に現場打ちによるRC部分、②は溶接作業における現場環境や作業員の熟練度、機械式継手によるグラウト充填度やねじ式のトルク管理、③は金物配置における鉄筋の過密化、クサビ使用時における初期応力に留意し設計を行う。以上

●裏面は使用しないで下さい。　●裏面に記載された解答案は無効とします。　（TT・コンサルタント）24字×25行

[コンクリート]　Ⅱ-2　応用能力

設問 2

老朽化した地上構造物の健全性を評価するに当たり、点検困難部の損傷程度を推定することになった。ここで、点検困難部とは、接近し肉眼で点検できない狭隘部（足場を設置すれば損傷を直接目視できるなど容易に点検できる箇所や部材を除く）や直接目視では損傷を点検できない密閉部、表面被覆された部材などの不可視部をいう。この業務を担当責任者として進めるに当たり、下記の内容について記述せよ。

(1)　点検困難部の具体事例と想定される損傷を挙げ、その損傷程度を推定し、地上構造物の健全性を評価するために調査、検討すべき事項とその内容について説明せよ。

(2)　業務を進める手順を列挙して、それぞれの項目ごとに留意すべき点、工夫を要する点を述べよ。

(3)　業務を効率的、効果的に進めるための関係者との調整方策について述べよ。

○受験番号、答案使用枚数、選択科目及び専門とする事項の欄は必ず記入すること。

1. 点検困難部における調査・検討すべき事項

(1) 具体的事例と想定される損傷と損傷程度の推定

①具体的事例：老朽化したRC橋およびPC橋の桁端・支承まわりなど桁下空間狭隘部。

②損傷程度の推定：湿潤的な環境により、塩害・中性化が進み、コンクリートひび割れ、鉄筋腐食PCケーブル異常（腐食、破断、グラウト不良）、支承の機能障害、アンカーボルトの損傷、沓座コンクリートの損傷などの劣化が進行していると推定。

(2) 調査・検討すべき事項とその内容

①調査機器の特質・性能の確認：電磁波レーダー・超音波・赤外線等非破壊検査機器、ファイバースコープ等特殊カメラ等について、特質・性能を把握する。また、必要に応じて上記機器の組み合わせを、点検制度向上効果を踏まえ検討する。

②調査機器の損傷部への到達性：狭隘部損傷箇所への進入、到達・正対、曲がりの許容などを確認する。また、足場等の制約が予測されるため調査機器の機動性（人力操作可否等）を確認する。

③調査精度と調査費用のトレードオフ：経済性を踏まえた効果的かつ適正な調査費用の算定が求められる。

2. 業務を進める手順の項目と留意点、工夫点
(1) 現地踏査・履歴調査の実施
※**留意点**：現地踏査を行い正確な現状図を作成する。
※**工夫点**：過去の点検結果・完成図面・構造計算書などを収集し、3Dモデル等の活用を図る。
(2) 狭隘部点検調査計画の立案・調査実施
※**留意点**：適切な検査手法の選定、検査手法に応じた専門知識・技術の確保を行う。点検困難部にアクセスするための施工方法の検討、検査の安全性・効率性の確保を行う。
※工夫点：損傷の進行状況を正確に評価するための検査頻度・期間の確保を行う。
(3) 構造物の損傷程度の評価・健全性の診断等
※留意点：狭隘部の損傷程度の評価・対策区分の判定・健全性の診断を行う。
※工夫点：上記以外の各部材についても同様の評価・判定・診断を行い、構造物全体の健全性を診断する。
(4) 補修・補強の必要性等の評価
※留意点：調査結果を踏まえ補修・補強の要否を行う。
※工夫点：補修・補強が必要な場合は、改修計画を立案する。また、今後の維持管理計画を策定する。
3. 効率的・効果的進捗を踏まえた関係者との調整方策
①**調査機器メーカー・機器操作員**：狭隘部調査方法・事前訓練、調査工程について調整を行う。
②**施設管理者**：安全を第一にし、事故・トラブル発生を防止する。また、調査・診断結果を踏まえ、改修の要否、改修時期、改修費用等について提案を行う。
③**学識経験者等**：先進的技術等の相談・意見交換を行い、より正確な評価・診断を実施する。 以上

●裏面は使用しないで下さい。　●裏面に記載された解答案は無効とします。　（TT・コンサルタント）24字×50行

[コンクリート] Ⅲ　問題解決能力及び課題遂行能力

設問 3

建設業では建設技術者の不足や高齢化が深刻な課題であり、業務の効率化が進められている。また、長時間労働是正に向けた働き方改革を進めるうえでも業務の効率化が求められている。このような状況を踏まえ、以下の問いに答えよ。

(1)　省力化や働き方改革等に向けた鋼構造物又はコンクリート構造物の調査、設計、製作、施工、維持管理の業務効率化の取組における技術的課題を、技術者として多面的な観点から3つ抽出し、それぞれの観点を明記したうえで、その課題の内容を示せ。

(2)　前問（1）で抽出した課題のうち最も重要と考える課題を1つ挙げ、これを最も重要とした理由を述べよ。その課題に対する複数の解決策を、専門技術用語を交えて示せ。

(3)　前問（2）で示した解決策に関連して新たに浮かび上がってくる将来的な懸念事項とそれへの対策について、専門技術を踏まえた考えを示せ。

○受験番号、答案使用枚数、選択科目及び専門とする事項の欄は必ず記入すること。

1. 業務効率化の取組における課題

1.1 DXの推進（観点：新技術と建設デジタルデータの活用）

　コンクリート構造物の整備や維持管理については、標準化の難しい工程が多く存在すること、加えて生産過程が細分化されているため、工程上の効率が低下する問題がある。また、デジタル化の遅れや労働時間の長さ、肉体労働など技術者・技能労働者への負担が大きく、これらの問題をDX推進により解決・軽減する必要がある。

1.2 技術者及び技能者の減少、高齢化による担い手不足（観点：人材）

　建設業では就業者数の減少と高齢化が同時に進行している。同時に担い手になる若い人材が集まりにくい状況が続いていることから、団塊世代が離職する時期に対応できず、業務そのものが立ち行かなくなる恐れがある。

　2024年には時間外労働の上限規制が適用されることから、これらへの対応を早急に進めて人材の確保・育成を図る必要がある。

1.3 重層下請構造による変革の難しさ（観点：制度）

建設業では様々な分野の業務に対応するため、専門化・分業化が進んでいる反面、階層的な下請け制度が存在する。

このため、施工管理や品質の低下、下位の下請けへのしわ寄せなどが生じており、その解消が課題である。このため、下請け契約や支払い、施工管理の適正化に向けた取組みを推進する必要がある。

2. 最重要課題とその理由、及び解決策

2.1 最重要課題

DXの推進を最重要課題とする。

2.2 理由

将来的には労働人口減少が避けられず、業務への影響が大きくなると見込まれる。このため、それをデジタル技術でカバーする取組みが最も重要である。

2.3 解決策

① BIM/CIMの導入/推進

計画、調査、設計、施工、維持管理までの各業務段階のデータの紐づけによる３次元統合モデルをBIM/CIMを導入して構築し、受発注者間の情報共有・合意形成など効率化を図る。

また、施工段階における構造構成の課題、あるいは部材間の錯綜や干渉の問題点を事前にシミュレーションし、施工時の手戻りやミスの防止を図る。

② ICTによる施工の効率化・省力化

ICT技術である空中、地上レーザーによる3Dデータの取得、BIM/CIMで作成した3Dモデリングにより、見える化による管理を図る。

このことにより、点検測量や出来形のチェックなども可能となり、従来は人手のかかった作業の効率化、省力化が図れる。

3Dデータ等により点検時や災害発生時に構造物の変状を迅速に把握することで、維持管理の効率化や災害復旧の迅速化が可能となる。

③ 国土交通データプラットフォームの活用

格納されているデータを活用し、地図地形データ、

地盤データ、施設・構造物データなど様々なインフラ情報を取得する。このことで作業初期にスピーディに多くの情報確認や資料収集・整理・分析が可能となる。また、建設工事の記録や建設ノウハウ及び数量計算書の内容等をこのシステムに格納することで、次回以降の作業の効率化を図ることができる。

3. 将来的な懸念事項とそれへの対策

3.1 懸念事項

　若手技術者など経験が浅い技術者にとって、現場での経験する機会が減少する。

　また、コンピュータ上で多くの作業が完結することもあり、ベテランから若手への技術力継承や技術力向上が困難になる懸念がある。

3.2 対応策

　専門技術、DX、ICT等に関する知識・経験を考慮した教育研修機会を確保する。技術の継承については、DX活用によるベテランが有する技術／能力の見える化、DB化を進めていく。

以上

●裏面は使用しないで下さい。　●裏面に記載された解答案は無効とします。　（SK・コンサルタント）24字×74行

選択科目［都市及び地方計画］記述式問題の傾向と対策

(1) 過去5カ年（令和元～5年度）の出題内容

Ⅱ-1の出題形式は、解答用紙1枚に記述させるものである。令和元～5年度の最近5年間の出題内容は、国土計画、都市計画制度、事業評価、建築物や土地利用の規制誘導、開発行為、市街地整備、都市再生、都市交通施設や公園緑地・緑化と幅広く出題された。令和5年度は、盛土規制、都市交通実態調査、立地適正化計画と特別緑地保全地区について出題された。

Ⅱ-1 「専門知識を問う問題」過去問題の出題分野

出題分野（キーワード）	令和元	令和2	令和3	令和4	令和5
国土計画、都市計画制度、事業評価		1		1	
建築物や土地利用の規制誘導、開発行為、盛土規制	1		1	1	1
市街地整備（再開発、立体道路）	1		1		
都市再生（エリアマネジメント、賑わい創出）	1	1	1	1	1
都市交通施設、道路・街路の機能、都市交通実態調査		1		1	1
公園緑地・緑化、緑地保全、風致地区		1	1		1
合　計	3	4	4	4	4

Ⅱ-1の出題形式は、解答用紙2枚に記述させるものである。令和元～5年度における出題内容は、市街地整備、都市交通施設、都市再生、地区計画、防災まちづくりや歴史まちづくりや公園緑地・緑化などから出題された。近年は都市計画標準や制度にとどまらず、事業や管理のスキームが出題されている。令和5年度は立地適正化計画・防災と公園の運営管理が出題された。

Ⅱ-2 「応用能力を問う問題」過去問題の出題分野

出題分野（キーワード）	令和元	令和2	令和3	令和4	令和5
市街地整備（大街区化、密集市街地、立体道路、駅周辺整備）					
都市交通施設			1		
都市再生（住宅団地再生、立地適正化、都市防災）		1	1		1
地区計画、防災まちづくり、歴史まちづくり	1	1		1	
公園緑地・緑化（オープンスペース、指定管理、PFI）	1			1	1
合　計	2	2	2	2	2

Ⅲの出題形式は、解答用紙3枚に記述させるものである。令和元～5年度におけるⅢの出題内容は、都市再生、防災まちづくり、都市のスポンジ化、空き家対策、感染症対策、団地再生、公園緑地、市街地区域内農地やグリーンインフラなどの今日的課題から出題された。令和5年度は空き家対策、緑の基本計画が出題された。

Ⅲ「課題解決能力及び課題遂行能力を問う問題」過去問題の出題分野

出題分野	令和元	令和2	令和3	令和4	令和5
都市再生（人口減少・高齢化、コンパクトシティ）	1		1	1	
防災まちづくり（市街地火災と人口減少、高齢化）					
都市のスポンジ化、空き家対策、感染症対策、団地再生	1	1	1	1	1
公園緑地・市街化区域内農地・グリーンインフラ		1			1
合　計	2	2	2	2	2

(2) 令和6年度の出題内容の予想

Ⅱ-1は、重要なキーワードや新技術等専門知識を問う問題が出題される。実務遂行上の知識が問われており、出題に対して簡潔に記述できるような学習が必要である。

令和6年度に出題が予想される分野は、令和5年度に出題された宅地造成等規制法、総合都市交通体系調査、立地適正化計画の各区域の設定、特別緑地保全地区制度などを中心とし、さらに、都市計画制度、街路事業におけるB/C、道路による建築物の規制、特定生産緑地制度などの出題が想定される。

Ⅱ-2は、モデルとなるフィールドが設定され、それが抱える社会問題や都市問題に関し、事前に検討すべき事項とその内容が出題される。さらに、実務経験に基づく業務遂行手順、留意すべき点や工夫を要する点などが出題される。モデルとして中規模の都市が挙げられるなど、受験者の立場や経験に関係しない条件が与えられることもある。そのような場合でも、自らの知見を動員して解答できるように準備しておくことが必要である。

令和6年度に出題が予想される分野は、令和5年度に出題された立地適正化計画における防災指針案、都市公園における公募設置管理制度などを中心とし、これに加えて、歴史的風致維持向上計画、都市公園における指定管理者制度などが想定される。

Ⅲは、今日的な社会問題や都市問題を取り上げ、与えられたテーマに合わせて、課題を3つあげ、それぞれの観点を明記したうえで課題の内容の記述が求められる。このため受験者は、日々の社会問題や都市問題に関心を持つことが重要である。これまでに習得した知識や経験をもとに、与えられた条件に合わせて課題を整理し、その課題に対する複数の解決策を記述する問題が出題されている。

令和6年度に出題が予想される分野は、令和5年度に出題された空家等対策の推進に関する特別措置法、ゼロカーボンシティ宣言などを中心とし、これに加え駅まち空間の再構築、持続可能な住宅団地の再生などの出題が想定される。

都市及び地方計画は、政府レベルでも省庁間や局間はもちろんのこと、官民連携で業務を取り扱う方向にある。このため、学習範囲も自ずと広くなる傾向がある。しかし、むやみに多くの資料を当たっても、良い成果につながるとは限らない。

都市計画行政をベースにして、これに関連する施策や制度を把握すること、最近改正された法律や事業制度、モデル事業の目的や背景を理解しこれらに関する情報を収集・整理しておくことが重要である。また、新しい制度や事業の目的、効果及びリスクなどをパーツとして覚えておくことで、本番での引き出しやストックを増やしておくことが重要である。

(3) 参考文献

国土交通省「都市再生整備計画事業等　評価の手引き」、2022.5

国土交通省「第12版　都市計画運用指針」2022年4月

国土交通省「立地適正化計画作成の手引き」2022年4月

国土交通省・農林水産省・環境省「景観法運用指針」2022年3月

国土交通省「都市局所管補助事業実務必携」(令和4年度版) 2023年5月

国土交通省「都市計画ハンドブック」(2022年度版) 2023年2月

国土交通省「令和3年 (2021年) 都市計画年報」2023年2月

都市計画協会「改訂新都市計画の手続」2001年6月

国土交通省「中心市街地活性化ハンドブック」2021年度版

国土交通省「グリーンインフラストラクチャー」2017年3月

内閣府・総務省・経済産業省・国土交通省「スマートシティガイドブック」2021月4年

国土交通省・農林水産省「宅地造成及び特定盛土規制法について」2023年5月

道路交通技術必携2018　平成30年5月　交通工学研究会

平面交差の計画と設計　基礎編　　平成30年11月　交通工学研究会

平面交差の計画と設計　応用編　　平成30年11月　交通工学研究会

交差点事故対策の手引き　　平成14年11月　交通工学研究会

やさしい交通シミュレーション　　平成12年6月　交通工学研究会

雑誌　都市計画　　日本都市計画学会

雑誌　新都市　　都市計画協会

雑誌　区画整理　　街づくり区画整理協会

雑誌　公園緑地　　日本公園緑地協会

雑誌　交通工学　　交通工学研究会　　など

［都市及び地方計画］　Ⅱ-1　専門知識

設問 1

都市再生特別措置法に基づく立地適正化計画における都市機能誘導区域及び居住誘導区域について、それぞれ以下の内容を説明せよ。

（1）区域設定の考え方

（2）土地利用の誘導の方法

○受験番号、答案使用枚数、選択科目及び専門とする事項の欄は必ず記入すること。

1 都市機能誘導区域

1.1 区域設定の考え方

①鉄道駅に近い業務、商業等が集積する地域等都市機能が一定程度充実している区域であること。

②周辺からの公共交通によるアクセスの利便性が高い区域等であること。

③都市の拠点となるべき区域であること。

1.2 土地利用の誘導の方法

特定用途誘導地区を定め、容積率や用途規制を緩和する。また、財政上、金融上、税制上の支援措置等の事前明示を行うことにより、民間事業者等に対する開発意欲の増進を図り、土地利用を誘導する。

2 居住誘導区域

2.1 区域設定の考え方

①都市機能や居住が集積している都市の中心拠点及びその周辺区域とし、土砂災害特別区域等は除く。

②都市の中心拠点及び生活拠点に公共交通により比較的容易にアクセスすることができること。

③都市の中心拠点及び生活拠点に立地する都市機能の利用圏として一体的である区域であること。

2.2 土地利用の誘導の方法

居住者の利便の用に供する施設の整備及び公共交通の確保を図るための交通結節機能の強化・向上、並びに居住誘導区域内の住宅立地の支援措置を図る等により、土地利用を誘導する。以上

●裏面は使用しないで下さい。　●裏面に記載された解答案は無効とします。　（HY・コンサルタント）24字×25行

[都市及び地方計画]　Ⅱ-2　応用能力

設問 2

平野部中央を通る河川沿いに中心市街地が広がり、当該河川の上流部では中山間地が広がっている地方都市を対象に、主として水災害リスクをできる限り回避又は低減させるために必要な防災・減災対策を計画的に実施することを目的に、既に作成されている立地適正化計画を変更し、新たに防災指針の内容を追加することとなった。

そこで、当該防災指針案を作成する業務を担当責任者として進めるに当たり、下記の内容について記述せよ。

(1)　防災指針案を作成する際に、あらかじめ調査、検討すべき事項とその内容について説明せよ。

(2)　上記の調査・検討に基づき、防災指針案を作成する業務手順を列挙して、それぞれの項目ごとに留意すべき点、工夫を要する点を述べよ。

(3)　効率的、効果的な業務遂行のために調整が必要となる関係者を列挙し、それぞれの関係者との連携・調整について述べよ。

○受験番号、答案使用枚数、選択科目及び専門とする事項の欄は必ず記入すること。

1　防災指針案を作成する際に調査・検討すべき事項

1.1　居住誘導区域等における災害リスク情報の収集

　災害リスク分析を最初に行い、発生する恐れのある災害のハザード情報を収集・整理する。

1.2　防災まちづくりの課題情報の収集・整理

　防災まちづくりの主要項目である水害及び土砂災害の履歴、被災範囲、浸水深・浸水時間等の過去の被災情報を収集し整理する。

1.3　まちづくり方針等関連上位計画の調査

　立地適正化計画の見直しに関連し、当該都市の都市計画、地域防災計画等の関連計画を調査し、居住の安全確保等防災・減災まちづくり方針策定の材料とする。

2　防災指針案を作成する業務の手順

2.1　都市が抱える課題分析・解決すべき課題の抽出

　当該都市が抱えている課題を明らかにする。この場合、災害ハザード情報と都市の情報との重ね合わせ等の工夫を行い、課題を抽出できるよう留意する。

2.2　まちづくり方針の検討

　都市全体を対象としたマクロな災害リスク分析結果を踏まえ、まちづくりでの災害対応に工夫する。さらに、実現すべき将来像と地域防災計画等との整合性の確保に留意する。

2.3 居住誘導区域等における災害リスク分析

居住誘導区域における災害ハザード情報を収集・整理し、災害リスクの高い地域抽出等の工夫を行う。さらに、地区毎の防災上の課題の明確化等に留意する。

2.4 防災まちづくりの将来像の検討

防災指針案作成に際しては、標高が低いエリアにおける立地規制、建築規制、水害ハザードエリアからの移転促進等の工夫を行う。さらに、水害リスクの回避、ハード・ソフトの防災・減災対策を総合的に組み合わせ、防災まちづくり将来像の構築に留意する。

2.5 具体的な取組み・スケジュール・目標値検討

防災指針案の策定には、沿川地区の取組方針に基づき、住民等との合意形成等に留意する。さらに、ハード・ソフト両面から水害リスクの回避、低減に、具体的な取組みを記載するよう工夫する。なお、取組方針に基づく取組みの追加等は立地適正化計画の軽微な変更として対応できることに留意する。

3 業務を効率的に進めるための関係者との調整方策

3.1 関係者の種別

関係者としては、発注者、公共施設管理者、周辺住民・自治会等が考えられる。

3.2 関係者との調整方策

発注者とは打合せ協議、電子メール、業務月報、質問・回答書等で調整を行う。

道路管理者、鉄道事業者、地下埋設物管理者等の公共施設管理者とは、打合せ協議、電子メール等で行う。周辺住民・自治会等とは、住民説明会、ワークショップ、回覧板等で調整を行う。　以上

●裏面は使用しないで下さい。　●裏面に記載された解答案は無効とします。　（KN・コンサルタント）24字×50行

［都市及び地方計画］ Ⅲ 問題解決能力及び課題遂行能力

設問 3

平成 27 年に「空家等対策の推進に関する特別措置法」が施行され、市町村による空家等対策計画の策定や著しく保安上の危険、衛生上有害等の状態にある等のいわゆる特定空家等の除却等の取組みはより優先度の高い取組みとして進展しているが、全国の居住目的のない空き家は今後も増加が見込まれており、空き家対策のさらなる充実・強化が必要となっている。

有効活用されず適正な管理が行われていない空き家は周辺の環境に悪影響を与え、地域の価値や機能を低下させるおそれもあるため、地域の維持・活性化等を図るうえでも空き家対策はますます重要となっている。

このような状況を考慮して、以下の問いに答えよ。

（1） 人口が減少傾向にあり今後も空き家の増加が見込まれる地方都市の中心市街地において、空き家対策をさらに充実・強化して実施するに当たり、技術者としての立場で多面的な観点から取り組むべき課題を３つ抽出し、それぞれの観点を明記したうえで、その課題の内容を示せ。

（2） 前問（1）で抽出した課題のうち最も重要と考える課題を１つ挙げ、その課題に対する複数の解決策を、専門用語を交えて示せ。

（3） 前問（2）で示した解決策に関連して新たに浮かび上がってくる将来的な懸念事項とそれへの対策について、専門技術を踏まえた考えを示せ。

○受験番号、答案使用枚数、選択科目及び専門とする事項の欄は必ず記入すること。

1 空き家対策の充実・強化のための３つの課題

1.1 空き家発生抑制の推進（空き家発生の観点）

　所有者及びその家族に「住宅を空き家としない」との意識を醸成する必要がある。また、所有者のニーズに応じ死後に空き家としない仕組みの工夫と普及が必要不可欠である。

1.2 空き家活用の促進（空き家活用の観点）

　相続人への意識啓発・働きかけ・相続時の譲渡等の提案により、相続後速やかな活用等を促すことが重要である。また、空き家の流通・活用を促進する仕組みづくりが必要不可欠である。

1.3 適切な管理・除却の促進（空き家除却の観点）

所有者の主体的な対応を後押しする取組みの推進が必要である。また、市区町村の積極的な対応を可能とする取組みの支援・連携が必要不可欠である。

2 最も重要と考える課題と複数の解決策

2.1 最も重要と考える課題

私が最も重要と考える課題は、1.2空き家活用の促進である。その理由は、空き家が発生する大きな要因の1つが、相続時にあるからである。また、空き家の有効活用により、空き家の発生が大幅に低減するものと考える。

2.2 最も重要と考える課題に対する解決策

2.2.1 相続人への意識啓発の促進

相続時に、自治体・NPO等が空き家リスクや相談先の周知、空き家バンクへの登録の働きかけなど相談体制の充実が必要である。また、いったん空き家になると、家屋の劣化・損傷が加速度的に進行するため、相続人に対して、空き家にさせないような働きかけが重要である。

2.2.2 相続時の適正な譲渡等の促進

相続時に空き家を適正に相続することで空き家を発生させない意識の醸成、仮に相続できないような場合には、相続空き家を早期に市町村等に譲渡を促すインセンティブの付与、相続空き家に価値を見出すような創意工夫が重要である。さらに、空き家を所管する管理部局と戸籍部局が連携して相続人を、適時・的確に把握できる体制整備が必要不可欠である。

2.2.3 空き家の流通・活用の促進

空き家を流通させ活用していくためには、所有者に対し空き家の管理負担の軽減、リスクの回避、相談先の周知、空き家バンクへの登録の働きかけ等が重要である。また、全国版空き家バンクの普及、地域ニーズに応じた活用や需要の掘り起こし、所有者と活用希望者とのマッチング等の促進が必要である。

さらに、一定のエリア内において空き家の重点的な活用を促進する仕組みづくり、空き家活用のモデル的取組みへの支援強化などが必要不可欠である。

3 解決策に関連して発生する懸念事項とその対策

3.1 解決策に関連して新たに発生する懸念事項

解決策を実行する際に新たに発生する懸念事項として、コストがかかること、専門技術者が不足すること、体制づくりに時間がかかること等が考えられる。相続人への空き家発生防止に関する働きかけや相続時の適正な譲渡を促進するためには、働きかけの情報通信手段の整備やシステム構築にコストがかかる。また、働きかけを適正に行うことができるよう、情報通信手段にも通じた専門技術者の配置が必要不可欠である。

3.2 解決策に関連する新たな懸念事項への対策

コストがかかることへの対策としては、補助事業やモデル事業等の公共事業の活用により、空き家対策を行うことで解決できる。また、PFI、PPP等の民間資金を活用した事業を経営管理することで解決できる。近年では、施策に共感していただける市民等から寄付金を拠出していただくクラウドファンディング等を活用した事例も増えている。

専門技術者が不足することへの解決策としては、建設業界以外の業界から新規に労働者を雇用することが考えられる。また、女性・外国人・非正規就業者の新規雇用、一度退職したベテラン技術者の再雇用等も解決策になり得る。

時間がかかることへの対策としては、空き家管理部局と戸籍部局の連携、働きかけのシステム構築、ハード・ソフト両面からの対策の実施時期など、全体工程を踏まえた計画的な施策の実施が解決策である。以上

●裏面は使用しないで下さい。　●裏面に記載された解答案は無効とします。　（HY・コンサルタント）24字×75行

選択科目［河川、砂防及び海岸・海洋］記述式問題の傾向と対策

(1) 過去5カ年（令和元～5年度）の出題問題

令和元～5年度の過去5年間のⅡ-1の出題内容を見ると、河川、ダム、砂防、海岸・海洋の4つの専門分野から1問ずつ出題されている。令和5年度は、河川分野では土堤の余裕高、ダム分野では重力式コンクリートダムの構造設計、砂防分野ではコンクリートスリット砂防堰堤を計画する際の留意点、海岸・海洋分野では砂浜が有する防護上の機能に関する4問が出題された。

このⅡ-1の最近5年間の出題傾向であるが、河川分野では、堤防に関する問題と河川計画・設計に関する問題が1年おきに出題されているのが特徴的である。ダム分野では、新設ダム事業が少なくなってきたことを反映してか、ダム再生や維持管理など、既存ダムに関する出題が続いていたが、令和5年度はダムの設計に関する出題であった。砂防分野では、令和2年度までは土砂災害の特徴や、全般的な土砂災害対策に関する出題が続いており出題傾向が安定していたが、令和3年度以降は砂防施設に関する出題となった。令和4年度には、近年着目されている流木対策に関する問題が出題された。海岸・海洋分野では、海岸堤防の天端高の設定や設計高潮位など、海岸施設の設計に関連する出題が多い。高潮浸水想定区域図や砂浜が有する機能など、ソフト面に関する出題も見られる。

Ⅱ-1「専門知識を問う問題」の最近5年間の出題分野

	出題分野（キーワード）	令和元	令和2	令和3	令和4	令和5
河川	堤防（維持管理、すべり破壊・パイピング破壊、余裕高）	1		1		1
	河川計画・設計（河道流下断面の維持管理、浸水深・浸水区域）		1		1	
ダム	ダム本体（耐震性能照査、構造設計）	1				1
	維持管理（土砂管理、ダム総合点検）、ダム再生		1	1	1	
砂防	土砂災害対策（災害の特徴、対策計画）	1	1			
	砂防施設計画（透過型・不透過型、流木捕捉施設）			1	1	1
海岸・海洋	高潮浸水想定区域図、砂浜が有する機能	1				1
	海岸堤防の特徴と天端高の設定、波浪観測、有義波高と有義波周期、設計高潮位		1	1	1	
合　計		4	4	4	4	4

令和元～5年度の過去5年間のⅡ-2の出題内容を見ると、防災・減災のソフト対策に関する出題が多いと言える。その他では、施設の長寿命化、総合的土砂管理をテ

ーマとした出題が見られた。令和5年度は、4年ぶりに自然環境への配慮に関する問題が出題された。これはコンピテンシー審査になる前は頻出テーマであった。

このⅡ-2の問題は、他の科目では、小問（1）で「調査・検討事項」、(2）で「業務を進める手順」、(3）で「関係者との調整方策」が問われるが、河川、砂防及び海岸・海洋はやや変則的と言える。小問（1）では、令和3年度より、「調査・検討事項」ではなく「収集・整理すべき資料や情報」を述べさせ、その目的や内容が問われるようになった。また、令和4年度は住民講習会で講演するという設定、令和5年度は、関係者が連携して総合的土砂管理の計画を策定するという設定で目的や内容の骨子が問われた。変則的であっても、審査対象となっているコンピテンシーは変わらないため、コンピテンシーを意識した記述とする準備が必要である。

Ⅱ-2 「応用能力を問う問題」の最近5年間の出題分野

出題分野	令和元	令和2	令和3	令和4	令和5
自然環境への配慮（災害復旧事業）	1				1
防災地域づくり	1				
防災・減災ソフト対策（警戒避難体制の整備、被害想定区域設定、避難の留意点について講演）		1	1	1	
防災（再度災害防止対策）		1			
インフラ（長寿命化、防災施設の被災）			1	1	
総合的土砂管理					1
合　　計	2	2	2	2	2

令和元～5年度の過去5年間のⅢの出題内容を見ると、新技術やデジタル技術、すなわちDXを意識した出題が多いのが特徴だと言える。令和3年度では、遠隔化の取組推進、センシング技術の活用と、2問ともDXに関する出題であった。防災・減災をテーマとした出題も比較的多く、過去5年間では水防災意識社会の再構築、防災まちづくりに関する出題があった。なお、防災まちづくりは、令和3年に国土交通省よりガイドラインが公表されたことを踏まえての出題だと考えられる。その他には、河川、砂防及び海岸・海洋の分野で重要テーマである既存ストックの有効活用、総合的土砂管理に関する問題が出題された。

このⅢの問題は、必須科目と同様、小問（1）で「課題及びその観点」、(2）で「最も重要な課題と複数の解決策」、(3）で「リスクとそれへの対策」、または「波及効果及び懸念事項」が問われてきた。しかし、令和5年度のⅢ-1では、やや変則的な出題が見られた。すなわち、小問（1）で課題を抽出するのではなく、「気候変動が土砂災害に及ぼす影響」について述べさせ、小問（2）でその影響による被害の軽減を図ることができる対策について問われている。このようにⅡ-2と同様、いわゆる標準的なパターンではない出題があることに留意が必要である。しかし、令和５年度のⅢ-1は変則的ではあるが、気候変動により頻発化・激甚化する災害に対して既存ストックを有効活用した対策を講じるという、河川、砂防及び海岸・海洋の分野では、極めて重要なテーマが問われているということに変わりはない。ただし、事前に準備（＝暗記）した答案を書くだけでは通用しないのは明らかであり、根本的な理解や知識をベースに、出題内容に応じて書き方を変える柔軟性が必要であると言える。

Ⅲ「課題解決能力を問う問題」の最近５年間の出題分野

出題分	令和元	令和2	令和3	令和4	令和5
災害時における重要インフラの機能維持	1				
既存ストックの有効活用					1
防災・減災（水防災意識社会の再構築、防災まちづくり）	1			1	
DX関連（データプラットフォーム、遠隔化、センシング情報活用、災害情報の提供・共有、デジタル技術活用）		1	2		1
総合的土砂管理		1			
事業評価				1	
合　計	2	2	2	2	2

(2) 令和６年度の出題内容の予想

Ⅱ-1では、平成25年度以降、一貫して河川、ダム、砂防、海岸・海洋の分野から1問ずつ出題されている。河川分野では、令和５年度は堤防に関する出題であったので、令和６年度は河川計画・設計に関する出題が予想されるが、堤防も含めて幅広く勉強しておきたい。ダム分野では、令和５年度に設計に関する問題が出題されたが、ダムの維持管理やダム再生など既存ダムに関する出題の可能性が高い。また、治水に特化した流水型ダムや、事前放流など、近年着目されている施策にも留意してほしい。砂防分野では、近年は土砂・洪水氾濫対策、透過型砂防堰堤、流木対策などが出題されている。国土交通省のホームページにある「気候変動を踏まえた砂防技術検討会」における議論を意識して出題されていると考えられ、検討会資料は確認が必要である。海岸・海洋分野では、海岸堤防の天端高の設定、設計高潮位などが出題されており、施設の設計に関する事項の出題の可能性が高い。ただし、海岸保全施設の維持管理や、砂浜の浸食対策などについても整理しておく必要がある。

Ⅱ-2では、災害復旧事業、防災地域づくり、警戒避難体制構築など、年によって出題テーマは違うが、防災・減災対策に関する問題が必ず出題されており、令和６年度においても出題を念頭において学習を進めるべきである。

Ⅲでは、新技術やデジタル化など、DXを意識した出題が多くなっており、当面はその傾向が続く可能性がある。河川、砂防及び海岸・海洋では、数年前から「流域治水」に関する出題が予想されていたが、流域治水そのものをテーマとした問題はまだ出題されていない。ただし、平成30年度以前は、自然災害に関する問題は頻出であったことから、自然災害関連の出題の可能性を考えておくべきである。この他には、国土交通省水管理・国土保全局のホームページや各種検討会の資料などは把握し、試験の直近に出された資料や提言などは要注意と考えておくべきである。

(3) 河川、砂防及び海岸・海洋の参考図書・参考Web

【河川】

・河川砂防技術基準、国土交通省ホームページ
・治水流域プロジェクト、国土交通省ホームページ
・下流河川土砂還元マニュアル（案）、国土交通省ホームページ
・気候変動を踏まえた治水計画に係る技術検討委員会、国土交通省ホームページ
・気候変動を踏まえた治水計画のあり方（令和3年4月改定）
・水災害リスクを踏まえた防災まちづくりのガイドライン、国土交通省ホームページ
・大規模氾濫に対する減災のための治水対策検討小委員会、国土交通省ホームページ
・河川構造物長寿命化及び更新マスタープラン、国土交通省ホームページ
・近年の災害を踏まえた河川行政の動向、国土交通省ホームページ
・河川堤防設計指針、国土交通省ホームページ

【ダム】

・多目的ダムの建設、平成17年6月、ダム技術センター
・国土交通省　河川砂防技術基準　維持管理編（ダム編）、国土交通省ホームページ
・ダム再生ビジョン、国土交通省ホームページ
・ダム再生ガイドライン（平成30年3月）
・ダムの堆砂対策の基本的な考え方、国土交通省ホームページ
・ダム・堰施設技術基準（案）、国土交通省ホームページ
・ダム貯水池土砂管理の手引き（案）、国土交通省ホームページ
・ダム貯水池流木対策の手引き（案）、国土交通省ホームページ

【砂防】

・砂防関係施設の長寿命化計画策定ガイドライン（案）（令和4年3月）、国土交通省ホームページ
・砂防基本計画策定指針（土石流・流木対策編）解説（令和2年10月）、国土交通省ホームページ
・土石流・流木対策設計技術指針解説（平成28年4月）、国土交通省ホームページ
・土砂災害防止対策基本指針（令和2年8月）、国土交通省ホームページ
・火山噴火緊急減災対策砂防計画策定ガイドライン、国土交通省ホームページ
・「地すべり防止技術指針」並びに「地すべり防止技術指針解説」、国土交通省ホームページ
・要配慮者利用施設管理者のための土砂災害に関する避難確保計画作成の手引き（平成29年6月）、国土交通省ホームページ

・「気候変動を踏まえた砂防技術検討会」資料、国土交通省ホームページ
・貯水池周辺の地すべり等に係る調査と対策に関する技術基準、国土交通省ホームページ
・今後の土砂災害対策の方向性、国土交通省ホームページ

【海岸・海洋】

・気候変動を踏まえた海岸保全のあり方検討委員会、国土交通省ホームページ
・気候変動を踏まえた海岸保全のあり方（令和2年7月）
・海岸施設設計便覧（2000年版）、海岸工学委員会編、土木学会
・海岸保全施設築造基準・同解説、土木学会
・海岸保全施設維持管理マニュアル（案）、平成30年5月、国土交通省ホームページ
・海岸保全計画の手引き、1994年、全国海岸協会
・海岸保全基本方針・海岸保全基本計画、国土交通省ホームページ
・津波浸水想定の設定の手引き、2019年4月、国土交通省ホームページ
・海岸における水防警報の手引き（案）、平成22年3月、国土交通省ホームページ
・津波防災地域づくりと砂浜保全のあり方に関する懇談会、国土交通省ホームページ

[河川、砂防及び海岸・海洋]　Ⅱ-1　専門知識

設問 1

我が国の河川堤防は、これまで土堤を原則として築造されてきた。土堤とすることの利点及び欠点をそれぞれ２つ以上挙げよ。また、土堤の高さ設定に当たっては、計画高水位に余裕高を加算する必要があるが、現行の技術基準類に示された考え方に沿って、余裕高に見込まれるべき事象又は機能を１つ以上挙げ、その内容を説明せよ。

○受験番号、答案使用枚数、選択科目及び専門とする事項の欄は必ず記入すること。

1. 土堤とすることの利点と欠点

土堤とすることの利点と欠点は以下の通りである。

(1) 利点：

・工事の費用が比較的低廉であること

・材料の取得が容易であり構造物としての劣化現象が起きにくいこと

・基礎地盤と一体としてなじみやすく、変形に追随し易いこと

(2) 欠点：

・材料としての均質性を欠くこと

・水の浸入による強度低下などの安定性を欠くこと

2. 余裕高で見込まれるべき事象又は機能

河川砂防技術基準（案）によれば、見込まれるべき事象には、風浪、うねり及び跳水等による一時的な水位上昇への対応、巡視、水防活動を実施する場合の安全の確保並びに流木等流下物への対応等があり、本論では風浪について説明する。

風浪とは水域上を吹く風からエネルギーを与えられて発達しつつある波であり、風速が強いほど、また吹く距離（吹送距離）及び吹く時間（吹続時間）が長いほど発達する。

特に水域の面積が大きく、計画高水流量が定められていない湖沼の湖岸堤の高さについては、計画高水位に波浪の影響を考慮して必要と認められる値を増した高さにする必要がある。

以上

●裏面は使用しないで下さい。　●裏面に記載された解答案は無効とします。　(SH・コンサルタント) 24字×25行

［河川、砂防及び海岸・海洋］　Ⅱ-2　応用能力

設問 2

我が国では、毎年のように、水害や土砂災害等が発生し、甚大な人的被害や経済損失をもたらしている。こうした災害が発生した場合には、地域の１日も早い復興のために災害復旧を迅速に進めることが重要である。また、災害復旧を行う際は自然環境に配慮することが求められている。

そこで、洪水や土砂災害、高潮によって自治体が管理する施設が被災した際に、あなたが災害復旧事業の申請から実施までに携わることとなった場合、河川、砂防、海岸・海洋のいずれかの分野を対象として、以下の問いに答えよ。なお、被災施設は、河川分野は堤防又は護岸、砂防分野は護岸工又は渓流保全工、海岸・海洋分野は堤防又は護岸とし、自然環境に配慮した設計を検討するものとする。

(1)　災害復旧事業の申請に当たって、収集・整理すべき資料や情報について述べよ。併せて、その目的や内容について説明せよ。

(2)　被災した直後から災害復旧事業の実施までの手順について述べよ。また、被災した直後から災害復旧事業の実施までの作業において、留意すべき点、工夫を要する点を述べよ。

(3)　被災した施設を迅速に復旧するための支援を得るための関係者との調整内容について述べよ。

○受験番号、答案使用枚数、選択科目及び専門とする事項の欄は必ず記入すること。

　対象分野は河川分野とし、被災施設を護岸とする。

1　災害復旧事業申請時の収集・整理資料及び情報

1.1 河川特性、河道計画等に関する資料・情報

　当該河川や護岸等構造物の現況、特性を把握するため現地調査を行う。さらに、災害復旧事業の適用に向け、河川特性、河道計画を理解に留意する。

1.2 災害状況を把握できる資料・情報

　当該災害の発生時期、被災内容、範囲等を調査し災害の原因推定を行う。これら被災状況は、災害復旧事業の申請に必要不可欠であることに留意する。

1.3 被災原因・被災メカニズムの究明資料・情報

　災害復旧事業の申請に当たり、適正な復旧工法を検討する。特に、被災原因・メカニズムを究明できる資料・情報を収集する。

2　被災直後から災害復旧事業実施までの手順

2.1 災害復旧・改良復旧を判断できる資料収集

被災箇所が局所的で直接的な原因で被災した場合は、一般的な原形復旧事業とする。ただし、被災が複合的な原因で惹起された場合、原形復旧では再度災害が想定される場合は改良復旧事業となることに留意する。

2.2 被災原因の分析と災害復旧工法の検討

河道特性を踏まえ、被災原因や被災メカニズムを究明し、経済性や自然環境の保全・再生を考慮した必要最小限の復旧工法となるよう工夫する。

2.3 災害復旧事業の基本方針の決定

災害復旧は、現地調査を十分行い、被災原因を分析しこれらに基づき基本方針を決定する。なお、災害復旧は、被災原因が一つではなく複合的な要因が複雑に絡みあって引き起こされることがあることに留意する。

2.4 災害復旧事業の工法選定と実施設計

災害復旧事業では、河岸・水衝部形状を設定した上で、それに合わせて多自然川づくりを実現できるよう工夫する。特に護岸工の設計では、縦断勾配や地形区分、水際形状等に合致する護岸等の設計に留意する。

2.5 災害復旧工事の積算及び補助事業の申請

災害復旧工として補助事業の申請を行うため、比較検討を行い当該地域に最適な災害復旧工法を決定し、積算を行う。なお、美しい山河を守る災害復旧基本方針では、河川特性整理表（A表）の作成に留意する。

3 業務を効率的に進めるための関係者との調整方策

3.1 関係者の種別

関係者としては、発注者、公共施設管理者、周辺住民・自治会等が考えられる。

3.2 関係者との調整方策

発注者とは打合せ協議、電話、FAX、電子メール、業務月報、質問・回答書等で調整を行う。

道路管理者、河川管理者等の公共施設管理者とは、打合せ協議、電話、FAX、電子メール等で調整を行う。周辺住民・自治会等とは、住民説明会、ワークショップ、回覧板等で調整を行う。

以上

●裏面は使用しないで下さい。　●裏面に記載された解答案は無効とします。　（KN・コンサルタント）24字×50行

[河川、砂防及び海岸・海洋]　Ⅲ　問題解決能力及び課題遂行能力

設問 3

気候変動の影響により頻発化・激甚化する水害（洪水、内水、高潮）、土砂災害による被害を軽減するため、様々な取組を総合的かつ横断的に進めている。中でもハード対策の取組の１つとして、既存ストックを有効活用した対策を計画的に実施する必要がある。
このような状況を踏まえ、以下の問いに答えよ。

（1）　気候変動が、山地域、河川域、沿岸域の水害、土砂災害に及ぼす影響について、各域毎にそれぞれ説明せよ。

（2）　前問（1）で挙げた影響を１つ挙げ、その影響による被害の軽減が図ることができる既存ストックを有効活用した対策を複数示し、それぞれの内容を説明せよ。ただし、対策は、施設の新たな整備や維持管理を除き、既存ストックが有する防災機能の増大・強化を図る対策とする。

（3）　前問（2）で示した対策に関連して新たに浮かび上がってくる課題やリスクとそれへの対策について、専門技術を踏まえた考えを示せ。

○受験番号、答案使用枚数、選択科目及び専門とする事項の欄は必ず記入すること。

1. 気候変動が水害・土砂災害に及ぼす影響

　地球温暖化がもたらす気候変動の影響により、水害土砂災害をもたらす豪雨は激甚化・頻発化している。

1.1 山地域に及ぼす影響

観点1：線状降水帯による山地域での集中豪雨発生

課題1：河川水位の急上昇による洪水リスクが高まる。また、大雨により地すべり・土砂崩れによる「土砂」は、①流入土砂による治水ダム堆砂量の増大による有効貯水量の減少による治水機能低下、②深層崩壊に伴う河道閉塞による土石流災害、③流出土砂による下流河川の川床上昇による洪水氾濫、などリスク増大をもたらす。これらリスクへの対応が課題である。

1.2 河川域に及ぼす影響

観点2：高まる外力に対する施設整備の在り方

課題2：我が国の水害対策・土砂災害対策は、これまで、比較的発生頻度の高い外力に対して施設整備が進められてきたが、令和元年台風19号では施設規模を超える外力に遭遇して、施設整備の脆弱性を見せつけられた。高まる外力に対して施設の脆弱性改善が課題で

である。

1.3 沿岸域に及ぼす影響

観点3：平均海面水位上昇による高潮の発生

課題3：人口・資産が集中する東京湾、伊勢湾、大阪湾は、背後に海抜ゼロメートル地帯が広く広がり、高まる高潮災害リスクへの対応が課題である。

2. 既存ストックを有効活用した対策

前述「1.2」の課題について、「既存ストックを有効活用」する対策を以下に述べる。

2.1 既存ダムの有効活用

既存ダムの有効活用として、①堤体の嵩上げによる貯水容量の確保すること、②事前放流により利水容量を洪水調節に活用すること、を挙げることができる。

気候変動による外力の増大に対して、長い区間にわたり河道改修を完成させることは制約も多い中で、上流で洪水を貯留して下流の河道への流下を抑制できること、短期間で完成させることにより効果の早期発現が期待できることが既存ダム有効活用の特長である。

2.2 堤防の強化対策や構造上の工夫

新規堤防の整備（量的整備）と合わせ、既設堤防を強化するための対策（質的整備）が必要である。具体的な対策として、①越水対策：堤防の嵩上げ、②侵食対策：護岸による河岸や堤防法面の保護、③浸透対策：緩傾斜堤防、ドレーン等を挙げることができる。

また、治水施設の能力を超えた洪水に対して、避難のための時間を確保する、被害をできるだけ軽減することを目的に、決壊しにくく、堤防が決壊するまでの時間を少しでも長くするなどの減災効果を発揮するため、危機管理型ハード対策として、天端舗装や堤防川裏法尻部へコンクリートブロックを施すなど、「粘り強い堤防」づくりを進める。

3. 新たな課題やリスクと対応

3.1 既存ダム有効活用における課題やリスクと対応

事前放流ガイドラインでは、洪水に対する事前放流の実施判断は3日前から行うこと基本としている。大規模な放流設備を有していない利水ダムでは、洪水前72時間の放流量は限られ、十分な治水容量を確保できず、新規の放流設備の増設が求められる。このため大水深で大口径の堤体削孔技術開発が不可欠である。

　また、利水者の事前放流への理解を得るため、事前放流の空振りを無くするよう、降雨予測の精度向上が必要となる。

3.2 堤防強化等における課題やリスクと対応

　堤防の嵩上げは、河道の流下能力を増加させ、洪水処理能力を高める一方、ひとたび治水施設の能力を超えた洪水に見舞われた場合は、従前よりも氾濫ダメージを高めることになるため、氾濫発生リスクはゼロとはならず、想定外の外力に対して懸念は残される。

　気候変動に伴い頻発・激甚化する水害・土砂災害等に対して、防災・減災が主流となる社会を目指す「流域治水」の考え方に基づいて、堤防の整備・強化、ダムの建設・再生などの対策を行うとともに、集水域から氾濫域にわたる流域においても、水田貯留、ため池等の活用、雨水貯留施設の整備、遊水池の整備、リスクが低い地域への移転など、あらゆる関係者で水災害対策を推進することが必要である。

以上

●裏面は使用しないで下さい。　●裏面に記載された解答案は無効とします。　（SN・コンサルタント）24字×75行

選択科目［港湾及び空港］記述式問題の傾向と対策

(1) 過去5カ年（令和元～5年度）の出題問題

問題Ⅱ-1は、港湾／空港計画、設計、施工、耐震化、維持管理、地盤、環境など幅広い分野から出題されている。出題分野は、港湾・空港のそれぞれに特化した問題が各1問、残りの2問は港湾・空港に共通の問題となっており4問出題されているが、受験者にとっては自分の専門分野3問題から1問を選択することになる。

出題内容は、過去問題から予測することは難しく、港湾及び空港に関する全般的な知識を押さえておく必要がある。また、過去2年間出題のなかった環境分野についてはは環境アセスなどについて準備しておく必要がある。

計画分野については各専門技術項目に加えて、費用対効果分析など経済分野からの出題、設計分野では構造や工法に関する出題、施工分野では実施手順に関する出題、維持管理分野では施設の長寿命化等を準備しておくことが必要である。技術用語は令和元年度以降出題されていないが、キーワード等を整理しておくことが望ましい。

Ⅱ-1　「専門知識を問う問題」の最近5年間の出題分野

出題分野（キーワード）	令和元	令和2	令和3	令和4	令和5
港湾／空港計画			1	1	1
貨物取扱能力、離着陸処理能力、便益分析	1	1		1	
調査、設計、施工、耐震化			1	1	1
地盤改良、土質／地質関係	1	1		1	
維持管理、健全度評価	1		1		1
環境保全、環境影響評価	1	1	1		
GPS、波浪観測機器、データの利活用		1			
空港施設					1
合　　計	4	4	4	4	4

問題Ⅱ-2は、高潮対策、海面埋立工事の施工計画、BCP、地震対策、波浪対策、スマート化、施設の再編、鋼構造物の維持管理、静穏度、埋立護岸の復旧など幅広い分野から出題されている。

また、令和5年度の出題は港湾に特化した問題が1問出題されている。この傾向が続くかどうかは不明であるが、空港を専門とする受験者にとっては問題の選択が限定される可能性がある。

問題Ⅱ-2の出題の特徴としては、各設問で問われていることが明確化され、設問(1)は調査・検討事項とその内容などの専門的学識、設問(2)は業務手順や留意すべき点・工夫を要する点などのマネジメント、設問（3）は関係者との調整方策、リーダーシップ、コミュニケーション能力等が問われている。このため、レベルの高い解答論文を作成するためには、設問（2）の記述内容に即した論文の作成が重要である。具体的には、計画・調査・設計・施工の各段階における手順を理解し、設問に対して過不足のない解答論文を作成することが必要である。

Ⅱ-2 「応用能力を問う問題」の最近5年間の出題分野

出題分野（キーワード）	令和元	令和2	令和3	令和4	令和5
液状化対策・地下埋設物対策・耐震化・維持管理		1			1
航路誘致、施設利便性向上、スマート化、機能再編			1	1	
高潮対策	1				
施設計画、工事・施工計画	1				1
大規模地震対策、BCP		1			
完成後長期間経過した施設の性能照査と対策工の検討			1	1	
合　計	2	2	2	2	2

問題Ⅲは、インフラシステム輸出、LCC縮減、観光の振興、施工の安全性向上、輸出拡大、脱炭素、国際の物流・人流、地震対策、サプライチェーンの最適化、工事に関する生産性向上が出題されている。

過去に出題された分野は、傾向では社会的に重要なテーマに関するものが多いことから、今後もこの傾向が続くと思われる。具体的には令和5年度はグローバルなサプライチェーンの最適化、港湾や空港工事の生産性向上が出題された。これは、工事を含め、工事以外の運用や運営に関する生産性向上が、技術士に求められる資質能力（コンピテンシー）のうち、専門的学識、問題解決能力、評価能力、コミュニケーション能力、専門知識・応用能力、問題解決能力及び課題遂行能力を問うのに最適であるためである。

また、設問（3）では解決策により生じうるリスクとその対策が問われていることから、予めリスクと専門技術を踏まえた対策を事前に整理しておき、本番では問題文に合わせて解答論文を記述することが必要である。

Ⅲ 「課題解決能力を問う問題」の最近5年間の出題分野

出題分野（キーワード）	令和元	令和2	令和3	令和4	令和5
港湾/空港民営化、インフラ輸出、輸出拡大方策、経済振興	1		1	1	1
国土強靭化計画、耐震補強				1	
生産性向上、LCC縮減方策、工事の安全確保	1	1			1
外国人の訪日旅行の振興方策		1			
港湾及び空港施設の脱炭素化			1		
合　　計	2	2	2	2	2

(2) 令和6（2024）年度の出題問題の予想

・問題Ⅱ-1

令和6年度は、過去5年間と同様に、計画、設計、施工、維持管理及び環境影響評価など幅広い分野からの出題が予想される。このうち、環境分野は2年連続で出題されていないので、環境影響評価に関する調査項目、手順、手続き、調査・予測手法などを整理し、確認しておくことが必要である。計画・設計分野については専門技術だけでなく、経済や運営に関する内容にも留意しておく必要がある。

出題範囲は幅広いが、いずれも基礎知識を問うレベルの問題であることから、港湾/空港全般にわたりキーワードを抽出し、その概要・手順・工法等を整理し、解答論文作成のパーツとして準備しておくことが必要である。

・問題Ⅱ-2

計画、設計、維持管理、防災・減災、国際化に関する出題が多い。令和6年度は、政策分野では国際コンテナ戦略港湾や空港機能の拡充・強化、防災・減災・老朽化対策、持続可能性と利便性の高いサービスの実現などの出題が予想される。また、防災・減災については高潮波浪・耐震ともに近年出題されていないため、これにも注意しておく必要がある。加えてDX・GX推進に向けた取組み・施策も確認し、準備しておくことが必要である。

・問題Ⅲ

令和6年度は、国土強靭化・5カ年加速化対策に記載された津波対策、インフラ老朽化・維持管理、耐震化対策のほか、港湾・空港の運用におけるDX・GXの推進、ICTの活用などを含めた生産性向上、などの出題が考えられる。

令和5年度の出題では工事に限定した生産性向上が出題された。このことから、生産性向上については、運用や運営におけるDX、ICTを含めた生産性向上、国土交通省の港湾に関する施策について整理しておくことが必要である。国土交通省ホームページ（港湾局・航空局）などで最新の政策を確認し、幅広い政策課題とその解決策、新たに生じうるリスクとその対策を整理しておくことが有効である。また、ここ数年で新たに制定、変更されたガイドラインや技術基準等については、出題される可能性が高いので確認しておくことが大切である。

(3) 参考図書・参考 Web

・国土交通省港湾局　https://www.mlit.go.jp/kowan/index.html

・国土交通省航空局　https://www.mlit.go.jp/koku/index.html

・国土交通省審議会等　https://www.mlit.go.jp/policy/shingikai/index.html

※上記 HP で予算概要等の資料などから最新の施策に関する内容を確認し、施策の背景、課題、解決策（＝施策）という観点で整理することが望ましい。

・港湾の施設の技術上の基準・同解説　平成 30 年 5 月　日本港湾協会

・港湾の中長期政策「PORT2030」平成 30 年 7 月　国土交通省港湾局

・空港土木施設の設置基準・同解説　平成 29 年 4 月　港湾空港総合技術センター

・空港土木施設設計要領　平成 31 年 4 月　国土交通省航空局

・数字でみる港湾　2023（令和 5）年 9 月　日本港湾協会

・港湾設計・測量・調査等業務共通仕様書令和 5 年度版　令和 5 年 3 月　日本港湾協会

・港湾計画書作成ガイドライン　改訂第 3 版　令和 2 年 11 月　日本港湾協会

・雑誌『港湾』日本港湾協会

[港湾及び空港]　Ⅱ-1　専門知識

設問 1

洋上に着底式風力発電施設を建設するため、基地港湾において行われる作業の主な内容を簡潔に述べよ。また、その作業のために港湾施設に必要となる独特の要件を3つ挙げ、それぞれの要件が必要となる理由を述べよ。

○受験番号、答案使用枚数、選択科目及び専門とする事項の欄は必ず記入すること。

1. 基地港湾で行われる作業の内容

1.1 風力発電施設の出荷基地としての作業

発電用機器類の保管、風車タワー等の構造施設の保管、半製品まで組立てし、岸壁から積み出しを行う。

1.2 運搬・設置に使用する作業船基地としての作業

風力発電施設建設で使用する台船、起重機船などの作業船団の係留、維持点検、燃料補給などの作業を行う。

1.3 風力発電施設のメンテナンス基地としての作業

風力発電施設や送電中継施設、付帯の識別灯などに利用する作業船係留、部品等の供給、運営管理を行う。

2. 港湾施設に必要となる独特の要件

2.1 岸壁

風力発電施設を設置するため、基礎構造やタワー、ナセルなどの長大物及び重量物に対応するための耐荷重性能、必要水深・延長の確保が必要である。

2.2 岸壁前面水域海底の地耐力強化

風車部材の積出し時にはSEP船レグ着底の貫入力が発生する。

このため、岸壁変位・地盤変位の防止対策が必要である。

2.3 エプロン、通路部舗装の強化

対象物の重量が大きいため、保管場所、運搬ルートについては耐荷重を考慮してコンクリート舗装等に強化することが必要である。

以上

●裏面は使用しないで下さい。　●裏面に記載された解答案は無効とします。　(SK・コンサルタント) 24字×25行

[港湾及び空港] Ⅱ-2 応用能力

設問 2

内湾に位置するケーソンを用いた埋立護岸において、吸出しの疑いがある直径 2m の陥没が生じ、安全確保のために護岸延長 100m の全域で立ち入り規制が行われている。護岸の復旧に当たり抜本的な対策を行うための調査、検討を行い、適切な対策法を提案することとなった。あなたがこの業務の担当責任者として選ばれた場合、下記の内容について記述せよ。

(1) 調査、検討すべき事項とその内容について説明せよ。

(2) 業務を進める手順を列挙して、留意すべき点、工夫を要する点を述べよ。

(3) 業務を効率的、効果的に進めるための関係者との調整方策について述べよ。

○受験番号、答案使用枚数、選択科目及び専門とする事項の欄は必ず記入すること。

1. 調査、検討すべき事項とその内容

1.1 資料収集整理及び現地調査

① 既存資料

設計図書、竣工図書、施設台帳、維持管理計画書等により構造諸元、護岸構造、使用材料、維持管理状況を確認する。

地質調査資料を確認し、地盤状況を調査する。

② 気象、海象データ

現地における気象、海象など、潮位や波浪データを収集し、埋立護岸に作用した外力を把握する。

③ 現地調査

既に陥没している箇所以外も空洞が生じている可能性があるため、地中レーダー等による内部空洞の有無など陥没状況調査を行う。

既存資料から取得した埋立護岸の形状や使用材料をもとに陥没範囲の推定を行う。

陥没が疑われる箇所については、開削等により確認を行う。

以上の結果をふまえて埋立護岸前面で潜水調査を実施し、護岸海中部分の目視を行い、目地部分等の吸出しの発生状況の確認、吸出し原因を推定する。

1.2 対策工の検討

調査結果をふまえて陥没箇所の補修工法及び陥没防

止対策の検討を行う。複数の比較検討案を作成するとともに必要に応じて安定照査を実施する。

2. 業務を進める手順

以下の手順で業務を進める。

① 調査計画の立案

調査に要する資器材、人員の手配、許可申請を行う。調査日程と資器材等の確保に留意する。

② 資料収集整理

整備時期によっては資料がない場合がある。その際には維持管理計画書や補修記録等に留意するとともに現地調査時に測定するなど工夫する。

③ 現地調査

目視できない陥没の可能性を考慮して安全確保に留意する。また、新技術（ドローン等）活用などの工夫を行い、効率化を図る。

④ 対策工の検討・設計

陥没原因及び構造諸元や使用材料に留意する。対策工事で使用する材料については現地特性や気象海象を考慮して耐久性を確保する。これらの基に設計を行い、施工に反映する。

3. 関係者との調整方策

① 施設管理者、海上保安部、社内・協力会社

調査に必要な申請については正確な資料を用意して事前協議を行い、手戻りや遅延を防止する。

② 施設利用者、海運会社、漁協関係者、地元住民等

調査や対策工における制限内容を把握し、分かりやすい資料を基に説明し合意形成と理解を得る。　以上

●裏面は使用しないで下さい。　●裏面に記載された解答案は無効とします。　（SK・コンサルタント）24字×50行

［港湾及び空港］　Ⅲ　問題解決能力及び課題遂行能力

設問 3

少子高齢化が進む我が国では、各分野において労働力不足等を乗越え、生産性を向上していく取組が求められている。港湾・空港の工事は、気象・海象の大きな影響や航空機の離発着に伴う厳しい制約を受け、作業船や特別な機械を必要とする等の特徴がある。港湾・空港の工事においても、生産性を向上していくため、その特徴を踏まえ、技術を改善し、高度化していくことが必要である

（1）港湾や空港の工事の生産性を向上させるため、工事の特徴を踏まえた技術の改善や高度化について、技術者としての立場で多面的な観点から３つの課題を抽出し、それぞれの観点を明記したうえで、その課題の内容を示せ。

（2）前問（1）で抽出した課題のうち最も重要と考える課題を１つ挙げ、その課題に対する複数の解決策を示せ。

（3）前問（2）で示した解決策に関連して新たに浮かび上がってくる懸念事項とそれへの対策について、専門技術を踏まえた考えを示せ。

○受験番号、答案使用枚数、選択科目及び専門とする事項の欄は必ず記入すること。

1. 工事の生産性を向上させるための課題

1.1 厳しい作業環境を克服する要素技術の開発、発展及び適用（観点：技術）

　港湾工事は海上や海中での作業が多く、位置出しや海底地形、海中構造物の出来形などの把握が困難な特徴がある。このため、波浪や潮流、風などの気象、海象状況が稼働率に大きく、作業可能な日数が限定される工事の生産性を向上させるためには、厳しい作業環境下を克服する要素技術の開発、発展とそれを工事現場に適用する必要がある。

1.2 工事における安全性の確保（観点：事故防止）

　海上工事では足場が不安定になることなど、高リスクな環境での施工が多い。このため、生産性を向上させるためには作業船と潜水作業の連携向上、潜水作業の見える化、リアルタイムに危険を察知できる検知システムの活用など海上作業の自動化、機械化等を進めて事故の防止を図る必要がある。

1.3 担い手育成・確保（観点：人材）

　技術者、技能者など建設業従事者の高齢化と減少が

進行している。したがって、建設業への入職者が少なく、技術者の確保が困難になる。担い手不足による生産性の低下を防止し、若手技術者の登用促進、働きやすい現場環境整備の促進、担い手育成などに取組み、次世代への技術継承を図る必要がある。

2. 最重要課題と解決策

2.1 最重要課題とその理由

最も重要と考える課題は、厳しい作業環境を克服する要素技術の開発、発展及び適用である。その理由は、この課題を解決することにより、他の課題解決にも効果があると考えられるためである。

2.2 解決策

2.2.1 i-Construction、DXの推進

・3次元データの活用

3次元測量成果を活用し施工や出来形確認、管理、各種作業の効率化、高精度な施工管理、監督・検査の遠隔化等を進める。さらには、衛星測位を活用した高精度の遠隔操作、自動化水中施工システムの開発を推進する。

衛星測位と音波による水中測位技術、水中施工機械の遠隔操作技術を組み合わせることにより、海象条件によらず利用可能な高精度の遠隔操作と自動化水中施工システムを開発する。また、BIM/CIMクラウドの構築など事業者や発注者間でBIM/CIMを共有し、作業の効率化、高度化を図る。

2.2.2 ICTの更なる活用

ICTを活用した潜水作業の向上と作業の可視化を促進し、潜水士がダイブコンピュータ、ダイバーカメラ、ROV等を装備して作業を行い、船上より海中作業の可視化、潜水士の状態を把握することにより、施工の効率化と安全性を確保する。さらに、ICTを設計、工事で活用し、要領や基準類を整備する。また、測量マニュアル、数量算出、出来形管理、監督・検査規程、積算等の各種要領の整備（策定、改定）を進めてICTを活用する工種を拡大する。

2.2.3 プレキャスト部材の活用

厳しい海上の現場条件を克服するため、陸上ヤード

でブロック化された本体を製作し、現場で組み上げる
プレキャスト部材の活用を図る。なお、活用においては整備効果の早期発現やLCC縮減などの社会的な要請をふまえてVfMで評価する。

3. 解決策に関連して新たに生じる懸念事項と対策

3.1 解決策に関連して新たに生じる懸念事項

要素技術の開発や発展及び適用の担い手であるIT要員が不足し、事故・災害によるシステムトラブルなど安全性の確保と技術の継承に支障が生じる懸念がある。

3.2 懸念事項への対策

海上工事に関する教育、研修システムの整備とマニュアルを策定のうえ研修を行う。さらに、問題点の解決、改善に向けた技術開発を進め、安全性と生産性の向上を図る。

以上

●裏面は使用しないで下さい。　●裏面に記載された解答案は無効とします。　（SK・コンサルタント）24字×70行

選択科目［電力土木］記述式問題の傾向と対策

(1) 過去5カ年（令和元～5年度）の出題問題

令和元～5年度の過去5年間のⅡ-1の出題内容は、設計・施工分野が最も多く5問、次いで再生可能エネルギー・ダムの堆砂対策及び水力等の各種発電所が各4問出題されている。最近では、令和4年度が模型実験の相似性、津波対応策、ダムの堆砂対策、エネルギー基本計画が、令和5年度が原子力発電所の規制基準、非破壊検査法、水力発電所の最大使用水量、火力分野のゼロエミッション電源化が出題された。

このⅡ-1の最近5年間の出題傾向を見ると、設計・施工・津波、地球温暖化・再生可能エネルギー、水力・火力・原子力等発電所が多く出題されている。この出題傾向は、今後とも大きな変動はないものと考えられる。

Ⅱ-1 「専門知識を問う問題」の最近5年間の出題分野

出題分野	令和元	令和2	令和3	令和4	令和5
地盤、基礎、地盤改良、液状化対策、劣化・損傷		1	1		
断層、活断層調査、トンネル、シールド工法		1			
設計、施工、津波、波浪、設計洪水流量、流体の模型実験	1	2		2	
維持管理、非破壊検査、保守、点検・診断、機器故障	1				1
地球温暖化、再生可能エネルギー、ダムの堆砂対策	1		1	2	
品質管理、環境影響評価、カーボンニュートラル			1		1
新技術・新工法、CIM、水力・火力・原子力発電所	1		1		2
合　　計	4	4	4	4	4

令和元～5年度の過去5年間のⅡ-2の出題内容は、維持管理・保守点検が最も多く3問、次いで地盤変状・地盤改良、新技術・新工法、ダムの再開発・再生可能エネルギーが各2問出題されている。最近では令和4年度が地震に対する安全性評価、再生可能エネルギーが、令和5年度が劣化・損傷を放置した時の影響とその対策、水力発電の促進計画が出題された。

このⅡ-2の問題は、問題文で自分が果たすべき役割や立場が指定され、これを踏まえて検討すべき事項、業務を進める手順、関係者との調整方策が出題されるためこれに的確に対応して記述することが大切である。また、このⅡ-2の問題は、問題文が3つに分けて出題されるため、各項目の文章量をほぼ均等に記述する必要がある。

Ⅱ-2 「応用能力を問う問題」の最近５年間の出題分野

出題分野	令和元	令和2	令和3	令和4	令和5
地盤変状、地盤改良、液状化対策、地下水対策	1		1		
設計、施工計画、近接施工、耐震性能、津波、地震対策				1	
新技術・新工法、計測システム、DX、海外電力事業		1	1		
維持管理、保守、点検・診断、土砂堆積、水理検討	1	1			1
ダムの再開発、再生可能エネルギー、更新、品質確保				1	1
合　　計	2	2	2	2	2

令和元～５年度の過去５年間のⅢの出題内容は、技術継承・維持継承・人材育成が最も多く３問が、次いで維持管理・保守・点検、再生可能エネルギー・エネルギー問題、環境保全・環境影響評価が各２問出題されている。

最近では、令和４年度が気候変動の影響を踏まえた維持管理、地域社会との合意形成が、令和５年度が電力土木技術の維持継承、我が国のエネルギー問題が出題された。

Ⅲの試験の評価項目は、技術士に求められる資質能力（コンピテンシー）のうち、専門的学識、問題解決能力、評価能力、コミュニケーション能力のほか、専門知識や応用能力に加え、問題解決能力及び課題遂行能力の保有について評価される。

したがって、問題文では多面的な観点からの課題、最も重要と考える課題とその解決策、解決策に共通して新たに生じうるリスクとそれへの対策が求められている。これらの要求事項に対応するためには、多面的な観点から課題を抽出し、最も重要と考える課題を選定し、その理由を明記した上で、課題に対する複数の解決策を記述することが大切である。

Ⅲ 「課題解決能力を問う問題」の最近５年間の出題分野

出題分野	令和元	令和2	令和3	令和4	令和5
設計、施工、耐震性能、近接施工			1		
維持管理、保守、点検・診断、安全確保	1	1			
海外発電事業、コンプライアンス、国際協力					
自然災害、リスク、再生可能エネルギー、エネルギー問題				1	1
環境保全、環境影響評価、環境負荷低減、気候変動		1		1	
技術継承、維持継承、人材育成	1		1		1
合　　計	2	2	2	2	2

(2) 令和6年度の出題問題の予想

令和6年度のⅡ-1の出題予想については、令和元～5年度までとほぼ同様の出題傾向であることが考えられる。令和6年度の出題予想であるが、令和5年度に出題された原子力発電所の規制基準、非破壊検査法、水力発電所の最大使用水量、火力分野のゼロエミッション電源化などに加え、耐震設計に必要な調査、電力土木施設の建設及び維持管理、地盤・基礎・地盤改良に関する問題、限界状態設計法、火力・原子力発電所の建設、ダムの設計洪水流量、津波防潮堤の設計等の出題が想定される。

令和6年度のⅡ-2の出題予想については、令和5年度に出題された劣化・損傷を放置した時の影響とその対策、水力発電の促進計画等を中心とし、これに加えて電力土木施設のリプレース・再開発、電力土木施設の建設・維持管理、近接構造物への影響、AI・IoT等デジタルテクノロジー活用、水理シミュレ－ション等に関する出題が想定される。

令和6年度のⅢの出題予想については、令和5年度に出題された電力土木技術の維持継承、わが国のエネルギー問題を中心に、電力土木施設の維持・管理、点検・診断、海外発電事業・国際協力、環境保全・環境影響評価、設計レベルを超える事象への対応、電力土木施設の経年劣化事象の内容と劣化要因、電力土木施設が自然環境・社会環境に及ぼす影響等の出題が想定される。

また、最近の国土交通省の施策に関連し、具体的な出題内容として考えられるものとして、AI・IoT、デジタルテクノロジー、i-Construction、CIM、メンテナンスサイクル、保守・点検業務の効率化、建設部門のＤＸ、周辺環境の保全、国際化への対応、働き方改革等の出題が考えられるためこれらに備えておくことが必要である。

(3) 電力土木の参考図書・参考Web

- 国土交通省河川砂防技術基準同解説　計画編　平成17年11月　国土交通省河川局監修
- 改訂新版　建設省河川砂防技術基準（案）同解説　設計編Ⅰ　平成10年3月　建設省河川局監修
- 改訂新版　建設省河川砂防技術基準（案）同解説　設計編Ⅱ　平成10年3月　建設省河川局監修
- 国土交通省河川砂防技術基準同解説　維持管理編（河川編）　令和3年10土交通省河川局監修
- 海岸保全施設の技術上の基準・同解説　平成30年8月　一般社団法人全国海岸協会ほか
- 新訂5版　中小水力発電ガイドブック　新エネルギー財団
- 水力開発ガイドマニュアル　新エネルギー財団
- ダムと地震　日本ダム協会
- コンクリートダムの施工　日本ダム協会
- フィルダムの施工　日本ダム協会
- ダムの安全管理　平成18年5月　ダム技術センター
- 地質現象とダム　平成20年6月　ダム技術センター
- 改訂3版　コンクリートダムの細部技術　平成22年8月　ダム技術センター

・改訂版　巡航ＲＣＤ工法施工技術資料　平成24年２月　ダム技術センター
・ダム基礎における立体的岩盤透水性分布の把握手法　平成24年２月　ダム技術センター
・ダム技術Ｑ＆Ａ　　総集編　改訂版Ⅰ　平成27年３月　ダム技術センター
・ダムの地質調査―ボーリング・調査坑・トレンチ―　平成27年３月　ダム技術センター

[電力土木] Ⅱ-1 専門知識

設問 1

新たな流れ込み式水力発電所の発電計画の策定に当たり、最大使用水量を決定する際の基本的な考え方と検討方法、留意点を述べよ。

○受験番号、答案使用枚数、選択科目及び専門とする事項の欄は必ず記入すること。

1. 最大使用水量を決定する際の基本的な考え方

最大使用水量を決定する際の基本的な考え方は、①河川流量データから最低流量を把握する。②最低流量に対して最大許容水量を決定する。③最大許容水量を越える水量は発電に使用しない。

2. 最大使用水量を決定する際の検討方法

2.1 河川の最低流量の把握：計画対象地点の河川の流量データを収集し、渇水年の最低流量を把握する。

2.2 最大許容水量の決定：最低流量から、当該河川の最大許容水量を決定する。

2.3 発電機の設備容量等の決定：発電力量の最大化を目的として、発電機の設備容量及び発電力量を決定する。

2.4 変動率の決定：発電力量の年間合計、最大発電力量と最小発電力量の差（変動率）を決定し、発電計画の評価指標とする。

3. 最大使用水量を決定する際の留意点

最大使用水量を決定する際の留意点は、①将来の発電力量の需要増加や気候変動による影響を考慮する必要があること。②発電力量の最大化を目的とする場合でも、最低流量以下の水量を発電に使用することは、避ける必要があること。③発電計画や発電所建設に関する調査・設計・施工に当たっては、地元住民や関係者と十分に調整や協議を行う必要があること等である。

以上

●裏面は使用しないで下さい。　●裏面に記載された解答案は無効とします。　（SN・特殊法人）24字×24行

[電力土木]　Ⅱ-2　応用能力

設問 2

長期間の運用を求められる電力土木施設については、供用開始から状態を監視し、計画的に機能維持を図っていくことが一般的である。そのような中、巡視点検において著しい劣化現象が発見・報告された。あなたが、当該土木施設の維持管理の担当責任者になったとして、下記の内容について記述せよ。

(1)　電力土木施設の名称と劣化現象、放置したときの影響を明記のうえ、当該事象に対する検討すべき事項とその内容について説明せよ。

(2)　当該事象に対する対策策定までの業務を進める手順を具体的に列挙し、留意すべき点、工夫を要する点を含めて述べよ。

(3)　業務を効率的、効果的に進めるための関係者との調整方策について述べよ。

○受験番号、答案使用枚数、選択科目及び専門とする事項の欄は必ず記入すること。

1. 電力土木施設の名称及び劣化事象と影響

1.1 名称：臨海部に位置する火力発電所揚炭桟橋上部工

1.2 劣化事象：塩害・中性化・ASR等が要因と推定されるコンクリート床版のひび割れ等の劣化・損傷

1.3 放置した時の影響：塩害等による劣化・損傷を放置すると、鉄筋腐食、かぶりコンクリートの剥落、コンクリートの断面欠損等の変状が進行し、これによる岸壁・桟橋の機能低下等の影響を受ける様になる。

1.4 当該事象に対する検討事項とその内容：性能や機能の低下に対する検討すべき事項及びその内容は、次の通りである。①**劣化要因特定の調査**：劣化要因の原因を特定するために上部工より採取したコアを用いた圧縮強度試験等の調査を行う。②**性能低下把握のための試験**：機能や性能の低下程度を把握するため、コアを用いた中性化試験、圧縮強度試験等を行う。③**劣化・損傷原因の特定**：劣化・損傷の原因について、塩害、中性化、ASRを含めその原因を特定する。④**補修・補強工法の選定**：前項で特定された原因に対し、劣化・損傷の進行を防止するための補修・補強工法を選定し、比較検討の上最適な工法を決定する。

2. 対策策定までの業務手順及び留意点・工夫点

2.1 対策策定までの業務手順：本業務を進める手順は次

の通りである。①現地の構造物の劣化・損傷状況の調査、②調査で収集したコアを用いた各種試験の実施、③現地調査・試験結果に基づく劣化・損傷原因の特定、④劣化・損傷の進行を防止する補修・補強工法の情報収集、⑤補修・補強工法の詳細設計、⑥補修・補強工事実施に向けた施工計画・仮設工の検討。

2.2 留意すべき点及び工夫を要する点

(1) 対策立案に必要な情報の収集：補修・補強工法決定に必要な情報収集に留意する。また、多くの情報を効率的に収集する方法として例えば、ビッグデータの情報を効率的に整理することが可能なAIを活用する。

(2) 収集した情報に基づく各種対策の比較：表面被覆工法等補修工法や断面修復等の補強工法等各種工法の長所及び短所に留意して比較を行う。さらに、各種工法の比較ではLCCの観点を取り入れる工夫をする。

3. 業務を効率的に進めるための関係者との調整方策

3.1 関係者の種別

当該業務を効率的及び効果的に進めるための関係者とは、発注者、公共施設管理者（道路、河川、港湾等）、周辺住民、町内会、漁業組合等が考えられる。

3.2 関係者の調整方策

関係者との調整方策について、発注者とは、打合せ協議、電子メール、電話、FAX、業務月報等で行う。

公共施設管理者とは、初回は打合せ協議で行うが2回目以降は、電子メール で行う。

住民、町内会、漁業組合とは説明会を行う。この説明会では、SNS、VR、3Dプリンタ等を活用する。以上

●裏面は使用しないで下さい。　●裏面に記載された解答案は無効とします。　(SN・特殊法人) 24字×49行

[電力土木]　Ⅲ　問題解決能力及び課題遂行能力

設問 3

電力施設を有する事業者においては、電力施設を建設する技術の維持継承は重要なテーマである。我が国を巡る情勢変化を踏まえ、電力土木技術者の維持継承の担当責任者の立場から、以下の問いに答えよ。

(1)　電力施設を建設するための土木工事に関わる技術の維持継承について、対象とする電力土木施設及び必要な技術を1つ挙げたうえで、その維持継承に関して多面的な観点から課題を3つ抽出し、それぞれの観点を明記したうえで、その課題の内容を示せ。

(2)　前問（1）で抽出した課題のうち、あなたが最も重要と考える課題を1つ挙げ、その課題を解決するために必要な複数の解決策を、専門技術用語を交えて示せ。

(3)　前問（2）で示した解決策に関連して新たに浮かび上がってくる将来的な懸念事項とそれへの対策について、専門技術を踏まえた考えを示せ。

○受験番号、答案使用枚数、選択科目及び専門とする事項の欄は必ず記入すること。

1. 電力施設建設に関わる技術の維持継承の課題

1.1 対象とする電力土木施設及び必要な技術

（1）対象とする電力土木施設

　火力及び原子力発電所の防波堤とする。

（2）電力土木施設の技術の維持継承に必要な技術

　防波堤を確実に構築する高度な施工技術（以下施工技術と言う）である。

1.2 多面的な観点から抽出した課題

（1）OJTによる技術の維持継承の推進（OJTの観点）

　これまで防波堤を確実に構築する多くの施工技術は、現場でのOJTにより維持継承されてきた。しかし、防波堤構築の現場が減少していることから、OJTに替わる施工技術の維持継承方法の構築普及が必要である。

（2）熟練技術者の雇用拡大の推進（人財確保の観点）

　これまで防波堤は、熟練した技術者（以下熟練技術者と言う）により確実に構築されてきた。熟練技術者が有する施工技術を若手技術者へ継承することにより維持継承されてきた。しかし、多くの熟練技術者は、高齢化に伴い大量に退職している。したがって、人財確保の観点から、熟練技術者の雇用推進が必要である。

（3） 暗黙知技術の維持継承の推進（新技術の観点）

熟練技術者が有する施工技術は暗黙知であるため、若手技術者への移行が困難である。今後は、熟練技術者が有する暗黙知の施工技術を、形式知へ変更したり、新技術やICT施工の普及拡大が課題である。

2. 最も重要な課題及びそれに対する複数の解決策

2.1 最も重要な課題

私が最も重要と考える課題は、暗黙知技術の維持継承の推進である。その理由は、熟練技術者が有する施工技術が社会インフラの整備、維持管理に必要不可欠なものであり、若手技術者への円滑な移行が喫緊の課題であると考えるからである。

2.2 最も重要と考える課題に対する複数の解決策

（1） 熟練技術者の雇用拡大の推進

退職した熟練技術者の再雇用を促進する。さらに、退職した熟練技術者を講師に迎え、若手技術者を技術指導するOJTの場を設け、彼らが有する施工技術の維持継承を図る。

（2） ナレッジマネジメントの活用と普及

退職した熟練技術者が有する暗黙知である施工技術を、ナレッジマネジメントを活用して形式知に変換し、若手技術者への円滑な技術の移行を図る。さらに、熟練技術者が有する施工技術の標準化、マニュアル化を図り施工標準書とまとめ、若手の施工管理に活用する。

（3） 新技術の開発・普及とモデル事業での実装

熟練技術者の施工技術に頼らない、構造物を確実に施工する新技術、ICT施工、AIを活用した設計・施工を開発・普及する。さらに、新技術の普及、ICT施工工種の拡大等建設部門のDXを促進する。また、3次元モデルの調査・測量・設計・施工へ一気通貫活用する。

3. 将来的な懸念事項とそれへの対策

3.1 将来的な懸念事項

熟練技術者の雇用の拡大、ナレッジマネジメントの活用と普及、新技術の開発・普及を実現する際に、新たに浮かび上がってくる懸念事項としては、コストがかかること、専門技能者が新たに必要となってくることなどが挙げられる。

　特に、新技術やICT施工技術を開発しても、現場で的確に適用し、品質が確保された施工を実現するためには、卓越した施工技術を有するオペレーター等の専門技能者が不可欠である。

3.2 将来的な懸念事項への対策

(1) コストがかかることへの対策

　コストがかかることへの対策としては、国や都道府県の補助事業、モデル事業で実施することである。また、PFI、PPPなどの民間資金を活用して事業化に向けて取組みを推進することである。さらには、一般市民で賛同する方から出資を募るクラウドファンディングなどを用いる方法がある。

(2) 専門技能者が新たに必要となることへの対策

　専門技能者が不足することへの対策は、建設業界以外から新たに就業者を雇用すること、現在働いていない女性、外国人、フリーター等を雇用する対策がある。また、3Dプリンタを活用して製作した構造物模型作成等による施工技術の習得・維持継承等がある。　以上

●裏面は使用しないで下さい。　●裏面に記載された解答案は無効とします。　(SN・特殊法人) 24字×75行

選択科目［道路］記述式問題の傾向と対策

(1) 過去5カ年（令和元～5年度）の出題問題

令和元～5年度の過去5年間のⅡ-1の出題内容は、多く出題されている分野が車道の縦断勾配、路肩等道路構造令関係の5問、法面の安定照査、地すべり対策工等道路土工関係の4問であった。最近では令和4年度が車道の縦断勾配、踏切道改良促進法、再生加熱アスファルト混合物、道路盛土の地震時安定性照査の4問が、令和5年度が路肩の機能、大規模災害時の車両移動、車道の舗装種別の選定、地すべり対策工の選定の4問が出題された。

このⅡ-1の最近5年間の出題傾向を見ると、最小曲線半径・縦断勾配・路肩等の設計要件、舗装種別の選定、落石対策工・軟弱地盤関係、切土のり面崩壊・盛土の安定性照査、重要物流道路制度・踏切道改良促進法等の道路政策関係等が出題されている。

Ⅱ-1 「専門知識を問う問題」の最近5年間の出題分野

出題分野	令和元	令和2	令和3	令和4	令和5
最小曲線半径、設計時間交通量、車道の縦断勾配、路肩	1	1	1	1	1
舗装点検要領、点検実施規定、舗装の構造の技術基準		1	1		
軟弱地盤対策工、落石対策工、災害時の車両移動		1			1
落橋防止システム、舗装種別選定の流れ					1
自転車活用推進法、踏切道改良促進法				1	
路上路盤再生工法、鉄筋コンクリート舗装、舗装の再生利用	1			1	
切土のり面崩壊、盛土安定性照査、ICT 土工、地すべり対策工	1		1	1	1
重要物流道路制度、歩行者利便増進道路、特定車両停留施設	1	1	1		
合　　計	4	4	4	4	4

令和元～5年度の過去5年間のⅡ-2の出題内容は、市街地の高架道路の建設、特定車両停留施設、交差点の立体化事業の計画、スマートIC、高規格幹線道路の4車線化などが出題されている。最近では、令和4年度が、スマートIC整備、高規格幹線道路の4車線化が、令和5年度が特定車両停留施設の計画、交差点の立体化事業の計画、が出題された。このⅡ-2の問題は、問題文のなかで自分が果たすべき役割や立場が指定され、調査・検討すべき項目、業務を進める手順、関係者との調整方策が求められる問題である。したがって、これに対する解答論文の作成方法は、問題文の要求事項を端的に記述することが大切である。また、このⅡ-2の問題は、問題文が3つの小項目に分けて記述されているため、各文章量を均等に記述する必要がある。

Ⅱ-2 「応用能力を問う問題」の最近５年間の出題分野

出題分野	令和元	令和2	令和3	令和4	令和5
都市の道路空間の再配分、特定車両停留施設の計画	1				1
市街地部高架道路の計画、交差点の立体化事業の計画	1	1			1
無電柱化の計画・設計、市街地の舗装修繕工事					
道路交通アセスメント、市街地での緊急的交通安全対策		1	1		
スマートIC整備、高規格幹線道路の4車線化				2	
橋梁の鉄筋コンクリート床版の取替え工事			1		
合　　計	2	2	2	2	2

令和元～５年度の過去５年間のⅢの出題内容は、高速道路の暫定２車線、緊急輸送道路、道路のニーズ、交通安全の取組み、SA・PAの多機能化等が出題されている。

Ⅲの出題問題であるが、令和４年度が、道路に対するニーズ、高速道路の老朽化が、令和５年度が、交通安全の取組み、SA・PAの多機能化が出題された。

Ⅲの試験の評価項目は、技術士に求められる資質能力（コンピテンシー）のうち、専門的学識、問題解決能力、評価能力、コミュニケーション能力のほか、専門知識や応用能力に加え、問題解決能力及び課題遂行能力の保有について評価される。

したがって、注意しなければならない点は、すべての解決策を実行しても新たに生じうるリスクとそれへの対策である。この要求事項に対応するためには、複数の解決策に共通するリスクとして例えば、コストがかかること、専門技術者が不足すること等を挙げ、さらにその対策として、補助事業やモデル事業等で対応すること、専門技術者を他の業界から新規雇用すること等を記述することが重要である。

Ⅲ 「課題解決能力を問う問題」の最近５年間の出題分野

出題分野	令和元	令和2	令和3	令和4	令和5
高速道路の暫定２車線、高速道路の物流面の役割、			1		
緊急輸送道路の役割・指定、道路の救命救急・復旧活動、		1			
都市高速道路の積雪時の通行止め、交通安全の取組み					1
交通需要マネジメント、道路へのニーズ	1			1	
道路橋の定期点検、高速道路の老朽化	1			1	
自転車活用の推進、SA・PAの多機能化		1			1
降雪時の大規模車両滞留防止			1		
合　　計	2	2	2	2	2

(2) 令和６年度の出題問題の予想

令和６年度のⅡ-1の出題予想については、令和元～５年度までとほぼ同様の出題傾向であることが考えられる。令和６年度の出題予測であるが、令和５年度に出題された路肩の機能、大規模災害時の車両移動、車道の舗装種別の選定、地すべり対策工の選定等に加え、交通需要推計手法、特定車両停留施設、舗装点検要領、ICT 土工、最小曲線半径等の道路設計関係、軟弱地盤対策工等の地盤関係等の出題が想定される。

令和6年度のⅡ-2の出題予想については、令和5年度に出題された特定車両停留施設の計画、交差点の立体化事業の計画に加え、スマートIC 整備、高規格幹線道路の4車線化、高速道路橋梁の床版取替え工事、生活道路の交通安全対策、信号交差点の計・設計、市街地での舗装修繕工事、橋梁の床版取替え工事等に関する出題が想定される。

令和6年度のⅢの出題予想については、令和5年度に出題された交通安全の取組み、SA・PA の多機能化に加え、道路に対するニーズ、高速道路の老朽化、降雪に伴う大規模な車両滞留、高速道路の暫定2車線、都市高速道路の積雪時の通行止め、交通需要マネジメント、橋梁の定期点検等の出題が想定される。

また、最近の国土交通省の施策に関連し、具体的な出題内容として考えられるものとして、建設業の働き方改革、AI・IoT 等の新技術、i-Construction、CIM、メンテナンスサイクル、保守・点検業務の効率化、建設業の DX、技術の継承等があるので、これらに備え事前に勉強をしておくことが必要である。

(3) 道路の参考図書・参考 Web

・道路構造令の解説と運用　令和3年3月　公益社団法人日本道路協会
・防護柵の設置基準・同解説　ボラードの設置便覧　令和3年3月　公益社団法人日本道路協会
・自転車利用環境整備のためのキーポイント　平成25年6月　公益社団法人日本道路協会
・増補改訂版　道路の移動円滑化整備ガイドライン　平成29年10月　財団法人　国土技術研究センター
・道路橋点検必携～橋梁点検に関する参考資料～　平成27年4月　公益社団法人日本道路協会
・道路橋補修・補強事例集（2012年版）平成24年3月　公益社団法人日本道路協会
・舗装点検必携　　平成29年4月　公益社団法人日本道路協会
・舗装設計施工指針（平成18年版）　平成18年2月　公益社団法人日本道路協会
・舗装施工便覧（平成18年版）　平成18年2月　公益社団法人日本道路協会
・舗装設計便覧（平成18年版）　平成18年2月　公益社団法人日本道路協会
・舗装の維持修繕ガイドブック2013　平成25年11月　公益社団法人日本道路協会
・コンクリート舗装ガイドブック2016　平成28年3月　公益社団法人日本道路協会
・道路土工構造物技術基準・同解説　　平成29年3月　公益社団法人日本道路協会
・道路土工構造物点検必携（令和2年版）平成29年3月公益社団法人日本道路協会
・道路土工－切土工・斜面安定工指針（平成21年度版）平成21年6月　公益社団法人日本道路協会
・道路土工－軟弱地盤対策工指針（平成24年度版）平成24年8月　公益社団法人日本道路協会
・落石対策便覧　　　平成29年12月　公益社団法人日本道路協会

[道路]　Ⅱ-1　専門知識

道路には、中央帯又は停車帯を設ける場合を除き、車道に接続して路肩を設けることとしているが、路肩の持つ機能について説明せよ。また、普通道路に路肩を設けるに当たっての留意点について述べよ。

○受験番号、答案使用枚数、選択科目及び専門とする事項の欄は必ず記入すること。

1. 路肩の機能

①車道や歩道、自転車道などに接続し、道路の主要な構造物を保護する。
②故障車等非常時の停車スペースとし、事故と交通の混乱を防止する。
③側方余裕として交通の安全性と快適性に寄与する。
④歩道のない道路では歩行者などの通行部分となる。
⑤切土部では曲線部の視距が増大し、安全性が高まる。
⑥維持作業や地下埋設物に対するスペースとなる。

2. 路肩の設置の留意点

ア)路肩の幅員は、交通量が多く、大型車混入率が高いなど重要な路線では安全性・円滑性を高まるため望ましい幅員を用いる。
イ)路肩は自動車の荷重に耐えうるように、また歩行者
ウ)自転車が場合により路肩を容易に通行できるように舗装する。
エ)路肩は、車道面と同じ高さとする。
オ)盛土部では路面水の集水を路肩で行うため、路肩端に縁石を設置することが望ましい。
カ)車道部に接して歩道等を設置する場合に車道と歩道等の間に、路面排水のための街渠を設置する。
キ)歩道を設ける第3種、第4種の道路においては、道路の主要構造部を保護し、または道路の効用を保つため支障がない場合には路肩の省略または縮小をすることができる。

以上

●裏面は使用しないで下さい。　●裏面に記載された解答案は無効とします。　（TO・コンサルタント）24字×25行

[道路] Ⅱ-2 応用能力

設問 2

A市における中心駅の駅前において、鉄道とバス・タクシー等の乗り換え利便性向上や各交通機関の待合環境の改善等を目的として、新たな交通拠点（特定車両停留施設）を計画することとなった。この計画を担当する責任者として、下記の内容について記述せよ。

(1) 計画を具体化するに当たり、調査、検討すべき事項とその内容について説明せよ。

(2) 業務を進める手順について、留意すべき点、工夫を要する点を含めて述べよ。

(3) 業務を効率的、効果的に進めるための関係者との調整方策について述べよ。

○受験番号、答案使用枚数、選択科目及び専門とする事項の欄は必ず記入すること。

1 特定車両停留施設の計画の調査・検討すべき事項

1.1 母都市の人口、交通等社会条件調査

特定車両停留施設の計画策定に当たり、母都市の人口・交通現況及び将来像等社会条件を調査する。

1.2 交通体系・交通需要に関する調査

駅の端末交通手段（鉄道・バス・タクシー等）、公共交通機関の種別、交通モード間の接続等を調査する。

1.3 母都市の都市計画、再開発等上位計画調査

母都市の都市計画、立地適正化計画等の上位計画を調査する。さらに、交通結節機能の一層の高度化、安全かつ円滑な交通機能の確保に留意する。

2 特定車両停留施設の計画の業務を進める手順

2.1 特定車両停留施設の法的位置付け・基準等調査

特定車両停留施設は、道路法及びバリアフリー法の規定を受ける。さらに、当該施設は小型道路の技術基準、駐車場法等の規定を受けることにも留意する。

2.2 特定車両停留施設の導入施設等の計画

特定車両停留施設は、対象とするトラック、バス、タクシー等交通手段、動線計画、土地利用等を検討し、合理的かつ効率的な導入施設計画策定に留意する。

2.3 特定車両停留施設の構造・設備等の計画

対象施設は、特定車両用施設として誘導車路、操車場所、停留場所等が、旅客用施設として乗降場、旅客通路、待合所等が、その他排水設備、換気設備等が必要とされる。これらの施設を効率的に収容できる平面計画、断面計画策定に留意する。

2.4 特定車両停留施設のバリアフリー法等チェック

当該施設は、通路の仕上げ、手すり設置、エスカレータ・階段、視覚障害者誘導用ブロック等の設置が必要とされるためバリアフリー法の準拠に留意する。

2.5 特定車両停留施設の基本設計・比較検討

当該施設の導入施設を決定し、それに相応しい構造・設備の基本設計を複数案作成し、経済性、施工性、周辺環境負荷等を比較検討し、最適案選定に留意する。

2.6 特定車両停留施設の実施設計・施工計画の検討

基本設計案による比較検討の結果、最適な設計案を決定し実施設計を行う。実施設計案では、施工ヤード、仮設道路等の仮設工に留意する。さらに施工期間、施工時間、安全管理等施工計画についても工夫する。

3 業務を効率的に進めるための関係者との調整方策

3.1 関係者の種別

関係者としては、発注者、公共施設管理者、周辺住民等が考えられる。

3.2 関係者との調整方策

関係者との調整方策については、発注者とは打合せ協議、電子メール、業務月報、質問・回答書等で行う。

鉄道事業者、地下埋設物管理者等の公共施設管理者とは、打合せ協議、電子メール等で行う。

周辺住民や町内会等とは、住民説明会、ワークショップ、回覧板等で行う。

以上

●裏面は使用しないで下さい。　●裏面に記載された解答案は無効とします。　（TN・コンサルタント）24字×50行

[道路]　Ⅲ　問題解決能力及び課題遂行能力

設問 3

近年、社会・経済情勢の変化や国民の価値観、ニーズの多様化に対応するため、高速道路のサービスエリア(SA)、パーキングエリア(PA)(以下「SA・PA」という。)は単に休憩するだけの機能だけでなく、多機能化が進んでいる。今後、高速道路が社会的ニーズの変化に対応した進化・改良を遂げていくためには、SA・PAについても、求められる機能などを考慮し、適時適切な対策を実施していく必要がある。このような状況を踏まえて、以下の問いに答えよ。

(1)　SA・PAについて、道路に携わる技術者としての立場で多面的な観点から3つの課題を抽出し、それぞれの観点を明記したうえで、その課題の内容を示せ。

(2)　前問(1)で抽出した課題のうち、最も重要と考える課題を1つ挙げ、その課題に対する複数の解決策を示せ。

(3)　前問(2)で示したすべての解決策を実行しても新たに生じうるリスクとそれへの対策について、専門技術を踏まえた考えを示せ。

○受験番号、答案使用枚数、選択科目及び専門とする事項の欄は必ず記入すること。

1. 社会的ニーズに応えるSA・PA整備の課題

1.1 SA・PAにおける確実な休憩・休息機会の確保

　高速道路のSA・PA利用率は高く、約77%の施設で駐車マスが不足している。小型車は、平日・休日とも全体の約2割で駐車マスが不足し、特定のSA・PAで混雑が見られる。さらに、駐車需要が供給量を上回っており駐車マスが不足している。これらの問題に対応するとともに、道路利用者に休憩・休息サービスを提供していくためには、SA・PAでの駐車マスの増設、小型車・大型車駐車マス兼用化、敷地拡大、駐車場立体化等空間的な容量増設が必要である。

1.2 防災拠点としての機能整備(防災の観点)

　令和3年3月に道路法が改正され、SA・PA、道の駅は、道路利用者の休息の場の他、沿線地域の振興、地域の救急医療支援等が規定された。さらに、豪雨・地震等大規模災害が発生した場合、広域的な災害応急対策を迅速に実施するための防災拠点自動車駐車場に指定された。今後、防災・減災の観点から、地元や警察・消防・医療機関等と連携・協議を推進し、活動支援、水・石油備蓄、緊急開口部の設置、自家発電設備、ヘリポート整備等が必要である。

1.3 休憩施設空白区間の解消（空白区間の観点）

連続高速走行の疲労と緊張を解きほぐし、運転者の生理的欲求を満たすとともに、自動車に対する給油、整備点検等を行うため、適当な間隔に休憩施設を設置することが規定されている。しかしながら、相当箇所で十分でない区間があることから、SA・PA施設の新設や、既存施設への一時退出設備の設置が必要である。

2. 最も重要と考える課題とそれに対する解決策

2.1 最も重要と考える課題

最も重要と考える課題は、SA・PAでの休憩・休息の確保である。その理由は、SA・PAの駐車マスや休憩施設が充足してはじめて、道路利用者に対して十分な休憩・休息サービスを提供できるからである。

2.2 課題に対する複数の解決策

2.2.1 駐車場配置の変更及び大型車駐車マス兼用化

SA・PAの機能を増進させ、休憩・休息サービスを充足させるためには、駐車場の増設、大型車駐車マスの小型車との兼用化、V字配列等の駐車場レイアウト変更等が必要である。既設のSA・PAの広場・園地等、未活用土地を活用し、駐車マスを増設する。さらに、遊休バスストップや本線料金所を活用し、容量を増加させる。

2.2.2 情報技術を活用した混雑状況把握・情報提供

カメラによる駐車場画像データによる混雑状況把握を継続し、さらにETCフリーフローアンテナから得られるETCデータを活用した満空判定技術を推進する。より正確な混雑状況を把握できる技術（画像処理技術や赤外線レーザー等）の向上を図り、全ての駐車マスの即時・自動的な利用状況システム構築を推進する。

2.2.3 車種・駐車時間を限定した駐車マス等の整備

大型車駐車マスの一部を短時間限定とし整備する。現状で混雑しているSA・PAで、高速道路に隣接した休息を目的とした大型車専用のSA・PAを新たに整備する。

さらに、複数縦列式（コラム式）等の採用も含め、駐車容量を最大化・最適化する必要がある。

3. 新たに生じるリスクとその対策

解決策を実行しても新たに生じうるリスクとして、高速道路に対する社会的要請の変化、カーボンニュートラルへの対応、自動運転普及等、多様なニーズへの対応策がある。

そのうち、カーボンニュートラルへの対応の対策は、SA・PAにおけるEV充電器、水素ステーションの設置による電気自動車や水素自動車の利用推進である。

また、自動運転普及等の多様なニーズへの対策は、環境整備、技術の開発・普及促進、実証実験・社会実装の推進である。環境整備については、自動運転に対応した区画線の要件、車載センサで検知困難な前方道路情報を車両に提供する仕様の作成等である。技術の開発・普及促進は、安全運転サポート車の普及啓発、高速道路の合流部での情報提供による自動運転の支援等である。

以上

●裏面は使用しないで下さい。　●裏面に記載された解答案は無効とします。　(TO・コンサルタント) 24字×72行

選択科目［鉄道］記述式問題の傾向と対策

(1) 過去5ヵ年（令和元～5年度）の出題内容

Ⅱ-1（解答枚数600字×1枚）は出題4問に対して1問を解答する「専門知識を問う問題」であり、鉄道に関する専門的な用語について、概要や特徴、留意点を解答するものである。出題4問は計画、設計、施工、維持管理、線路等、鉄道に関連する幅広い範囲から出題される。自分の専門とする分野の問題を確実に解答したい。これらに出題される用語はⅡ-2応用能力及びⅢ 課題解決能力および課題遂行能力を問う問題の解答においても基礎知識として用いられることから、鉄道工学に関する書籍の索引等を参考とし、鉄道のキーワードとなる項目を全般的に理解することが必要である。

Ⅱ-1 「専門知識を問う問題」過去問題の出題分野

	出題分野（キーワード）	令和元	令和2	令和3	令和4	令和5
鉄道一般・計画	新駅設置計画・ターミナル駅改良計画			1	1	
	プラットホーム（安全対策・移動円滑化）		1			
	踏切道（改良）		1			
	橋脚洗堀災害（評価方法）	1				
	鉄道騒音（音源・騒音対策）				1	
構造物・設計	構造物の検査（実施時期・目的）		1			
	構造物の性能（健全度判定区分）				1	
	性能照査型設計（手法・利点）	1				
	盛土・抗土圧構造物（耐震性能・対策工法）			1		
	コンクリート構造物（材料劣化・検討手法）			1		
施工	営業線直下交差（非開削工法）	1				
	連続立体交差（高架化施工方式）					1
	可動式ホーム柵（据付工事）					1
軌道	カント・建築限界				1	1
	軌道管理（測定方法）	1				
	分岐器（構造の機能・保守管理）		1			
	省力化軌道（概要・特徴）					1
	ロングレール（溶接方法）			1		
合計		4	4	4	4	4

Ⅱ-2（解答枚数600字×2枚）は出題2問に対して1問を解答する「応用能力を問う問題」である。令和元年度から出題内容は、与えられた課題の担当責任者として(1) 調査、検討の事項と内容、(2) 手順と留意点、工夫する点、(3) 関係者との調整方針を解答する問題が出題された。令和2年度は「状態監視保全の導入」と「道路と交差する鉄道新線橋りょうの構造計画」、令和3年度は「地震発生時の復旧方針策定」と「踏切解消の単独立体交差化計画」、令和4年度は「連続立体交差工事における地

Ⅱ-2 「応用能力を問う問題」過去問題の出題分野

出題分野（キーワード）		令和元	令和2	令和3	令和4	令和5
災害	地震発生運転再開（復旧方針）			1		
	土砂崩壊（切土自然斜面・本復旧）	1				
計画	連続・単独立体交差事業（地下化・踏切解消）			1	1	
	駅改良（橋上化・自由通路）					1
	橋りょう計画（鉄道新線・道路交差）		1			
施工	山岳トンネル建設（高速鉄道）	1				
	近接施工（仮土留め工・大規模掘削）					1
保守	メンテナンスデーター元化				1	
	状態監視保全（導入）		1			
合計		2	2	2	2	2

下駅の構造」と「鉄道構造物の全般検査等の効率化、高度化とデータの一元管理」、令和５年度は「自由通路を伴う橋上駅の計画」と「鉄道に近接する大規模掘削工事の安全対策」に関する工事が出題された。このⅡ-2は選ばなければならず、自分が経験したことがない業務についても解答しなければならない。経験のない工事や計画等を想定し、上記の質問形式に対する解答を準備しておく必要がある。

Ⅲ（解答枚数600字×３枚）は出題２題に対して１題を解答する「課題解決能力および問題遂行能力を問う問題」である。令和元年度の出題内容は、与えられた現状を踏まえ、重要な事柄について（1）多面的な観点（2年度までは、多面的な角度）から課題を３つ抽出、(2) 最も重要な課題に対する複数の解決策、(3) 解決策に生じるリスクとその対策を解答する形式である。(1) は観点とともに課題の内容を示すことが求められている。2年度は「水害に対する鉄道施設の強化」と「ラッシュの定時性確保の施設改良」、3年度は「鉄道工事における作業時間確保の方策」と「地域鉄道における列車脱線事故防止の推進」、4年度は「防災・減災対策の推進に当たり既存の鉄道河川橋りょうの敷設状況」と「鉄道施設の改良工事におけるコスト縮減」、5年度は「大都市圏中心部での鉄道建設」と「コンクリート高架橋・橋りょうからのコンクリート・モルタル片の剥落の防止」に関する問題となっている。

近年において社会生活や土木全般で課題になっていることが、鉄道にどのような影響を与え、それに対して鉄道関係の技術者としてどのように対応していくのかを解答することに変わりはない。日頃から社会の動きをニュース等でチェックし、社会問題や鉄道のトピックに関心を持ち、これら課題となっていることに対して技術者として自分なりの対策を導き出すことが必要である。

(2) 令和６年度の出題内容の予想

Ⅱ-1「専門知識を問う問題」の出題予想としては、鉄道一般・計画では駅の改良

Ⅲ　「課題解決能力を問う問題」過去問題の出題分野

出題分野（キーワード）		令和元	令和2	令和3	令和4	令和5
都市鉄道	鉄道建設					1
	施設改良（定時制低下）		1			
	施設整備	1				
地方鉄道	保守（脱線事故防止）			1		
	維持管理	1				
災害	河川橋りょう				1	
	水害		1			
	コンクリート片はく離					1
鉄道工事	コスト削減				1	
	働き方改革（作業時間確保）			1		
合　計		2	2	2	2	2

（バリアフリー設備）、安全対策（橋りょう、法面防護）、構造物・設計関係では構造物（トンネル、橋りょう）の維持管理（検査方法）、耐震設計（高架橋、盛土・切土）、設計手法（性能評価、要求性能）、施工関係では営業線近接・立体事業の施工、軌道関係では軌道管理・検査、分岐器の構造・保守、ロングレールの保守などが挙げられる。

Ⅱ-2「応用能力を問う問題」の出題予想としては、自然災害の復旧（盛土・切土の崩壊、橋の崩落、駅等の浸水）、建設・改良工事の施工（トンネル、高架橋、駅施設）、近接工事の施工（耐震補強、掘削、基礎杭、直下部、直上部）、鉄道の維持管理（検査・点検の方法、不具合への対応、CBM）などが挙げられる。

Ⅲ「課題解決能力および問題遂行能力を問う問題」の出題予想としては、社会的に問題となっている安全、災害、インフラの老朽化、都市機能、駅と街づくり、地域格差と地方鉄道等の課題に対して鉄道分野がどのように対応していくのかが挙げられる。ここ数年、日本では台風等による自然災害が多く発生しており、大雨特別警報、土砂崩壊、河川堤防の決壊、浸水、計画運休の対応などに絡めた出題を予想した。結果として、令和2年度は水害に対する鉄道施設の強化、4年度は鉄道河川橋りょうの防災・減災対策が出題された。5年度は都市部の鉄道建設と維持管理に関するコンクリート剥離が出題された。引き続き鉄道の災害対応が問われることが予想される。また、都市鉄道では旅客運賃の柔軟性、地方鉄道では存続が問われ自治体との協議会設置などが提言されており、「既存鉄道における防災・減災のための施策」「都市鉄道における駅改良工事のあり方」「地方鉄道における鉄道施設の維持管理」を予想する。

Ⅲに出題される問題のキーワードは建設部門の必須Ⅰの問題と関係することが多い。社会的課題が鉄道に影響するか、建設全体に影響するかという捉え方である。鉄道の課題に対しても建設全体としてどのように対応するか、準備しておくことが得策である。

[鉄道] Ⅱ-1 専門知識

設問 1

普通鉄道における建築限界の概要及び曲線部における留意点を述べよ。

○受験番号、答案使用枚数、選択科目及び専門とする事項の欄は必ず記入すること。

1. 建築限界の概要　建築限界とは、線路上を走行する車両に安全な一定区間を確保するため、建造物を含む全ての施設が車両に接触しないように線路に沿って作られる「施設のいかなる部分も侵すことの許されない限界」を言い、路線ごとに建築限界図が定められている。車両のいかなる部分も、これよりはみ出すことの許されない車両限界は、車両の走行に伴って生ずる動揺等を考慮して決定される。普通鉄道では、建築限界と車両限界との側部における間隔を車両の窓が側方となる箇所は400mm以上、プラットホームの上方及び側方となる箇所は50mm以上としている。

2. 曲線部における建築限界の留意点

　曲線を車両が走行する場合、線路に対して車両の両端部は曲線の外方に、中央部は曲線の内方に偏いするため、曲線内外に建築限界を拡大する必要がある。曲線内外方への偏いは、曲線半径と固定軸距、台車固定軸間距離、車体長さ、車体幅を用いて計算される。

　現場の保守においては簡易な近似式を定めていることが多く、20m車両の場合、平面偏い量W=24,000/R（R：曲線半径m）を用いている。さらに、緩和曲線がある場合は円曲線端を始端として緩和曲線終端から外方に、緩和曲線がない場合は円曲線端から最大車両長に相当する逓減距離の地点までの間で拡大量を直線逓減する。また、カントを付けている区間では線路の傾きに合わせて建築限界も傾けて設ける必要がある。以上

●裏面は使用しないで下さい。　●裏面に記載された解答案は無効とします。　（YM・鉄道保守会社）24字×25行

[鉄道] Ⅱ-2 応用能力

設問 2

線路や鉄道構造物に近接して実施する仮土留め工を用いた大規模な掘削工事について、安全対策を計画し、施工を行うこととなった。この業務を担当責任者として進めるに当たり、下記の内容について記述せよ。

(1) 調査、検討すべき事項とその内容について説明せよ。

(2) 留意すべき点、工夫を要する点を含めて、業務を進める手順について述べよ。

(3) 業務を効率的、効果的に進めるための関係者との調整方策について述べよ。

○受験番号、答案使用枚数、選択科目及び専門とする事項の欄は必ず記入すること。

1. 調査・検討すべき事項とその内容

1.1 調査すべき事項　鉄道に近接して大規模な掘削工事を施工するにあたり、事前に周辺地盤、鉄道構造物、過去の近接施工事例の調査を行う。地盤調査は鉄道構造物の変位推定を行うために必要な地形、地質、土質諸定数、地下水位の状況等のデータを取得する。鉄道構造物では形状、寸法、材質、健全度及び変状の有無等の情報を調査し、今回の近接施工と類似した工事例が過去にある場合には、その工事内容及び鉄道構造物の変位計測データ等を収集する。

1.2 検討すべき事項　仮土留め工の施工、掘削及び仮土留め工の撤去による周辺地盤への影響を予測する。類似の近接施工事例から変位を推定し、必要に応じて有限要素法等の数値解析による変位値を併用して鉄道構造物への影響検討を行う。

2. 業務を進める手順

2.1 近接程度の判定　施工箇所と鉄道構造物との距離及び掘削深さ等から、近接程度として無条件範囲、要注意範囲、制限範囲に区分する。要注意範囲と制限範囲の場合、鉄道の安全運行への影響が懸念される。検討した影響予測等から周辺地盤の変状が大きく、鉄道構造物及び線路への変位が許容される範囲を超える場合は、掘削方法の変更、補助工法の追加等の対策工を講じなければならない。

2.2 対策の選定　周辺地盤の変位を抑えるために仮土留

め工の根入れ深さや切梁位置を再検証、または剛性が高く変形の小さい仮土留め工への施工法変更を行う。それでも変位が大きい場合は地盤自体の改良や遮断防護工を用いることが必要となる。

2.3 鉄道構造物の計測管理 線路等の状態を監視するために計測管理計画を作成する。鉄道構造物の沈下や傾斜を測定するために自動計測器やトランシット・レベルによる定期的な測量等がある。バラスト道床の線路では鉄道構造物と異なる変位をする場合があることから軌道四項目を定期的に測定することも必要である。計測時の管理値として構造物の場合は許容応力内、線路の場合は整備基準値内であることが一般的であり、その値の7割を目安に第1次管理値を設定し、値に達した場合の対応として工事の中止や新たな対策の検討を決めておく必要がある。

3. 関係者との調整方策

鉄道事業者は近接施工の協議方法を定めており、それに従って協議を進めている。工事の担当責任者として、打ち合わせ協議により、大規模な掘削工事を実施しても列車運行に影響せず、計測管理の監視等によって線路等の状態が安全であることを鉄道事業者に説明する。さらに、施工状況や計測値等の報告を定期的に鉄道事業者と行うことが重要である。併せて施工中のトラブルが発生した場合の対策として、監視員の配置や緊急時の保安体制等を示すことも必要である。以上

●裏面は使用しないで下さい。　●裏面に記載された解答案は無効とします。　（YM・鉄道保守会社）24字×50行

［鉄道］　Ⅲ　問題解決能力及び課題遂行能力

設問 3

大都市圏での鉄道建設は、高度経済成長期を起点として様々な形で実施されてきた。一例として、昨年度末には首都圏で複数の鉄道を接続する新線が開業し、福岡市では地下鉄の都心部区間が延伸された。今後もなお大都市圏での鉄道建設は続くと見込まれている。例えば首都圏では、交通政策審議会答申第 198 号に挙げられた新線建設プロジェクトのうち複数が具体化の段階に進んでいる。京阪神圏では、近畿地方交通審議会答申第 8 号に挙げられた鉄道延伸工事の 1 つが完成間近に迫り、都心部では複数の鉄道が乗り入れるなにわ筋線工事が進捗しつつある。さらに上記の都市鉄道のほか、リニア中央新幹線では起終点において拠点駅での直下工事が行われている。これら様々な社会的意義・性質を備えた鉄道の建設事業が大都市圏中心部で進んでいる現状を踏まえ、以下の問いに答えよ。

（1）　大都市圏中心部での鉄道建設に際し、建設部門の技術者としての立場で、多面的な観点から課題を 3 つ抽出し、それぞれの観点を明記したうえで、課題の内容を示せ。

（2）　前問（1）で抽出した課題のうち最も重要と考える課題をその理由と共に 1 つ挙げ、専門技術用語を用い遂行方策を含む解決策を複数示し、具体的に説明せよ。

（3）　前問（2）で示した解決策に関連して浮かび上がってくる将来的な懸念事項とそれへの対策について、専門技術を踏まえた考えを示せ。

○受験番号、答案使用枚数、選択科目及び専門とする事項の欄は必ず記入すること。

1. 大都市圏中心部での鉄道建設に際しての課題

1.1 過大な設備投資費用（費用に関する観点）

　鉄道事業者は自立経営が原則であり、鉄道建設を含む設備投資はすべて企業責任で実施していかなければならない。今後、都市部でも運輸収入の増加は期待できない状況であるが、鉄道建設には多大な資金が必要である。新線建設を行い利用者の利便性は向上するが鉄道事業者の増収にはつながりにくく、建設費に見合うだけの利益はない。費用に関する観点から、鉄道建設の費用をどのように捻出するかが課題である。

1.2 街づくりとの関係（街づくりに関する観点）

　鉄道は地域開発と一体化をなしており、鉄道建設や駅施設等は都市及び道路整備等との連携を図らなければならない。駅は鉄道やバスとの交通結接点として利便性等、シームレス化が求められている。街づくりに関する観点から、街づくりを担う地方自治体等とどのように調整していくかが課題である。

1.3 鉄道事業者のドミネイション（独占企業の観点）

　鉄道事業者は輸送力増強による混雑緩和や速達性向上だけではなく、市街地開発等によって沿線の価値を高めてきた。独占企業である鉄道事業者間では利害関係が発生し、他鉄道事業者に利用者を奪われるような施策については調整が非常に難しい。鉄道事業者間での調整に関する観点から、どのように調整してパートナーシップ契約等を締結していくかが課題である。

2. 大都市圏中心部での鉄道建設への解決策

　最も重要と考える課題は、大都市圏中心部での建設費による過大な設備投資費用である。鉄道事業者だけに鉄道建設の費用を負担させるのではなく、公的資金の投入、すなわち民間主導ではなく公設民営や官民連携に変化させる解決策を以下に示す。

2.1 既存公的事業者の事業エリア拡大

　公営地下鉄等、既存公的事業者の事業エリアは原則として当該行政区内と定められているが、事業エリアを拡大することで広域的な視点で鉄道整備をできるようにしていく。鉄道整備費用は既存の助成制度を活用しながら、既存路線の収益をプールすることで賄うこともできる。

2.2 民間事業者等に対する助成の拡大

　民間事業者等にこれまで以上の厚い助成を与えることで、延伸線の整備等の事業促進が図られる。民間事業者だけではないが、地下高速鉄道整備事業者補助として大都市及び周辺において通勤・通学輸送を目的に、主として地下に建設される鉄道の整備を促進するため、建設費及び大規模改良工事費等の一部を補助している。都市鉄道利便増進事業補助として既存の都市鉄道ネットワークを有効活用し、利用者利便の増進を図るため、連絡線の整備、相互直通化を行い、速達性の向上を推進する事業、また駅周辺整備と一体的に行う駅整備による交通結節機能の高度化を図る事業がある。その経費の一部を補助するために公的な鉄道整備主体が建設し、営業主体に施設の貸付を行っている。これらを含めてさらなる補助の拡大が求められる。

2.3 鉄道財源以外によるインフラ整備

道路の上空や地下を占用する鉄道運営では、公共交通の充実という面から公的な道路財源で整備していくことも必要である。インフラ部を道路財源で整備し、インフラ外の部分（施設、設備等）は運営主体が整備することで公益的、広域的視点で鉄道整備計画がなされ、沿線の都市基盤や既存鉄道と調和した道路及び鉄道整備が行われる。

3. 将来的な懸念事項とその対策

今後の鉄道整備に今まで以上に公的資金が投入された場合、厳しい国等の財源から歳出することになる。将来の懸念事項として、公的資金を鉄道整備に充てることに対する国民の理解が得られないことである。

その対策として、国が将来のあるべき鉄道網のマスタープラン等、都市鉄道の整備水準について情報開示をしていくことが重要である。具体的には整備計画の策定段階から、沿線住民等に必要な情報を公開して都市整備との連携を図りながら、工事費の縮減、工期の短縮、開業工程の確保等について、計画調査等を十分に構築していく。整備に要する時間を管理する時間管理概念に立って、関係機関相互の連携を一層密にすることが求められる。

以上

●裏面は使用しないで下さい。　●裏面に記載された解答案は無効とします。　（YM・鉄道保守会社）24字×75行

選択科目［トンネル］記述式問題の傾向と対策

(1) 過去5カ年（令和元～5年度）の出題問題

令和元～5年度の過去5年間のⅡ-1の出題内容は、専門知識各分野の問題が幅広く出題されている。最近では、令和4年度が鋼製支保工、切羽観察項目、地下連続壁の本体利用、セグメント製作が、令和5年度が山岳トンネルの補助工法、計測Bの項目、開削工法のアンダーピニング理由、シールド工法のセグメントの構造計算が出題された。

このⅡ-1の最近5年間の出題傾向を見ると、山岳トンネルのロックボルト、補助工法、鋼製支保工、切羽観察項目、開削トンネルの性能照査・漏水対策、アンダーピニング、シールドトンネルの覆工、セグメントの製作、構造計算方法などが出題されている。この出題傾向は、今後とも大きな変動はないと考えられる。

Ⅱ-1 「専門知識を問う問題」の最近5年間の出題分野

出題分野	令和元	令和2	令和3	令和4	令和5
山岳トンネルの補助工法、山岳トンネルの設計、インバートの性能			1		1
山岳トンネルの覆工ひび割れ対策、ロックボルト、鋼製支保工	1		1	1	
山岳トンネルの吹付けコンクリート、山岳トンネルの早期併合	1	1			
山岳工法の計測工活用方法、切羽の観察項目、計測Bの項目		1		1	1
開削トンネル性能照査、地下構造物漏水対策、アンダーピニング	1	1	1		1
都市トンネルの支障物件調査、地下連続壁の本体利用				1	
シールド工法の地盤変位、立坑からのシールド発進			1		
シールドトンネル覆工、セグメント品質管理、セグメントの構造計算	1			1	1
シールドトンネルの耐久性の向上		1			
合　　計	4	4	4	4	4

令和元～5年度の過去5年間のⅡ-2の出題内容は、山岳トンネル、開削トンネル、シールドトンネルから万遍なく出題されている。最近の出題内容は、令和4年度が補助工法、施工深度が大きいトンネルの対策が、令和5年度が山岳トンネルの未固結地山の出水防止、都市トンネルの近接構造物への影響が出題された。

このⅡ-2の問題は、問題文のなかで自分が果たすべき役割や立場が指定され、検討すべき項目・検討内容、業務の手順、関係者との調整方策等を記述することが要求さる問題である。これに対応するためには、当該要求事項に即して、忠実かつ端的に回答することが大切である。Ⅱ-2の問題は、問題文が3つの小項目に分けて記述されているため、各々の項目の文章量がほぼ均等になるように配慮し、長文とならないように段落を設け、論文を読み易くする配慮が必要である。なお、問題文によっては、開削工法、シールド工法などのトンネル掘削工法を選定したうえで解答論文を記載することが要求されている場合があるので、この要求事項の記述も忘れないようにしなければならない。

Ⅱ-2 「応用能力を問う問題」の最近５年間の出題分野

出題分野	令和元	令和2	令和3	令和4	令和5
未固結地山の施工安全確保、道路トンネル坑口部の安定保持			1		1
山岳工法掘削時の設計・施工、近接施工、補助工法		1		1	
未固結地山で山岳工法の検討事項、地盤挙動の計測管理	1		1		
都市部の近接構造物への影響、近接構造物への影響防止					1
都市トンネル工事の有害な影響、施工深度の増大の対策		1		1	
軟弱な粘性土地盤でのトンネル工事	1				
合　計	2	2	2	2	2

令和元～５年度の過去５年間のⅢの出題内容は、山岳トンネルへの外力の影響、トンネルが耐震性能を保有する構造計画、工事の環境保全計画、品質確保、地山・地下水の変状、維持管理・保守、担い手の確保・育成など建設部門全体を俯瞰するようなテーマが出題されている。

最近のⅢの出題内容は、令和４年度が工事で配慮すべき周辺環境、トンネルに作用する要素の設定、令和５年度が山岳トンネルへの外力の影響、トンネルが耐震性能を保有する構造計画が出題された。

Ⅲの評価項目は、技術士に求められる資質能力（コンピテンシー）のうち、専門的学識、問題解決能力、評価能力、コミュニケーション能力のほか、専門知識や応用能力に加え、問題解決能力及び課題遂行能力の保有などである。特に、注意しなければならない点は、解決策に共通して新たに生じうるリスクとそれへの対応策、解決策を実行して生じる波及効果及び懸念事項への対応策である。これらの要求事項に対応するためには、複数の解決策に共通するリスクとその対策など問題文の要求事項を的確に理解し、その要求事項を記述することである。

(2) 令和６年度の出題問題の予想

令和６年度のⅡ-1の出題予想については、令和元～５年度までとほぼ同様の出題傾向であることが考えられる。令和６年度の出題予想は、令和５年度に出題された山岳トンネルの補助工法、計測Ｂの項目、開削工法のアンダーピニングの理由、シールド工法のセグメントの構造計算に加え、山岳トンネルの設計条件、ロックボルトの性能、開削工法の土留め壁、立坑からのシールド発進、都市トンネルの支障物件調査、シールドトンネルの地盤変位、シールドトンネルの覆工等の出題が想定される。

令和６年度のⅡ-2の出題予想は、令和５年度に出題された山岳トンネルの未固結

Ⅲ 「課題解決能力を問う問題」過去問題の出題傾向

出題分野	令和元	令和元	令和3	令和4	令和5
低炭素社会・建設副産物対策、トンネル周辺部環境保全計画				1	
トンネルのメンテナンスサイクル、トンネルへの外力の影響				1	1
労働災害防止の課題・対策	1				
トンネル計画の安全性・品質確保、トンネル要求性能	1		1		
施工計画の補助工法の要否判断、耐震性能保有の構造計画		1			1
地山・地下水の変状、特殊地山の課題と解決策		1	1		
合　　計	2	2	2	2	2

地山の出水の防止、都市トンネルの近接構造物への影響に加え、工事で配慮すべき周辺環境、山岳トンネル斜面上の坑口の設計・施工、都市部トンネル施工時の計測管理、道路トンネルの坑口部の安定、開削工法での矩形立坑の補強等に関する出題が想定される。

令和6年度のⅢの出題予想は、令和5年度に出題された山岳トンネルへの外力の影響、トンネルが耐震性能を保有する構造計画に加え、工事で配慮すべき周辺環境、山岳トンネル建設時に遭遇する特殊地山、都市部のトンネルの要求性能、工事前の環境保全計画、建設業の担い手の育成・確保、トンネルのメンテナンスサイクル、労働災害防止、施工計画段階での補助工法等の出題が想定される。

また、最近の国土交通省の施策に関連し具体的な出題内容として考えられるものとして、AI・IoT、デジタルテクノロジー、i-Construction、CIM、メンテナンスサイクル、保守・点検業務の効率化、建設部門の DX、ICT 施工、国際化への対応、技術の継承等がありこれらのテーマに事前に備えておくことが必要である。

(3) トンネルの参考図書・参考 Web

・2016年制定　トンネル標準示方書［共通編］・同解説／［山岳工法編］・同解説」
平成28年8月20日　（公益社団法人　土木学会）

・2016年制定　トンネル標準示方書［共通編］・同解説／［開削工法編］・同解説」
平成28年8月20日　（公益社団法人　土木学会）

・2016年制定　トンネル標準示方書［共通編］・同解説／［シールド工法編］・同解説」
平成28年8月20日　（公益社団法人　土木学会）

・道路トンネル観察・計測指針（平成21年改訂版）　公益社団法人日本道路協会

・道路トンネル維持管理便覧［本体工編］（令和2年版）公益社団法人日本道路協会

・道路トンネル維持管理便覧［付属施設編］維持管理便覧［本体工編］（令和2年版）

・道路トンネル安全施工技術指針　平成8年10月　公益社団法人日本道路協会

・道路トンネル技術基準（換気編）・同解説（平成20年改訂版）
平成20年10月　公益社団法人日本道路協会

・道路トンネル技術基準（構造編）・同解説　平成15年11月　公益社団法人日本道路協会

［トンネル］　Ⅱ-1　専門知識

開削トンネルの施工に際して、既設構造物をアンダーピニングしなければならない理由を説明せよ。次に、アンダーピニング工法における、掘削時の既設構造物の支持方式、完成後の既設構造物の支持方式について、それぞれ2種類挙げ説明せよ。

○受験番号、答案使用枚数、選択科目及び専門とする事項の欄は必ず記入すること。

1 アンダーピニングを行う理由

　開削トンネルの施工に際して、直上または近接する移設困難な既設構造物に機能上もしくは構造上支障を与えるおそれのある場合は、既設構造物を下から支えるアンダーピニングを行う。

2 掘削時の既設構造物の支持方式

　掘削時の既設構造物のアンダーピニングは「仮受け」と言われ、直接防護と間接防護に大別される。

　直接防護は、掘削の過程で既設構造物基礎を直接仮受け材で支持するものであり、仮受けから本受けするため、本受け時期、方法を事前に検討する必要がある。

　間接防護は、既設構造物に対してパイプルーフ等により現地盤を隔てて間接的に防護する方法である。

3 完成後の既設構造物の支持方式

　完成後の永久支持方式は「本受け」と言われ、新設トンネルに既設構造物を直接載荷させる直受けと、トンネル躯体をまたいで外側に設置した新設基礎に支持させる下受けが挙げられる。

　直受けの場合、既設トンネルの荷重は新設トンネルを通じ躯体底面以下で支持する形となるため、新設トンネルと残置する基礎によって均等に支持されるよう施工する必要がある。

　下受けは、既設構造物の側部及び下部に支持基礎を設け、この基礎に下受け用ばりを架け、これに既設構造物の荷重を盛替える方法である。

以上

●裏面は使用しないで下さい。　●裏面に記載された解答案は無効とします。　（TO・コンサルタント）24字×25行

［トンネル］　Ⅱ-2　応用能力

設問 2

都市部におけるトンネル築造に際して、近接する構造物に機能上若しくは構造上の支障を与えないよう構造物への影響を極力少なくするよう努めなければならない。そのためにはトンネル築造に伴う地盤変状を極力小さくするための取組を調査・計画から施工までの各段階において行うことが重要である。このような背景を踏まえて、開削工法、シールド工法のどちらかを冒頭に明記したうえで、この業務の担当技術者として下記の内容について記述せよ。

（1）　トンネル築造に伴う地盤変状の要因として検討すべき事項を３つ以上挙げ、その内容を説明せよ。

（2）　前問（1）に記述した検討すべき事項から１つ挙げ、調査・計画から施工までの各段階において地盤変状を抑制するための業務手順を列挙し、それぞれの項目ごとに留意すべき点、工夫を要する点を述べよ。

（3）　業務を効率的、効果的に進めるための内外の関係者との調整方策について述べよ。

○受験番号、答案使用枚数、選択科目及び専門とする事項の欄は必ず記入すること。

都市部の開削工法によるトンネル築造の近接構造物への影響防止について記述する。

1　トンネル築造に伴う地盤変状の検討すべき事項

1.1　土留め壁の変形による地盤変位

施工時の土留め壁の変形による地盤変位は、一次掘削時には土留め壁頭部の変形が最大となり、二次掘削時には掘削底面付近が弓形の最大変形となることに留意する。

1.2　地下水位の低下による地盤沈下

地下水位以深の掘削を行う場合、土留め壁周辺地盤の地下水位が低下することがある。周辺地盤に粘性土層や腐植土層がある場合、圧密沈下の発生に留意する。

1.3　掘削底面の変状による地盤変位

掘削底面の変状としてヒービング、ボイリング、リバウンド等がある。リバウンドは、掘削底面及び周辺地盤や構造物が浮き上がる変状である。浮き上がり量は底面中央部で最大となることに留意する。

2　地下水位の低下による地盤沈下抑制業務の手順

2.1　調査段階での地下水位の低下抑制方策

調査段階では、対象地域の地盤特性を明らかにする。その結果地盤が透水層の場合は、掘削底面から地下水の湧出を防止するため地盤改良を行い、掘削底面下を難透水層にして遮水性を確保するよう留意する。

2.2 計画・設計段階での地下水位の低下抑制方策

計画・設計段階で近接構造物への対策として、遮水性の高い土留め壁を採用する。なお、施工条件等により採用できない場合は、土留め壁背面側を薬液注入工法による地盤改良等、遮水性向上に留意する。

2.3 施工段階での地下水位の低下抑制方策

施工段階での近接施工の対策として、土留め壁の根入れ先端を難透水層へ貫入させる。難透水層等が存在しない場合は、根入れを長くし、土留め壁先端から掘削面側に回り込む地下水の流線を長くする工夫をする。

2.4 維持管理段階での地下水位の低下抑制方策

維持管理段階では、モニタリングを行い対象構造物等の従前の位置、標高等を確認し当該構造物の安定に留意する。なお、地下水位低下工法等で一時的に揚水した場合は、地下水を地盤に戻すなどの復水工法の採用に留意する。

3 業務を効率的に進めるための関係者との調整方策

3.1 関係者の種別

関係者としては、発注者、公共施設管理者、周辺住民・自治会等が考えられる。

3.2 関係者との調整方策

発注者とは打合せ協議、電子メール、業務月報、質問・回答書等で調整を行う。

道路管理者、河川管理者、地下埋設物管理者等の公共施設管理者とは、打合せ協議、電子メール等で行う。

周辺住民・自治会等とは、住民説明会、ワークショップ、回覧板等で調整を行う。

以上

●裏面は使用しないで下さい。　●裏面に記載された解答案は無効とします。　（KN・コンサルタント）24字×50行

［トンネル］　Ⅲ　問題解決能力及び課題遂行能力

設問 3

我が国の国土は、地形、地質、気象等の面で極めて厳しい条件下にあり、近年、自然災害が頻発・激甚化している。とりわけ地震は影響が非常に大きいことから、調査・計画から施工までの各段階で様々な検討が必要となる。このような背景を踏まえて、開削工法、シールド工法のどちらかを冒頭に明記したうえで、以下の問いに答えよ。

（1）　建設地点選定後、トンネルが所要の耐震性能を保有するための構造計画を策定するうえで考慮すべき課題を、技術者として多面的な観点から３つ以上抽出し、それぞれの観点を明記したうえでその課題の内容を示せ。

（2）　前問（1）で抽出した課題のうち最も重要と考える項目を１つ挙げ、調査・計画から施工までの各段階におけるその課題に対する複数の解決策を、専門技術用語を交えて示せ。

（3）　前問（2）で示したすべての解決策を実行して生じる波及効果と専門技術を踏まえた懸念事項への対応策を示せ。

○受験番号、答案使用枚数、選択科目及び専門とする事項の欄は必ず記入すること。

　開削工法における課題と解決策について詳述する。

1. トンネルが所要の耐震性能を保有するための課題

　トンネルは地中構造物であり地震の影響が直接躯体に作用するため必要な耐震性能を有する必要がある。

1.1 地震動対策の観点（構造計画）

　構造を計画する際には、地震時への安全性とともに、地震発生後の復旧性を勘案して適切な構造計画を設定する。特に復旧性は構造物周辺の環境状況に大きく影響されるが、一般に復旧のための進入路や作業ヤードの確保が困難であることに留意し、特に補修が困難な部材は損傷を受けにくくするなど配慮する。

1.2 復旧性の観点

　地震動は、軟弱地盤の場合や、構造物が軟弱地盤と硬質地盤の境界あるいはその近傍にある場合において構造物への影響が大きくなる。このため、横断方向の検討には、深さ方向の変位分布を考慮する必要がある。

　また、トンネルは線状構造物として、地盤条件や構造条件の変化部等ではトンネルに相対変位が生じ、軸方向の伸縮や直角方向の曲げ、せん断に伴う大きな応力に対応する必要がある。条件変化が急激な部分では可とう性継手を設けて相対変位を吸収し大きな応力が発生しないようにする方法が挙げられる。

1.3 液状化対策の観点

液状化が生じた場合のトンネルへの悪影響としては、液状化によって構造物が浮上する恐れが挙げられる。

また、過剰間隙水圧の消散に伴い土粒子が沈降し再び固体化した結果、沈下が生じる場合がある。

さらに、傾斜地盤や護岸付近では側方流動が発生し永久地盤変位としてトンネルに作用する可能性もある。

2. 最も重要と考えられる課題

液状化への対策について以下に詳述する。

開削トンネルの場合、シールドトンネルと異なり、布設深度を変える形での液状化対策を行うことができないため、トンネル布設位置の地盤状況を事前に把握した上で、必要な対策を講じることが重要である。

2.1 調査・計画段階での解決策

①現状地盤の把握

液状化の発生は、地質の性状によるところが大きく、一般にN値の小さい砂質地盤においておきやすい。このため、計画に先立つ現地盤の状況把握が重要である。具体的には、既存の周辺地質資料収集や必要に応じて新たな調査を行うことで現地盤の状況把握を行う。PL値を算定することでトンネル布設箇所が液状化が起きやすい環境か確認する。

2.2 設計・施工段階での解決策

①液状化発生抑制対策での解決策

トンネルの周辺地盤に対して補強等を行うことで液状化の発生を抑制する。周辺地盤の埋戻しにあたり、過剰間隙水圧が消散しやすい砕石系材料の活用、液状化そのものを防ぐために流動化処理土の活用が挙げられる。その他、薬液注入工法などによる液状化層の地盤改良などが挙げられる。側方流動が懸念される場合は、非液状化層まで達する地中壁を設けることで土のせん断変形抑制を図ることも考えられる。

②液状化発生時の対策

液状化の発生そのものを防ぐことができない場合は、トンネル構造自体の対策を行う。液状化による浮上は周辺地盤よりもトンネル構造の方が軽いために起きることから、トンネル部材厚を増すことで自重を重くする方法や、液状化による沈下防止の観点から支持層に達する杭基礎を設けることが挙げられる。

3. 波及効果と懸念事項

対策によって液状化を防止する波及効果は、本体構造物の機能保全はもちろんのこと、地表面の道路交通や他企業埋設物への悪影響も抑える効果がある。

懸念事項は、これらの対策を全て実施した場合、多額の対策費用が必要となり、施工規模も大きくなることから、工期の長大化や、近接する他の構造物への影響も大きくなることが挙げられる。

よって、懸念事項への対策は、対策手法を様々な視点で比較検討した上で決定することである。具体的には、地盤状況を踏まえた対策手法について経済性や工期だけでなく、近接する他の施設や環境への影響も含めて複合的に比較検討した上で対策方法を選定することが重要である。

以上

●裏面は使用しないで下さい。　●裏面に記載された解答案は無効とします。　（TO・コンサルタント）24字×75行

選択科目［施工計画・施工設備及び積算］記述式問題の傾向と対策

(1) 過去5ヵ年（令和元～5年度）の出題内容

選択Ⅱ-1（解答枚数600字×1枚）は出題4問に対して1問を解答する「専門知識を問う問題」であり、これまでの問題を見ると労働安全、コンクリート、施工、契約制度に大きく分類でき、概ね各1問が出題されている。令和4年度は労働安全では労働安全衛生法関係として墜落の改正、コンクリートでは劣化機構のひとつである中性化と維持管理方法、施工では切土ののり面保護工、契約制度では公共工事の契約方式であるECI方式が出題された。令和5年度は、コンクリートでは高強度コンクリートの特徴、施工ではカルバートボックス設置の変状、契約では監理技術者の職務と配置及びBIM/CIMの概念と施工段階の活用が出題された。

近年、話題となっている事項に関連した出題と考えられるが、常日頃から建設業に関わる安全衛生に関する法律等の改正、自然災害やそれに関する事故、公共工事の発注に関する制度や契約方式の改正など、情報を収集して解答の引き出しを増やしてお

Ⅱ-1 「専門知識を問う問題」過去の出題分野

	出題分野（キーワード）	令和元	令和2	令和3	令和4	令和5
労働安全	労働災害防止対策	1				
	墜落（労働安全衛生法施行令等の改正）				1	
	足場倒壊の防止（施工計画・工事現場管理）			1		
	橋梁下部工施工（安全確保）		1			
コンクリート	劣化機構（鉄筋コンクリート構造物）		1			
	中性化（劣化機構・維持管理方法）				1	
	非破壊検査（コンクリート構造物）	1				
	高流動コンクリート（特徴・施工留意点）			1		
	高強度コンクリート（打込み・養生）					1
施工	切土のり面保護工（選定）				1	
	盛土構築（粘性土軟弱地盤・抑制対策）			1		
	地すべり対策（抑制工・抑止工）		1			
	地盤液状化（地震動・仕組み）	1				
	カルバートボックス（道路下横断）					1
契約制度	多様な入札契約方式・ECI方式	1			1	
	BIM／CIM（概念・施工段階）					1
	建設キャリアアップシステム（導入目的）			1		
	公共工事標準請負契約約款における受発注者の義務		1			
	監理技術者　職務・配置要件	1				1
合　計		5	4	4	4	4

きたい。

Ⅱ -2（解答枚数 600 字× 2 枚）は出題 2 問に対して 1 問を解答する「応用能力を問う問題」であり、具体的な構造物の施工条件が明示され、工事の担当責任者としての解答が求められている。令和 4 年度の工事内容は、補強土壁における施工計画と異常時の対応と、シールドトンネルの発進立坑における異常出水の対応が出題された。令和 5 年度は河川の護岸整備新設と河床の掘下げ工事の仮設計画と、自動車専用道路の上部工一体化工事の安全管理・品質管理が出題された。

また設問の仕方として、令和 3 年度までは工事の特性を踏まえた施工計画の立案における重要事項を挙げて内容を説明し、安全管理や工程管理における留意点を含めた実施方法、施工条件に対する関係者との調整方針及び調整方法であった。令和 4 年度は現場責任者として検討すべき重要なものを 3 つ挙げて解答することは変わらないが、品質管理や異常時の再開手順等におけるマネジメントとリーダーシップを述べることが求められた。マネジメントとは円滑に工事が実施されるために組織を管理することで PDCA サイクルを回すことである。リーダーシップとは工事完成に向けて組織を導く能力であり、工程管理を確実に行い、先頭に立って課題等への対応を行うことである。令和 5 年度は仮設計画や安全管理について検討すべき重要な事項を 2 つ挙げ、工程管理・品質管理のリスクを PDCA サイクルにおける計画・検証・是正段階での具体的方策、異常時の対応にあたるリーダーシップ、利害関係者との調整内容が求められた。

Ⅱ-2 「応用能力を問う問題」過去問題の出題分野

出題分野（キーワード）		令和元	令和2	令和3	令和4	令和5
開削工法	地下通路（プレキャスト）			1		
	新駅（幹線道路下）		1			
	ボックスカルバート（撤去）	1				
シールド	発進立坑（異常出水）				1	
擁壁	補強土壁（異常変形）				1	
建設	道新線建設（住宅密集・市街地）			1		
道路	上部工拡幅（一体化）					1
	橋脚構築	1	1			
河川	本護岸整備（場所打もたれ式擁壁）					1
合　計		2	2	2	2	2

毎年、異なった種別の工事施工が取り上げられ、工事内容に対して施工計画の検討、安全管理・品質管理・工程管理、異常時の対応、関係者との協議方針を記述することが求められる。

Ⅲ（解答枚数600字×３枚）は出題２題に対して１題を解答する「課題解決能力および問題遂行能力を問う問題」であり、令和４年度の問題では、大規模・広域災害時における応急復旧工事と、社会資本の整備における建設生産プロセスの課題・解決策・リスクへの対応が出題された。検討課題について、多面的な観点から３つ抽出し、最も重要と考える課題に対する複数解決策、解決策を実行しても新たに生じるリスクとそれへの対策について解答する。令和５年度の問題では、建設プロセスにおけるカーボンニュートラルへの取組みと、建設現場での週休２日確保に対する課題、解決悪、新たなリスクとそれへの対策が求められた。

社会資本整備に関する総合的な見解や国土交通行政施策に関する理解度、最新の技術力などが問われるため、建設部門全体を俯瞰しつつ幅広い観点で施工計画、施工設備及び積算に関する専門的知識による課題解決策を記述することが必要である。

Ⅲ「課題解決能力を問う問題」過去問題の出題分野

<table>
<tr><th colspan="2">出題分野（キーワード）</th><th>令和元</th><th>令和2</th><th>令和3</th><th>令和4</th><th>令和5</th></tr>
<tr><td rowspan="3">働き方改革</td><td>週休２日</td><td></td><td></td><td>1</td><td></td><td>1</td></tr>
<tr><td>品質確保・担い手育成</td><td></td><td>1</td><td></td><td></td><td></td></tr>
<tr><td>技能労働者（労働環境）</td><td>1</td><td></td><td></td><td></td><td></td></tr>
<tr><td rowspan="3">社会資本整備</td><td>持続・円滑・適正</td><td></td><td></td><td></td><td>1</td><td></td></tr>
<tr><td>維持管理（過疎地域）</td><td></td><td>1</td><td></td><td></td><td></td></tr>
<tr><td>カーボンニュートラル</td><td></td><td></td><td></td><td></td><td>1</td></tr>
<tr><td>災害</td><td>応急復旧（大規模・広域）</td><td></td><td></td><td></td><td>1</td><td></td></tr>
<tr><td rowspan="2">契約</td><td>建設リサイクル</td><td>1</td><td></td><td></td><td></td><td></td></tr>
<tr><td>適正額（入札・契約）</td><td></td><td></td><td>1</td><td></td><td></td></tr>
<tr><td colspan="2">合　　計</td><td>2</td><td>2</td><td>2</td><td>2</td><td>2</td></tr>
</table>

(2) 令和６年度の出題内容の予想

Ⅱ-1「専門知識を問う問題」の出題予想としては、過去５年間と同様に、労働安全に関する規則の改正、コンクリート関係の品質管理・耐久性向上や維持管理、施工は切盛土工・掘削工事や軟弱地盤への対応、契約制度は多様な入札契約方式、建設キャリアアップシステム等に関する事項などの出題が続くものと想定される。

Ⅱ-2「応用能力を問う問題」の出題予想としては、具体的な工事を担当する工事責任者として与えられた施工条件の中、施工計画の立案と安全管理、施工管理、関係機関協議などの留意点を求める形式が継続すると予想される。またそれら工事の異常時における対応も考えておきたい。工事内容としては開削掘削による構造物構築や近接施工による構造物の影響、橋梁架け替えや高架橋の改良等が考えられる。当該工事を実施する場合に周辺の環境、構造物築造時の配慮等、施工条件を基に専門用語を用いて解答することが必要である。

Ⅲ「課題解決能力および問題遂行能力を問う問題」の出題予想としては、単に施工計画・施工設備及び積算分野の専門的知見のみではなく、国土交通行政の施策に関連した解答内容が求められる。このため建設業界の動向に注視して、国土強靭化プロジェクト、公共事業コスト構造改革プログラム、社会資本の整備・維持管理、コスト縮減、労働災害防止、建設環境等の課題と解決策としてキーワードを用いた解答をする準備が必要である。AI 及び IoT 技術を活用した施工計画、外環道陥没事故を踏まえた施工計画、集中豪雨災害など多発する災害復旧についての出題も予想される。その要求事項に適切に対応した課題の解決方針、その効果等を自身の考えや意見として記述解答することが肝要である。

[施工計画、施工設備及び積算]　Ⅱ-1　専門知識

公共工事における監理技術者の職務について説明せよ。また、令和2年10月から施行された建設業法改正に伴う監理技術者の配置要件の変更点と、変更となった背景について説明せよ。

○受験番号、答案使用枚数、選択科目及び専門とする事項の欄は必ず記入すること。

1. 監理技術者の職務　工事現場において建設工事を適正に実施するために安全管理を徹底し、施工計画の作成、工程管理、品質管理その他の技術上の管理、及び工事の施工に従事する者の技術上の指導監督が職務である。下請負人を適切に指導、監督するという総合的な役割を担うため、主任技術者に比べ、より厳しい資格や経験が求められている。

2. 監理技術者の配置要件　ひとつの工事現場に専任で配置しなければならなかったが、令和2年10月施行の建設業法改正に伴い、条件付きで兼任が認められるようになった。兼任が認められる監理技術者は特例監理技術者と呼ばれる。監理技術者の職務を補佐する者（監理技術者補佐）として主任技術者要件を満たす者のうち、監理技術者の職務に係る基礎的な知識及び能力を有する者を各現場に配置した場合には、監理技術者の兼務を2つまで認めることとなった。

3. 変更の背景　専任義務が変更となった背景は、建設業入職者数の減少や高齢化による離職の進行による建設業界の人材不足である。監理技術者に就任できる有資格者は限られており、貴重な人材を有効活用するためである。ITの進歩に伴い、施工データのクラウド化など複数の現場を施工管理できる技術が広がったことも改正を後押しした。建設業も働き方改革を促進し、DXによる生産性向上への取組み等を行い、人材不足を解消しなければならない。

以上

●裏面は使用しないで下さい。　●裏面に記載された解答案は無効とします。　（YM・鉄道保守会社）24字×25行

[施工計画、施工設備及び積算]　Ⅱ-2　応用能力

設問 2

地方都市の自動車専用道路に架かる模式図のようなRC桁橋（9径間、橋長200m、有効幅員10m、スラブ厚1m）において、縦目地を設けずに既設部と構造的に一体化して上部工拡幅部（幅6m）を設ける工事を行うことになった。既設部は将来拡幅を見込んだ設計となっている前提で、本工事の担当責任者として、以下の設問に答えよ。なお、施工時期は冬期、本線及び側道は車線規制（昼夜間）のみ可能、本工事施工箇所周辺は田畑であり、住宅、商店、地下埋設インフラ設備等はないものとする。

（1）　本工事の特性を踏まえて、施工計画を立案するうえで安全管理上検討すべき事項を2つ挙げ、技術的側面からその内容を説明せよ。

（2）　本工事の構造的一体化を妨げる品質管理上のリスクを1つ挙げ、PDCAサイクルにおける計画段階で考慮すべき事項、検証段階での具体的方策、及び是正段階での具体的方策についてそれぞれ述べよ。

（3）　床版コンクリートを予定の半分程度打設していた段階で、コンクリート製造工場の練り混ぜ機械が故障しコンクリート打設を中止せざるを得なくなった。この対応に当たり、本工事の担当責任者として発揮すべきリーダーシップについて、複数の利害関係者を列記し、それぞれの具体的調整内容について述べよ。

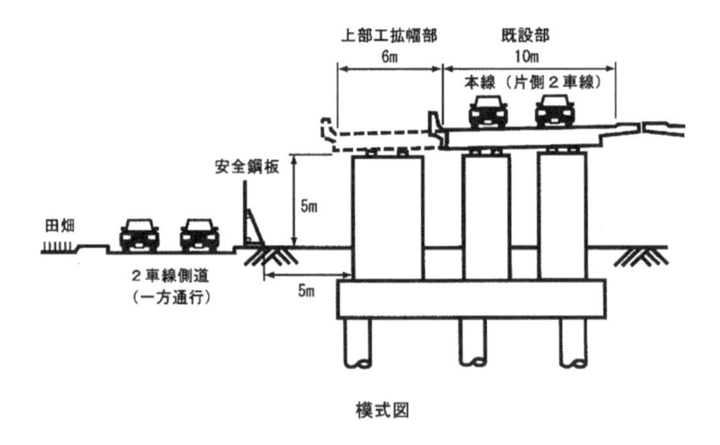

模式図

○受験番号、答案使用枚数、選択科目及び専門とする事項の欄は必ず記入すること。

1. 安全管理上検討すべき事項

高さ5mのRC桁橋上の高所作業における対策と、施工時は車線規制のみで道路使用を行いながらの活線作業における対策の2つが検討すべき事項である。

1.1 高所作業の対策　上部工拡幅部は下から足場等を組んで型枠設置と鉄筋組立を行うことから、できる限り作業床を設置し作業を行い易く、開口部や作業床の端部には防護柵等を設置しなければならない。安全ブロックや墜落防止システムを設置し、防網を張って墜落・転落を防止する。また、作業場所に安全に昇降できる設備を設け、はしご等を用いて昇降する場合には同様に安全ブロック等を設置する。

1.2 活線作業の対策　車線規制の方法について事前に交通管理者と協議を行い、道路使用許可を取得し、その条件を順守して作業を行うこととなる。許可された時間で車線規制の設置、保安・誘導員の配置、車線撤去を行う。作業を行っている場所と使用する道路との境界には防護フェンス柵等の設置が重要である。

2. 構造的一体化における品質管理

品質管理上一体化におけるリスクは、コンクリート打継目の施工である。

2.1 計画段階　打継目の既設コンクリート表面のレイタンス、品質の悪いコンクリート及び緩んだ骨材などを撤去し、表面をワイヤーブラシ等で粗にし、打設時に打継面を十分に給水することを作業員に指示する。

2.2 検証段階　現場の打継目の状態から計画段階の処理方法で問題がないかを確認し、必要により打継面を電動ドリルでチッピングを行うこととする。この処理において健全なコンクリートの粗骨材の緩み、微細なひび割れには注意が必要である。

2.3 是正段階　コンクリート打設を行った後、打継面の部分で一体化に問題はなかったか、水密性等を確認する。打継面からの漏水等があれば、処理方法を再確認し、解決しないようであれば次のコンクリート打設からセメントペーストまたはセメントモルタルの塗布、必要によりエポキシ樹脂系やポリマーセメント系の接着剤を用いることも検討を行う。

3. 打設中止の対応への具体的調整方法

利害関係者として工事の発注者、交通管理者、他工区施工業者が挙げられる。限られた生コンでどこまで打設し、どこに打継目を設けるか、それに伴い道路使用許可の条件範囲内での対応可能性について早急に判断を行う。車線規制の方法や時間帯も変更となる場合には速やかに交通管理者に連絡し、隣接する工区にも車線規制の方法や時間が変更となることを伝え、道路交通の連続性が保たれるよう調整しなければならない。

工事の発注者に対しても当初のコンクリート打設計画と道路使用許可が変更になることを報告し、新しい打設計画を立案する。これらを先頭に立って行うリーダーシップが求められる。

以上

●裏面は使用しないで下さい。　●裏面に記載された解答案は無効とします。　（YM・鉄道保守会社）24字×50行

[施工計画、施工設備及び積算]　Ⅲ　問題解決能力及び課題遂行能力

設問 3

建設業では、令和６年４月から改正労働基準法による時間外労働の上限規制が適用される。建設業をより魅力的なものにしていくためには、建設業に携わるすべての人が、月単位で週休２日を実現できるようにする等、週休２日の質の向上に取り組むことが重要である。このような状況を踏まえ、建設業就業者数に限りがあることや対策に費やすことができる資金の制約があることを念頭に置いて、施工計画、施工設備及び積算分野の技術者として、以下の問いに答えよ。

(1)　建設現場での週休２日を確保するために、多面的な観点から３つの課題を抽出し、それぞれの観点を明記したうえで、その課題の内容を示せ。(*)
(*) 解答の際には必ず観点を述べてから課題を示せ。

(2)　前問（1）で抽出した課題のうち最も重要と考える課題を１つ挙げ、その課題に対する複数の解決策を、専門技術用語を交えて示せ。

(3)　前問（2）で示した解決策を実行しても新たに生じうるリスクとそれへの対策について、専門技術を踏まえた考えを示せ。

○受験番号、答案使用枚数、選択科目及び専門とする事項の欄は必ず記入すること。

1. 建設現場週休２日確保への課題

1.1 適正な工事の発注（発注者における観点）

週休２日を考慮していない工期、作業時間減による労務費、工期増による重機・建設機械のリース料など経費の増加が行われていない工事が発注されているのが現状である。発注者における観点として週休２日制が積算上加味された工事が発注できていない。

1.2 施工業者の負担増（施工業者における観点）

週休２日施工では作業時間の確保が難しく、日給労働者の作業員は働く日数が減少して収入減になる。土曜日も働くのが建設現場の慣行で、それが叶わないと労働者は他の現場に流れるリスクもあり、そのためには賃金アップをせざるを得ない。施工業者における観点として週休２日による企業のコスト増加がある。

1.3 第三者への影響（第三者における観点）

工事の沿道等、第三者は現場の週休２日によって施工日が少なくなることは賛成するが、工期が伸びて長期に及ぶことは望んでいない。沿道の店舗や一部住民

等では土、日曜日、夜間施工の要望もあり、作業員の施工時間を確保にも苦慮する。第三者における観点として週休2日に対する社会の理解が不十分である。

2. 適正な工事の発注への解決策

最も重要な課題は適正な工事の発注である。週休2日の工期及び工事費が積算されていなければ、施工業者の企業努力だけでは契約どおりに工事を完成させることは困難である。

2.1 適正な工期の設定

設計工期が短い傾向にあり、予期せぬ雨天やトラブルによって休日作業や残業時間の増加につながっている。日当たり施工量である歩掛をもとに工種ごとの所要日数を自動的に算出する工期設定支援システムを策定し、適正な工期を確保できるようにする。準備期間及び後片付け期間設定の見直し、余裕期間制度の活用のほか、受発注者間で工事工程のクリティカルパスと関連する未解決課題の対応者及び対応時期について共有することのルール化を行う。

2.2 間接工事費等の改正

工期が増えることで増加する共通仮設費、現場管理費については現状調査を行う。その結果に基づき、積算において共通仮設費、現場管理費の率を補正する。

2.3 労務単価等、作業員の環境整備

日給作業員の日給制賃金制度の見直しが必要である。元請けから下請け企業に適正な労務費が支払われることが前提であるが、発注者側としても作業員の賃金となる労務費の引上げ等、技能と経験にふさわしい処遇と社会保険加入の徹底に向けた環境整備を行う。作業員の技能を適切に評価するために、技能者の客観的な能力評価ができ、レベル分けが可能となる建設キャリアアップシステム（CCUS）の活用も重要である。

2.4 施工時期の平準化

工事が集中すると作業員の確保が難しく、時間外労働や休日労働が発生しやすくなる。通年を通して仕事ができるように工事の施工時期を平準化し、建設現場の生産性向上を図る。そのために工事の発注が通年でできるように十分な予算の確保を行う。

2.5 新技術による生産性向上

　週休2日になり作業時間が限られ、その結果全体工程が伸びることがないようにICTの導入等、新技術の活用を積極的に行い、作業の効率化を推進する。i-Constructionの推進を通じ、建設生産システムのあらゆる段階におけるICTの活用等により生産性の向上を行い作業時間の短縮を図る。

3. 新たなリスクとその対策

　週休2日を行うことで作業時間が減少し、時間外労働の規制もある中、生産性向上を図っても事業の遅れや予算の増加を発生してしまう。新たなリスクとして工事費及び工期の増加があり、特に工事費は最終的には国民の負担が増加することにつながる。

　それへの対策として建設現場での更なる生産性向上、i-Constructionの推進を図らなければならない。ICT技術は日々進化し、AI技術をはじめとして、工事手続き等、ソフト面を含めた生産性向上を図る必要がある。さらに建設業の状況から週休2日制を含め、働き方改革を推進する必要性を国民に説明し、工事費増への理解を得なければならない。以上

●裏面は使用しないで下さい。　●裏面に記載された解答案は無効とします。　（YM・鉄道保守会社）24字×75行

選択科目［建設環境］記述式問題の傾向と対策

(1) 過去5カ年（令和元～5年度）の出題内容

過去5カ年の出題内容は表のとおりであり、建設環境分野の課題が幅広く問われている。

令和5年度の出題例をキーワードでみると、Ⅱ-1では、「健全な水環境」、「太陽光発電」・「道路緑化」、「景観地区制度」について、限られた紙面（1枚）の中で簡潔にまとめることが求められている。「再生可能エネルギー」は、過去4年、「環境影響評価」と関連して出題されている。太陽光特有の環境要素として、パネル等の工作物の撤去、又は廃棄に伴う廃棄物等について出題された。

Ⅱ-1　「専門知識を問う問題」過去問題の出題分野（毎年4問出題）

出題分野及び関連キーワード	令和元	令和2	令和3	令和4	令和5
【自然共生社会・生物多様性の保全及び持続可能な利用】					
生物多様性・緑地の保全・創出、生態系ネットワーク			1		
建設事業と希少種・環境保全・外来種					2
多自然川づくり	1				
【循環型社会の形成】					
建設リサイクル、循環基本法、建設副産物の3R	1	1		1	(1)
【大気・生活・水環境・土壌汚染等の保全】					
騒音・振動、生活環境	1			1	
土壌汚染		1			
水環境・水質、閉鎖性海域、湖沼、下層DO、富栄養化			1		1
【気候変動適応社会、低炭素型・脱炭素型社会】					
地球温暖化対策（事前防災・減災、緩和策と適応策）				1	
低炭素まちづくり（コンパクトシティ、持続可能な都市）			1		
再生可能エネルギー		1	1	1	1
【環境影響評価】環境影響評価	1	(1)	(1)	(1)	(1)
【第五次環境基本計画】五次環境基本計画		1			
合　　計	4	4(1)	4(1)	4(1)	4(2)

Ⅱ-2では、環境影響評価関連の問題が、ほぼ毎年出題されている。一問目は第一種事業に当たる「方法書等の作成」が出題され、方法書関連は4年連続である。

二問目は、「豊かな海」を目指した海の再生計画について出題された。「豊かな海」に関連した問題は、平成29年にも出題されている。

令和5年度は「調査、検討すべき事項とその内容」、「留意すべき点、工夫を要する点」、「効率・効果的に進めるための関係者との調整方策」などが問われた。

Ⅱ-2 「応用能力を問う問題」過去問題の出題分野（毎年２問出題）

出題分野及び関連キーワード	令和元	令和2	令和3	令和4	令和5
【環境影響評価】					
第一種事業 鉄道事業（地上部）方法書から準備書 陸生の動植物及び陸域生態系					1
第一種事業 海域の公有水面埋立事業 方法書 干潟・藻場		1			
第一種事業 新幹線事業 方法書 「工事の実施」及び「土地又は工作物の存在・供用」			1		
第一種事業 方法書 水環境				1	
建設事業 環境保全措置 猛禽類				1	
【土地の形質の変更】地盤汚染 汚染の除去等の措置			1		
【環境影響評価対象外】建造物 自主的な環境影響評価	1				
再度災害防止を目的とした復旧対策　地域の自然環境		1			
閉鎖性海域での「豊かな海」を目指した海の再生計画					1
【事業効果】便益計測手法 環境整備による効果	1				
合　　計	2	2	2	2	2

Ⅲでは、「脱炭素化社会の実現」、及び「河川環境の保全や環境緩和」が問われた。テーマに対し「多面的に課題を３つ以上抽出しその内容」、「重要な課題を１つ挙げ、複数の解決策について専門技術用語を交えて示す」、さらに「実行しても新たに生じうるリスクとそれへの対策について、専門技術を踏まえた考え」が求められた。コンパクト・プラス・ネットワーク等を背景とした問題は、令和３年に出題されている。

Ⅲ 「課題解決能力を問う問題」過去問題の出題分野（毎年２問出題）

出題分野及び関連キーワード	令和元	令和2	令和3	令和4	令和5
【自然共生社会・生物多様性の保全及び持続可能な利用】					
生物多様性・緑地の保全・創出、生態系ネットワーク	1		1	1	
【気候変動適応社会、低炭素型・脱炭素型社会】					
地球温暖化対策（事前防災・減災、緩和策と適応策）		1		1	1
低炭素まちづくり（コンパクトシティ、持続可能な都市）	1		1		1
ヒートアイランド		1			
合　　計	2	2	2	2	2

(2) 令和６年度の出題内容の予想

法令・環境基本計画等は、背景・目的・概説等を基本に毎年出題されている。環境基本計画などでは、計画期間で見直しが行われるため、現在の施行・計画期間に留意し、年次報告も確認し、現状での最新の課題情報を確保する。解答論文作成の基本であるが、過去の問題をよく読み、出題傾向を把握することが重要である。

Ⅱ-1は5つの分野の重要キーワードだけではなく、基本的な最新の政策、法令、計画等をもとに、出題されると思われる。学習する上での留意事項として「計画性のない学習」では、幅広く出題される出題例により難儀するため、過去の出題傾向を把握し、学習範囲のキーワードをまとめ、実際に解答文を作成する。終了後、次の分野へと、範囲を確実に広げることが大切である。(出題傾向を見て、計画的に学習する。建設リサイクルは、過去5か年で4回出題されており、日常の業務で、接する機会が多い問題である。また、再生可能エネルギーと環境影響評価の組合せは、4年連続出題されていることにも注目する。太陽光発電とともに、「洋上風力発電に係る新たな環境アセスメント制度の在り方について」にも留意する)。

Ⅱ-2では、「環境影響評価」への対応が求められることが多いため、建設事業を想定し、環境に及ぼす要因、環境要素、調査・予測及び評価の手法等を準備しておく。また、第一種事業だけではなく、自主的な環境影響評価、及び関係者との調整方法について留意する。よって、日常業務の経験を、環境影響評価の問題として想定し、設問項目について、自分が具体的に何を行ったかを整理する。環境影響評価関連の対策は、「環境影響評価情報支援ネットワーク　環境省」において、最新情報の公告・アセスメント対応等が掲載されているので参考にする。さらに、環境要素の基本的範囲（大気環境、水環境、土壌環境、その他の環境、植物、動物、生態系、景観、ふれ合い活動の場、廃棄物等、温室効果ガス等、放射線の量等）についてキーワードを元に、まとめる学習が必要である。方法書関連が、4年連続して出題されていることにも注目する。

Ⅲでは、低炭素型・脱炭素型社会、気候変動適応社会、自然共生社会、循環型社会(3R) へ向けた「まちづくり」の対応の出題が予想される。

①低炭素型・脱炭素社会（地球温暖化緩和策）：2050年までにカーボンニュートラル（キーワードを整理）を実現し、地球温暖化対策を継続している。

推進計画：「低炭素まちづくり計画」、「立地適正化計画」、「エネルギー基本計画」「国土交通グリーンチャレンジ（②、③、④にも関連する）」

・コンパクト・プラス・ネットワーク等の確保、交通 CO_2 排出削減

・LCCM住宅、ZEH等普及促進等により、環境負荷の低い住宅・建築物の普及

・LRTや電気自動車等の CO_2 排出の少ない交通・物流システムの導入促進

・省エネ・再生エネ拡大等につながるスマートで強靭なくらしとまちづくり

②気候変動適応社会（適応策）：気候変動の影響（具体的な事象を整理）に適応し、くらしの安全性・快適性等（実施のためのポイントを整理）を維持している社会

推進計画：「気候変動適応計画」、「国土交通省気候変動適応計画」（自然災害分野

及び水資源・水環境分野でのハード・ソフト両面からの総合的な適応策の検討・展開、国民生活・都市生活分野の適応策に資するヒートアイランド対策大綱に基づく対策等)、「グリーン・リカバリー」、「グリーンインフラストラクチャー」

・都市緑化・人工排熱の低減等によるヒートアイランド現象の緩和

・流域治水への転換等により、気候変動により増加する災害リスクに対しても安全安心を確保（eco-DRR、生態系を活用した防災・減災）

③自然共生社会（生物多様性、再生）：生物多様性のもたらす恵みを将来にわたって継承し、自然と人間との調和ある共存の確保された社会（グリーンインフラを活用した社会、SDGsと国民・利用者目線での環境行動・政策の付加価値化の向上）

推進計画：「生物多様性国家戦略」、「緑の基本計画における生物多様性の確保に関する技術的配慮事項」、「外来種被害防止行動計画」、「多自然川づくり基本指針」、「都市農業振興基本計画」、「グリーンインフラ推進計画」

・グリーンインフラの普及促進等により、都市内の緑化スペース、屋上緑化等が増加。豊かな自然環境・景観・生態系も保全・創出

・生態系ネットワークによる健全な生態系の保全・再生・創出

④循環型社会（3R）：廃棄物等の発生抑制、循環資源の循環的な利用及び適正な処分が確保されることによって、天然資源の消費を抑制し、環境への負荷ができる限り軽減される社会（社会インフラを活用した循環システムの質的向上）

推進計画：「循環型社会形成推進基本計画」、「建設リサイクル推進計画」

・インフラのライフサイクル全体でのカーボンニュートラル、循環型社会の実現

建設環境は、建設（復旧等を含む）事業と環境との関わり方、CO_2排出量等の抑制による地球規模への対応が要求されており、建設と環境（身近な環境から広範囲な環境まで）のバランスある学習による視点を養い、自分の経験等を基に対応する。

(3)　参考文献等　学習の骨格を作るため、白書、法令は必読。

主に法案・計画を把握するための参考文献（国土交通省、環境省のWebサイト）

・『国土交通省白書』、『国土交通省環境行動計画』国土交通省

・『環境白書・循環型社会白書・生物多様性白書』環境省

・『地域脱炭素ロードマップ』国・地方脱炭素実現会議

・『低炭素まちづくり実践ハンドブック』国土交通省

・『コンパクト・プラス・ネットワーク』国土交通省

・『グリーンインフラストラクチャー』国土交通省

令和5年　出題関連法令及び資料等（定義、基本理念、構成、内容等を理解）

・『太陽光発電事業に関する環境影響評価について』経済産業省

・『水循環基本法』、『景観法』、『環境影響評価法』、『瀬戸内海環境保全特別措置法』、『都市の低炭素化の促進に関する法律』

[建設環境]　Ⅱ-1　専門知識

設問 1

平成26年に「水循環基本法」が制定され、健全な水循環の維持又は回復に向けて、その関連する施策が総合的かつ一体的に推進されている。健全な水循環の維持又は回復に向けた取組を進めるに当たっての課題を複数挙げ、それぞれの対応策を述べよ。

○受験番号、答案使用枚数、選択科目及び専門とする事項の欄は必ず記入すること。

1 流域連携の推進

健全な水循環を維持・回復するには、関係者が一定の方向性を共有して協働で活動する必要がある。そのための枠踏みを構築し、地下水が涵養・浸透する地域や、陸域からの影響が及ぶ沿岸域を含めた流域を単位として水循環をマネジメントすることが課題である。

対応策として、流域水循環協議会を設置することにより、流域水循環計画を策定して、流域マネジメントを推進すべきである。

2 貯留・涵養機能の向上

自然環境の持つ水源涵養等の多面的な機能を賢く利用するため、グリーンインフラを整備して貯留・涵養機能の維持・向上のための取組を推進することが課題である。

上流域では林業生産活動等を通じた森林の整備・保全を推進する。都市部においても雨水貯留施設の設置などにより雨水の適切な貯留・涵養を図る。

3 水の適正かつ有効な利用の促進

近年激甚化する災害に対する防災・減災対策を、保水・遊水機能の確保にも努めながら推進することが課題である。

対応策として、湿地などの生態系が有する遊水機能などを評価し、積極的に保全・再生することで生態系を活用した防災・減災（Eco-DRR）を推進すべきである。

以上

●裏面は使用しないで下さい。　●裏面に記載された解答案は無効とします。　（KT・コンサルタント）24字×25行

［建設環境］　Ⅱ-2　応用能力

設問 2

平成 27 年の「瀬戸内海環境保全特別措置法」の改正では、「生物の多様性及び生産性が確保されていること等その有する多面的価値及び機能が最大限に発揮された豊かな海とする」ことが盛り込まれた。このような動向を踏まえつつ、閉鎖性海域において、「豊かな海」を目指した海の再生計画を策定することとなった。この業務を担当責任者として進めるに当たり、下記の内容について記述せよ。

（1）　業務を進めるに当たり、調査、検討すべき事項とその内容について説明せよ。

（2）　業務を進める手順を列挙して、それぞれの項目ごとに留意すべき点、工夫を要する点を述べよ。

（3）　業務を効率的、効果的に進めるための関係者との調整方策について述べよ。

○受験番号、答案使用枚数、選択科目及び専門とする事項の欄は必ず記入すること。

1 調査、検討すべき事項とその内容

1.1 海域環境の変遷及び現況の調査

　対象海域における環境条件の変遷と現況を把握するため、水質、底質、生物等の資料を調査する。現況データが不足する場合は、現地調査を実施する。環境悪化の要因を推定するため、流入河川の水質や沿岸の土地利用の変遷についても、既存資料や空中写真等を調査する。流域全体を対象として、上流の森林環境の変遷などにも留意する必要がある。

1.2 具体的な対応策の検討

　上述の調査結果に基づき、ヘドロの浚渫、干潟の造成などの具体的な対策メニューを検討する。閉鎖性水域では水質の悪化が問題になっているケースが多いが、陸域からの汚濁負荷削減等に取り組む場合は、下水道や浄化処理槽の整備のようなスポット的な対策ではなく、流域全体で取り組むことに留意する。

　また、複数の対応策について、コストや環境改善効果を評価して、導入可能性を検討する。

2 業務を進める手順

2.1 現況把握

　上述の調査により対象海域の現況や歴史的変遷を把握する。既存資料調査を行う場合は、調査箇所や手法が異なることに留意する。十分な既往データが得られない場合は、漁業関係者への聞き取り調査を行う工夫でデータを補完する。

2.2 目標設定

対象海域における環境悪化の経緯を踏まえ、再生に向けた目標を設定する。海の再生には長期的スパンで捉える必要があることに留意し、長期的な目標とそこに至る短期的な目標を設定するよう工夫する。

2.3 海の再生計画策定

設定した目標から具体的な対策メニューまでを計画書としてとりまとめる。本計画書は広く周知されるものであることに留意し、図表等を用いて視覚的に分かりやすくする。また、環境学習に供することを念頭に、イラストを多用した子供用のバージョンを作成する。

2.4 海の再生計画の評価

本計画による効果を定量的に評価することを目的に、モニタリング計画を策定する。その際、水質、生物種数など定量的な指標を設定する工夫で、中間段階で計画を見直すなど、順応的に対応できる仕組みとする。

3 関係者との調整方策

本業務の遂行に当たっては、行政機関、NPO、市民、企業、漁協などの多様な関係者が想定される。

そこで、再生計画を推進する協議会を設定し、これらの主体に参加を呼び掛けるべきである。目標設定段階から協議会を開催し、合意形成を図る。その結果は、随時ホームページ等で公表して情報公開することにより、市民全体での機運を醸成すべきである。　以上

●裏面は使用しないで下さい。　●裏面に記載された解答案は無効とします。　（KT・コンサルタント）24字×49行

[建設環境]　Ⅲ　問題解決能力及び課題遂行能力

設問 3

令和２年 12 月に設置された「国・地方脱炭素実現会議」において、地域脱炭素化に向けたロードマップに関する検討が進められ、令和３年６月に「地域脱炭素ロードマップ」が策定された。その中で、全国津々浦々で取り組むことが望ましい脱炭素の基盤となる重点対策として、「コンパクト・プラス・ネットワーク等による脱炭素型まちづくり」が掲げられており、市街地が拡散した都市構造を見直し、集約型の都市構造へ転換を図ることの重要性が示されている。都市構造は交通システムや土地利用に影響を及ぼし、中長期的に二酸化炭素排出量にも影響を与えることから、集約型の都市構造は脱炭素社会の実現に向けて重要な役割を持つことを踏まえ、以下の問いに答えよ。

（1）　市街地が拡散した都市構造から集約型の都市構造へ転換を図るための取組を進めながら、同時に脱炭素型まちづくりの実現に向けた取組も進めるに当たり、市街地が拡散した都市構造が抱える二酸化炭素排出量の増加につながっている課題を、技術者としての立場で多面的な観点から３つ以上抽出し、それぞれの観点を明記したうえで、その課題の内容を示せ。

（2）　前問（1）で抽出した課題のうち最も重要と考える課題を１つ挙げ、その課題に対する解決策を、都市構造の集約化を含めて複数示し、専門技術用語を交えて具体的に説明せよ。

（3）　前問（2）で示したすべての解決策を実行しても新たに生じうるリスクとそれへの対策について、専門技術を踏まえた考えを示せ。

○受験番号、答案使用枚数、選択科目及び専門とする事項の欄は必ず記入すること。

(1)　多面的な観点から課題を抽出し分析

①「自家用車の過度の利用増」の観点からの課題

　市街地の拡散により、通勤、買い物、通院等の日常生活における移動の長距離化が進んでいる。二酸化炭素の発生源である車への過度の依存をするような、市街地機能の分散化を極力抑えることが求められている。一定密度を確保し、高齢者、子育て家族が安心して暮らせる空間、及び職場、商店、病院等の日常生活に必要な都市機能がある街の形成が課題となる。

②「公共交通の路線維持」の観点からの課題

　市街地の拡散により、肥大化した都市構造を繋ぐネットワークである公共交通が構築された。少子高齢化等の影響で、人口減少により利用率が低減して、採算性が悪化した。その結果、路線の廃止、減便など公共交通サービスが低下した。自家用車依存度が上昇し、走行速度の低下などによる二酸化炭素の排出量の増加が見込まれ、効率的な公共交通の再編成が課題となる。

③「緑地保全及び緑化推進」の観点からの課題

市街地の拡散により、二酸化炭素の吸収源である既存の緑地・森林等が失われている。また、人口減少により、住民による緑地への健全な管理能力が減少している。コンクリート化による河川環境・生物多様性の保全等を含めて、自然と共生した防災機能を備えた、持続可能な「みどり空間」の保全のための資金、担い手（生活者・就労者）の確保が課題である。

(2) 最も重要と考える課題及び複数の解決策

③のみどり空間について、解決策を以下に示す。

2-1 都市の集約化（計画的な緑あるまちづくり）

都市機能誘導地域（商業・医療・福祉など）では、都市公園と同様に、周辺人口規模・誘致距離により計画的な配置を行い、職住近接とする。徒歩や公共交通を利用した交通生活への参加を推進する。誘導地域では、ヒートアイランド対策として、まちなか施設の屋上緑化や、壁面緑化による二酸化炭素吸収源を確保し、建築物の蓄熱を低減させる。

2-2 居住環境の改善（身近な緑あるまちづくり）

都市公園・公共施設の集約化で発生する空閑地等において緑化を図ることで、地表面被覆面の改善を図り、風の道の確保を行う。「まち」と「かわ」が融合した良好な空間形成を行う。自然環境を有する多様な機能を活用したグリーンインフラやEco-DRRを推進することで、生活空間でも、グリーン化による、雨水管理とともに、広く二酸化炭素吸収源を確保する。

2-3 歩行空間の推進（全世帯型まちづくり）

ウォーカブルな空間の形成により、車社会から人間中心の空間に展開する。多様な住民の参加を促す。

車道が中心であった駅前を、ゆとりある歩行者中心の空間に再整備し、トランジットモール化する。また、広場空間の芝生化等の緑地空間を整備することで、居心地がよく歩きたくなる空間を創出する。
(3) 解決策を実行しても新たに生じうるリスクと対策
Ⅰ：新たに生じうるリスク
①低炭素のまちづくりを持続可能にするためには、みどり空間の保全だけでは達成できない。エネルギー分野を含めて、相互に密接な関連性が求められる。
②グリーンインフラは効果発現までに時間を要するため、災害リスクの低減と生態系サービスを活用する仕組みを構築し、管理していくことが求められる。
③空間の整備に伴い、地域の持続活力となる担い手（生活者）を、地域の産業・職場へ誘致しなければならない。また、空間を維持する資金が求められる。
Ⅱ：リスクに対する対策
①公園、街路、緑地から発生する剪定枝等の木質バイオマス等を地産地消型再生エネルギー源として、活用を図る施策を検討し、他の分野との連携を図る。
②地域防災へ、切れ目のない対応を目的に、自然環境の多様な機能を考慮し、定性的、定量的な評価を行う。地域特性を踏まえ、グレー・グリーンインフラ双方のノウハウを生かした、活用可能な取組みを行う。
③資金調達として、パーク-PFI、民間資金、EGS投資を呼び込むとともに、自治体が実施するカーボン・オフセットの多様な参加者を誘導する。担い手（居住者確保では、自然環境と調和したオフィス・テレワーク空間等の形成、バイオフィリックデザインの取組みを推進し、新規住民を誘致する。　以上

●裏面は使用しないで下さい。　●裏面に記載された解答案は無効とします。　(R・K) 24字×75行

最後に

最も重要なこと

・必ず試験場に行く

→行かなければ合格しない。行かない理由を探さない。忙しい人ほど合格する。

・健康管理

→２週間前から万全のコンディションを整える。
コロナ警戒（もしかしたらインフルエンザも)、ワクチン事前接種（副反応を考慮して)。

・試験室は、常時換気の可能性

→長袖・カーディガンなど個人に合わせて工夫する。

・試験場のコロナ関連注意事項を確認

→体温の事前計測、マスク着用、咳対策（咳止めを持参)、会場での手指消毒。

・試験が始まったら問題文をよく読む。いきなり書き始めない

→問題の要求事項を確認　特に、観点、課題、課題の内容（問題点など）を整理。
問題文の余白に、メモとして解答論文の骨子を作成。
骨子の各タイトルについて問題文の要約と一致しているか確認。
目次構成に合せて、キーワードをちりばめる。各章で加点されるように配慮。
解答論文の流れに齟齬が生じないようにチェック（行き詰らないように)。

・決してあきらめない

→試験問題は必ず解けるようにできている。試験問題は現実よりたやすいはず。
とにかく、書き上げる。棄権はしない。棄権と書いたらすべてが終わる。
書き上げれば可能性が残る。あとで齟齬に気が付いても書き上げること。
ミスが見つかるとは限らない。特に「選択問題Ⅱ」は難しいとされている。
書かねば「C」だが、ミスが見つからなければ「A」が取れる。
試験官に解答論文をすべて読んでいただくように工夫する。

・宴会、旅行は試験が終わってから、論文復元は早く

そして、“努力は人を裏切らない”

☞ 技術士受験を支援するCEネットワーク

私たちCE（Civil Engineers）ネットワークは、各人の人生計画を立案するのに参考となる情報を交換して、ネットワーク的な交流の場を形成し、大学教育等と技術士受験のサポート、ひいては技術立国する我が国の継続的発展に寄与することを目的として活動している技術士のインフォーマルな集まりです。

☞ CEネットワークのウェブサイトアドレス
https://cenetwork.sakura.ne.jp

最新情報等をウェブサイトでご確認下さい。

執筆者（50音順）

大曽根 正一	技術士（建設・総合技術監理部門） サンコーコンサルタント㈱
小野 智義	技術士（建設・上下水道・総合技術監理部門） ㈱日水コン
川口 彰治	技術士（建設・総合技術監理部門） ㈱エイト日本技術開発
河又 健時	技術士（建設部門） サンコーコンサルタント㈱
岸村 和守	技術士（建設・総合技術監理部門） ㈱建設技術研究所
工藤 隆二	技術士（建設・農業・総合技術監理部門）
黒澤 之	技術士（建設・衛生工学・応用理学・環境・総合技術監理部門） 元エリアマネジメント会社
関 貴司	技術士（建設部門） 鈴木設計㈱、LLP 二驥工房
高田 尚秀	技術士（建設部門）サンコーコンサルタント㈱
竹野 浩一	技術士（建設・農業・森林・水産・環境・総合技術監理部門） サンコーコンサルタント㈱
豊嶋 勉	技術士（建設・総合技術監理部門） 応用地質㈱
中田 光治	技術士（建設・上下水道・農業・水産・環境・総合技術監理部門） ㈱みちのく計画
仲出 貞夫	技術士（建設・総合技術監理部門） 電力会社
中村 彰吾	技術士（建設・総合技術監理部門） ㈱日水コン
本多 信二	技術士（建設部門）パシフィックコンサルタンツ㈱
武藤 義彦	技術士（建設・総合技術監理部門） 鉄道メンテナンス会社
柳田 浩史	技術士（建設・上下水道部門）中央開発㈱

2024年度
技術士試験［建設部門］傾向と対策

2024年2月15日　発行

編　者　ＣＥネットワーク
発行者　新 妻　充

発行所　鹿 島 出 版 会
104-0028　東京都中央区銀座6丁目17番1号
Tel.03（6264）2301　振替 00160-2-180883

装幀：伊藤滋章　DTP：ホリエテクニカル　印刷・製本：壮光舎印刷

ISBN978-4-306-02521-9　C3051　Printed in Japan

本書の内容に関するご意見・ご感想は下記までお寄せください。
URL：https://www.kajima-publishing.co.jp
e-mail：info@kajima-publishing.co.jp